哈佛是一座圣殿,是一种象征,

对青少年时刻起到磨砺和教化作用。

受益一生的
哈佛心理课

Harvard psychology class

墨羽◎著

中国商业出版社

图书在版编目(CIP)数据

受益一生的哈佛心理课 / 墨羽著. — 北京：中国商业出版社，2016.8

ISBN 978-7-5044-9435-1

Ⅰ. ①别… Ⅱ. ①墨… Ⅲ. ①心理学-通俗读物 Ⅳ. ①B84-49

中国版本图书馆 CIP 数据核字(2016)第 113470 号

责任编辑：姜丽君

中国商业出版社出版发行

（100053 北京广安门内报国寺1号）

010-63180647 www.c-cbook.com

新华书店总店北京发行所经销

三河市三佳印刷装订有限公司印刷

*

710×1000 毫米 1/16 开 20 印张 270 千字

2016 年 9 月第 1 版 2016 年 9 月第 1 次印刷

定价：39.80 元

* * * *

（如有印装质量问题可更换）

序 言

精英们的心理世界

哈佛大学是全球最知名的学府之一，这座始建于1636年的美国私立大学，在建校后的300多年里，曾创造出了很多非常了不起的奇迹：它是全球最多亿万富豪的就读学校，它培养出了8位美国总统、40位诺贝尔奖获得者、32位普利策奖获得者和数十家跨国公司的总裁……可以毫不夸张地说，哈佛是各界精英们成长的“摇篮”。

一直以来，哈佛的一举一动都被世人关注和敬仰，但对于绝大多数普通人来说，哈佛精英们的世界很神秘，他们的内心世界就更加神秘了。我们渴望从他们身上汲取成长的经验和营养，我们渴望了解他们获得巨大成功的秘诀，但却常常苦于时间、空间上的距离，以及背景、地位上的巨大差距，所以无从认识这些哈佛精英，只能通过有限的“百度百科”“新闻”等了解他们的事迹。

读读传记，查查百度百科，就能了解精英们的成绩，但这除了让你短暂地热血沸腾之外，似乎并没有太多的用途，最多可以让你在聊天的时候多一些见识和谈资。只有探知精英们的心理成长，才能更好地解析他们的成功密码。正如哈佛大学的著名心理学教授吉尔伯特所说，“无论你对命运的预期是好是坏，最终的结果都会证实你的期盼是对的。”很多时候，我们以为精英与平庸之间的巨大差距，是因为智商、运气、背景等原因，但实际上“心理能量”才是造成这种差异的最大因素。然而遗憾的是，人们往往会被哈佛精英们的“成功光环”所俘虏，却忽视了这些精英们成功背后的“心理暗示”。

美国著名成功学大师、哈佛医学院博士奥利森·马登表示，“任何一个人，只要他能在做一件事情之前，抱着一种稳操胜券的心理，他往往就能够激发出自己最大的潜能，用最快的速度获得成功。”

如果你也想像哈佛的高材生们那样出众，如果你也想成为像哈佛人一样的精英，那么不妨翻开本书，与哈佛人一起共享“心理学”的盛宴。

纵观哈佛大学的历史，似乎这所学校非常善于培养“领袖式人物”，这些优秀的哈佛学子或决定着所在国家或世界的政治格局，或操纵着整个世界的经济命脉，或引领带动着人类的科技风暴，或在某个特定行业的最前沿引领未来的发展方向……我们不禁疑惑：为什么哈佛人都如此成功?

其实你与哈佛精英们的差异，只是“思考方式”而已，像成功者那样思考，你也可以很成功。

成功者都拥有非常强大的自我意识，他们知道自己的优势与劣势，知道自己想要什么，想成为什么样的人，能够清醒地认识到现实与梦想的差距，并愿意一心一意去努力。

精英们都是一群无敌自信的人，哪怕全世界都在否定他们，他们依然能够毫不动摇地坚持自己。只要确立了目标，没有什么可以分散他们有限的精力，高度的专注力可以帮助他们大大提高学习和工作效率；强大的自控力可以帮助他们远离各种诱惑，并克服懒惰、拖延等恶习；更加难能可贵的是，没有困境可以击败他们，他们用自己的超高“逆商”给出了“越挫越勇”的定义。其实，这才是他们在事业上获得巨大成功的真相。

哈佛精英们对于“心理学”的运用并不仅仅局限在“自我修养”方面，在社交、职场、谈判、财富、管理等方面也同样不遑多让。

曾有人对哈佛学子进行心理评测，结果显示：他们在情商、抗压能力、情绪调节能力、社交等方面的分值都远远要高出美国其他同类学校的学生。懂点“心理学”，使人更容易在工作和处世中脱颖而出。

人们常说，“三个臭皮匠赛过诸葛亮”，一个人哪怕再优秀也敌不过一群人，哈佛人之所以能够成为精英，这与他们高超的“社交”能力、广阔的“人脉关系网”是分不开的。社交很容易，与陌生人打招呼人人都会；但社交也很困难，因为我们很难把“熟脸”转化为事业上的

“助力”。哈佛人的高明之处就在于此，他们总能依靠巧妙的“心理学”知识以及独特的个人魅力，找到志同道合的合作伙伴。

哈佛是名副其实的“富翁”制造厂，培养了一大批亿万富翁，为什么哈佛的精英们对于“金钱”有如此之高的控制能力呢？其实这与哈佛的“财富心理观”教育有着非常紧密的联系。

不做“金钱”的奴隶，才能学会控制金钱，学会塑造富翁形象，才更容易成为富翁。很多时候，富翁与负翁之间只有一线之隔，喜欢冒险的人才有机会登上富翁的宝座，换句话说，财富只是哈佛人与风险博弈的副产品而已。关于“财富”我们还有太多的心理知识需要学习。

拥有成功的事业，拥有数不清的财富，但这并不代表着生活幸福。人们常常会自我安慰地想：事业成功的人家庭大多不幸福，钱多的人大多享受不到真挚的感情……其实，这只是平凡人的阿Q精神在作祟罢了。事实上，哈佛的精英们比常人更懂得生活的真谛。

他们从不抱怨过去，也不会恐惧未来，而是安心活好现在；他们知道欲望是怎么一回事，几乎不会被欲望驱使，所以活得更自在；他们能坦然接纳自己的缺陷，遇到困难和挫折也从不逃避，因而痛苦也就少得多；他们懂得真情的可贵，于是更用“心”去爱、去呵护，故而更能珍惜美好情感带来的温暖。

哈佛是全球学子都无比向往的高等学府，但并不是每个人都有机会亲耳聆听哈佛心理学大师塞德兹与威廉·詹姆斯教授的教诲，本书将哈佛的“心理课”搬到了纸上，力图还原哈佛精英们的心理世界，希望能够启迪广大读者思考自我，并获得思想上的成长。

目　录

上篇　成功心理课：你也能像哈佛高材生那样成功

第一章　自我意识：像成功者那样思考自我

为什么你一直平庸？为什么哈佛的高材生们都是精英？其实平庸与成功的差异，只是“思考方式”不同而已，像成功者那样思考自我，你也可以很成功。

第二章　心理动机：有梦想才能撬动整个“地球”

弗洛伊德认为：人的一切行动，其背后都有一定的心理动机。只要你的“动机”够强劲，对梦想够执着，你就会拥有无限大的“潜力”。

第三章　无敌自信：相信自己，我能

爱迪生不自信，不会有电灯的发明；奥巴马不自信，也不会成为美国总统；……也许你什么都没有，但不要灰心，自信就是你成功的最大资本。

第四章　高度专注：锁定最重要的事

人的精神力是非常有限的，一旦分散就会一事无成，从现在起，锁定最重要的事情并保持专注，成功自然近在眼前。

第五章 自控自律：来自哈佛的自控力训练

成功最大的敌人就是缺乏自控力，如果你不能控制你自己，那么就只能被环境左右，甚至从此随波逐流。

第六章 战胜拖延：时间，最伟大的成功导师

事情做不完，那就留到明天；这周好忙，不妨下周再说;……殊不知“拖延症”只会越来越严重，如果你想摆脱“拖延症”，就必须像哈佛人一样进行严格的时间管理。

第七章 逆境情商：只有弱者才会“沉沦”

人人都会遇到“逆境”，成功者将其视为上进的垫脚石，而怯弱者则只会陷入失败的泥沼中无法自拔。

中篇　哈佛公开课：精通心理，走到哪里都是精英

第八章　交际心理课：哈佛人的“零压力”社交

交际很容易，我们随时随地都在与人打交道；但交际也很难，因为绝大多数人脉都无法转化为“助力”。那么来看看哈佛的精英们都是怎样社交的吧！

第九章　职场心理课：热情工作，方能成就最好的自我

“热情”“激情”的力量真的超乎想象，它不仅能够挖掘我们的工作潜能，还能让我们工作得更快乐、更轻松。

第十章 管理心理课：管人从管“心”开始

作为世界上最顶级的学府，哈佛大学培养了一大批成功企业家，他们都是怎样管理企业的呢？其实最好的管理不是管人，而是管“心”。

第十一章 谈判心理课：进与退之间的心灵舞蹈

现代社会，不管是洽谈合作，还是面试找工作，处处都需要“谈判”，不懂“谈判心理学”，如何发展事业？

第十二章 消费心理课：从今天起，做个精明的消费者

每个人都需要买东西，但你是一个精明理智的消费者吗？冲动消

第十五章 犯罪心理课：“圣诞老人”也有犯罪可能

不要以为“犯罪”离你很远，其实每个人都是一个潜在的“罪犯”，一旦被刺激，就很可能会形象大逆转。

下篇 人生幸福经：让生活更快乐的哈佛实用心理学

第十六章 认清真实自我，不做欲望的奴隶

金钱欲、权利欲、控制欲……我们处在太多欲望的包围圈里，如果想更快乐地生活，那么请控制这些欲望，不要做它们的奴隶。

第十七章 远离灰色情绪，快乐人生始于悦己

糟糕的情绪要远比身陷绝境更可怕，不管是悲观、失望、伤心、害怕，还是愤怒、郁闷、内伤，请保持一个好情绪，因为快乐始于悦己。

第十八章　保持积极心态：心态好，病就少

科学研究证明，人的心态与身心健康有着十分密切的关系，如果想有一个好身体，那么从现在起，请保持一个好的心理状态。

第十九章　情感需要经营，有“爱”才会有“幸福”

爱情、亲情、友情，不管哪种情感都需要仔细经营，只要用“心”去爱，去呵护，自然可以尽享情感带给我们的美好与温暖。

第二十章　给心灵减减压，你的灵魂可以更“轻”一点

社会发展越来越快，生活节奏越来越快，人们的心理压力也与日俱增，其实你不必如此沉重，给心灵减减压，让你的心灵更“轻”一点。

第二十一章 活在当下：不因过去而悔，不因未来而惧

人总是纠结于过去的“不甘心”与未来的“不可控”，殊不知唯有当下才最值得我们珍惜，活在当下才是最简单快乐的人生。

上篇

成功心理课

你也能像哈佛高材生那样成功

自我意识：像成功者那样思考自我

心理动机：有梦想才能撬动整个“地球”

无敌自信：相信自己，我能

高度专注：锁定最重要的事

自控自律：来自哈佛的自控力训练

战胜拖延：时间，最伟大的成功导师

逆境情商：只有弱者才会“沉沦”

第一章

自我意识

像成功者那样思考自我

为什么你一直平庸？
为什么哈佛的高材生们都是精英？
其实平庸与成功的差异，
只是“思考方式”不同而已，
像成功者那样思考自我，
你也可以很成功。

1. 我是谁？想走向何方

冈岛悦子曾经在哈佛大学 MBA 进修。每当被问及自己在哈佛的学习心得时，冈岛悦子总是简单一句话："哈佛让我知道了自己是谁。"

"我是谁？""想要走向何方？"

这是人生最复杂的问题，也是人生必须面对的问题。人生的很多困惑在一定程度上都决定于能不能正确解答这个问题。然而，一个人想要弄清楚这个问题，又谈何容易？一辈子不认识自己而做出可悲之事的大有人在。

亨利·比彻尔说："一个人需要思考的，不是自己应该得到什么，而是自己是什么。""我是谁？"弄清楚这个问题是非常困难的。但是弄清楚这个问题是做人的一个最起码的要求。只要你在自己的人生道路上，找到适合自己的人生坐标，你就能够充分发挥自己的聪明才智，从而到达成功的彼岸。尼采曾经说过："聪明的人只要能认识自己，便什么也不会失去。"正确认识自己，才能使自己充满自信，才能不使人生的航船迷失方向，才能获得你自己想要的成功。

美国汽车大王亨利·福特年轻时，曾在一家修车厂做修车工人。有一次他刚领完工资，兴高采烈地来到一家高级餐厅吃饭，可是他在餐厅里坐了十五分钟，居然没有一个服务生过来招呼他。最后一名服务生勉强走了过来，问他是不是需要点餐。

亨利·福特连忙点头，只见那名服务员不耐烦地将菜单丢到他的桌上。亨利·福特刚将菜单打开，服务生便轻蔑地说道："您不需要看菜名，只需要看看价格就行了。”亨利·福特看了看这名服务生，顿时怒火中烧，他原想点一顿最贵的大餐，来回敬这可恶的服务生。但是最终还是理智战胜了冲动，亨利·福特想到了兜里那点辛辛苦苦赚来的薪水，不得不点了一份最便宜的汉堡。

这件事让亨利·福特耿耿于怀了很久，他思考着为什么自己只能吃最便宜的汉堡。最终，亨利·福特暗暗下了决心：一定要成为人上人。至此，亨利·福特彻底认清了自己是谁，也找到了方向。接下来的事便顺理成章了，亨利·福特一直朝着目的地前行，不管遇到多少风雨，他前进的步伐也从未中断过。最终，亨利·福特从一名普普通通的只能吃得起最便宜的汉堡的修车工人，变成了叱咤全球的汽车大亨。

由此可见，一切伟大的成功都源于最初的那个微不足道的问题：“我是谁？我想走向何方？”科学家罗素曾说：“人类社会没有天才，成功者也非天才。”的确如此，任何人的成功都不是凭借着超乎常人的才华，而是清楚自己是谁，想要走向何方，然后义无反顾地走下去，最终定能抵达终点。

“我是谁？想要走向何方？”这不仅仅是哈佛大学的必修课题，也是所有有志之士的必修课题。思索这一课题时，需要从以下几个角度出发：

(1) 尊重自己的内心：选择热爱

爱因斯坦曾说：“热爱是最好的老师。”只有尊重自己的内心，从事自己热爱的事业，才能事半功倍，取得惊人的成就。在人生的道路上，总是有很多岔路口，每条岔路通往不同的方向，但是无论你现在正在做什么，选择一项自己热爱的事业，作为你人生的终极方向，那将是通往成功最好的捷径。

(2) 懂得随机应变：有舍才有得

世界是多彩的，世事是多变的。人生何尝不是如此？每一天都有令人意想不到的事情发生着。想要获得成功，就必须灵活把握人生的航标，懂得随机应变，对自己、对社会有个清醒的认识，做出最明智的选择，舍去多余的、意义不大的种种利益、诱惑，得到最终的成功。

(3) 用心耕耘

人类是自然界中的奇迹，不同于周围的物品，因为人类会问："我是谁？想要去往何方？"当人们对于这个问题进行思考之后，用心耕耘这一主角就登场了。俗语说："世上无难事，只要肯登攀。"这句话道出了一个永恒的真理——通往成功的道路上，脚踏实地地用心耕耘是唯一的正确途径。

※哈佛成功心理学※

选择合适的工作是关乎一个人一生幸福的大事。想要做好这件事情，只有认清"我是谁，想要走向何方"。所以，抽出足够的时间认真思考一下这个问题，分析一下自己的爱好、性格、优劣势，以及自己想要的生活……一旦弄清楚"我是谁"这个问题，人生的天空也就随之晴朗起来了。

2. 认识最真实的自我

"怎样才能获得成功？"对于这个问题，哈佛学子给出的答案是：每个人都有自己的特点，不同的人有其不同的擅长领域，有的人擅长做这一行，有的人擅长做那一行。如果能够认识最真实的自己，那么，每个人都能获得成功。这句话说得一点都不为过。那些成功的哈佛精英们，无不拥有着优良的自我认知能力。那么，哈佛学子是如何认识最真实的自我的？

首先，认识最真实的自我，从认识自己的性格开始。

每个人都有自己的性格，可以说有什么样的性格，就有什么样的人生。性格是一种十分复杂的心理现象，很多时候我们连自己都弄不清自己的性格。但是所有事物都有规律可循。哈佛教授将性格大致分为四类：乐观型、完美型、活力型、平和型。这些性格有着十分明显的区别。现在我们来剖析一下这四种不同类型的性格：

乐观型：这是一种非常积极、乐观的性格，拥有这种性格的人时常面带微笑，他们将幸福作为生活的终极目标。美国总统奥巴马就属于这种性格的人，他之所以能成功竞选为美国总统，与他的性格有着直接的关系。在竞选期间，奥巴马时刻面带微笑，为美国大众不停地勾画着美好的生活图景，使国人沉浸在一种轻松、愉悦的美好氛围中。于是，他成功了。

完美型：这是一种追求完美的性格。拥有这种性格的人做事情和在与人交往中总是抱有挑剔和审慎的态度。由于他给自己和别人设置的标准很高，所以经常让别人和自己感到很大的压力。通常，他们会觉得生活很累，容易生气、低沉。但是，拥有这种性格的人往往思维缜密，凡事认真，善始善终。如果能合理调整悲观情绪，获得成功也是非常容易的。

活力型：这种性格的人永远充满活力与自信，是天生的领导者。他们做事果断、独立性强、喜欢直来直去、争强好胜，属于典型的工作狂人。

平和型：这种性格的人非常容易相处，他们从不抢人风头，别人说什么都不会太计较，但在处理事情时缺乏主见、遇事优柔寡断。

尽管这四种性格有着明显的区别，但在现实生活中，不能完全将一个人的性格笼统地划分为其中的某一种类型，很多时候人的性格是多重的。将性格分类主要是为了使人们更好地调整自我性格上的缺点，从而更好地结合日常生活和工作，快速成就自我。

探寻哈佛杰出人士的成功轨迹，不难发现他们都拥有一个成功的必然武器——良好的性格。哈佛教授、著名教育家威廉·詹姆士曾总结道:“播下一种性格，你将收获一种命运。”世界巨富巴菲特在一次采访中被问及成功秘诀时也曾说道：“这个问题很简单，原因不在于智商高低，而在于性格。”盖茨对此表示完全赞同。两名世界级的成功者均道出了成功的关键所在——性格。在哈佛有一个专属名词——“哈佛性格”，它包括一切良好性格的特点，他们认为，一个人拥有了良好的性格，自然就会有良好的态度去面对生活、学习和事业，进而能很好地认识更真实的自己，最终获得成功。

其次，理想中的自我是认识真实自己的助推器。

美国著名心理学家卡尔·罗杰斯曾经提出一个患者中心疗法的模式。他认为每个人思想中都有一个理想的自我，这个自我是人们心中最想成为的人，它能潜意识地影响一个人的言行举止，指引人们朝着美好的方向前行。人们可以凭借着理想中的自我，判断认识最真实的自我，并在其引导下一步步走向成功。

最后，金无足赤，人无完人，优缺点并存才是真实的自己。

在哈佛，教授们传授学生最多的不是如何扬长避短，而是直面自己的缺点。在他们看来，敢于亮出自己的不完美是一种大智慧。

泰勒·本·沙哈尔是哈佛教授，他先以优异的成绩考入哈佛，在校期间，曾作为优秀生被派往剑桥大学交换学习，毕业后更是成功留在了哈佛任教。他的培训课是全美最贵的课程。可就是这样一位几乎完美的成功者，曾坦言自己的不足："虽然我已经讲了很多课，但是直到现在，面对学生时我依然感觉紧张。"面对这一不完美，沙哈尔教授从不遮掩，而是坦然接受，允许自己不完美。事实上，承认自己的缺点是一种尊重自己的表现，是一种自信的表现。对于任何一名想要成功的人来讲，他们缺的不是完美，而是自信。

※哈佛成功心理学※

认识最真实的自我，能让自己的人生变得不再迷茫，能让一个人更好地生活，能让他在面对重要关口时，把握好取舍的分寸，能让他时刻坚持自己真正需要的东西……最终能让他收获一份美丽的成功。

3. 了解公众眼中的"自己"

人们在认识自我的时候，难免会带有一些主观色彩，所以自我认识无可避免地带有一定水分。作为当局者，当局者迷就是自我认知的局限性，解决这个局限性的唯一途径就是了解公众眼中的自己。对于每一位当局者，公众是一面公允的镜子，可以说镜子中的"自己"才是准确、全面、客观的自己。

年轻的卡特从哈佛商学院毕业后，顺利进入一家大公司。上班的第一天，老板要卡特说几件体现自己优秀的事情。卡特自信满满地谈起了自己在哈佛全校前十五名的优异成绩。卡特本以为老板会赞扬他一顿，可是没想到老板听完面无表情地问道：“为什么是前十五名呢？为什么不是第一名呢？”这句话让卡特顿时哑口无言。在之后很长的一段时间里，卡特一直在反问自己：“为什么是前十五名呢？为什么不是第一名呢？”

于是，卡特不断地告诫自己：自己应该是第一名。从此，卡特竭尽全力去做好每一件事情。当然结果正如我们猜想的那样，卡特成功了！仅仅用了三年的时间，卡特成为了公司 CEO。

其实，最初的卡特只认为自己是哈佛的前十五名，他从来没有觉得自己应该是第一名。是他的老板让他看到了另一个自己。卡特的成功并不是偶然，他跳出自我认知的局限性之后，认清了自我，从而释放了自己，最终获得了成功。

既然了解公众眼中的“自己”如此重要，那么应该注意哪些问题呢？

(1) 正确选择“公众”

一般来说，对自己提出建议的人都是与自己比较亲近的人，他们看似是“公众”，实际上依然是“当局者”。原因是，这些人在与你朝夕相处的过程中，思想和观点在耳濡目染地相互影响，渐渐地越来越接近。因此，想要认识更真实的自己，应该多了解一下那些关系相对疏远的人对自己的看法，他们眼中的“自己”才是相对客观、全面、真实的自己。

同时，还要学会合理辨别他人对自我看法的准确性，坚持自己的主见也是必要的。

(2) 要有海纳百川的度量，正确看待公众眼中的“自己”

现实中，很多人不喜欢听批评的话语，甚至将批评自己的人视为敌人。这种人绝不在少数。正所谓，良药苦口，只有虚心接受他人的批评和建议，才能认识更真实的自己，保持积极上进的姿态，不断进步。

※哈佛成功心理学※

了解公众眼中的“自己”是一个自我再次学习的过程，有助于自我完善和提升。

4. 定位：位置决定人生道路

哈佛教授哈恩曼经常给学生们讲这样一个故事：

一个乞丐站在路边，手里拿着几个橘子，一个商人走了过来，将几枚硬币给了乞丐，然后匆匆走开了。过了一会儿，商人又回来了，对乞丐说道：“对不起，刚才忘拿橘子了。”乞丐有些为难，说道：“我只有这几个橘子了，没有打算卖掉它们，我只是站在这里等好心人的施舍。”商人摇了摇头，坚定地说道：“我认为我们都是商人。”

过了很多年，在一个非常重要的场合，这名商人再次见到了当年的那名乞丐。此时的他早已衣冠楚楚，他对这名商人表示了感谢，正是因为当年商人将自己定位成商人，他才拥有了今天的生活。

这个小故事并不难理解，哈恩曼教授通过这个小故事想表述这样一个观点：位置决定人生道路。

哈佛教授为什么强调“位置决定人生道路”呢？因为：

第一，在这个世界上，有很多位置，你将自己定位成什么，就会朝着这个方向前行。每个人的精力和时间都是有限的，但是在有限的时间里，即便是一个弱小的生命，一旦将全部精力集中到一个目标上，也会有惊人的成就的；可即便是一个强大的生命，它若将精力分开，一会干这，一会干那，那么最终的结果就是一事无成。所以，人要有定位，有了定位就有了奋斗的方向。

曾经在英国一个名为《自然》的刊物中读到这样一篇文章，一位著名的学者去丛林考察，无意中看到一只小鸟与猛蛇大战的全部过程：

一只只有麻雀大小的小鸟在觅食的过程中遭遇猛蛇的袭击。勇敢的小鸟并没有选择逃跑，而是不断寻找机会用自己的尖喙一下一下地啄猛蛇的头部。小鸟的力量非常小，一两次的袭击根本没有对猛蛇造成伤害。可是，这只小鸟不断地袭击猛蛇，而且每次的袭击点都落在同一个位置。终于，经过了上百次的袭击，小鸟竟然成功了。那条猛蛇最终死在了这只只有麻雀大小的小鸟的尖喙下。

按常理说，综合各方因素，小鸟均处于下方，可是为什么小鸟最终竟然制服了比自己强大很多的猛蛇呢？那是因为小鸟瞅准了一个点，将自己的全部力量集中在了这个点上，经过无数次的啄击，最终打败了猛蛇。

第二，定位在什么样的位置，也会影响人生的道路。一个定位往上攀登的人，他的心永远会向上；反之，一个甘心成为别人绊脚石的人，永远都不会有太大的成就。正如哈恩曼教授所讲故事中的“乞丐”，在商人的指引下，他最终将自己定位成了商人，而非沿街乞讨的乞丐，所以他不甘命运的安排，不断努力，终于成为了一名商人。

可见，不同的人对成功的定义不同，也会有不同的定位。不同的定位将决定你人生的道路。如果你长时间努力工作，可是在努力的过程中，没有给自己准确定位，那么一切的努力都是徒劳的。一个人是否成功，不在于他做了多少工作，而在于他做了什么工作。什么样的定位，就会有什么样的人生。

生活中，很多人看似每天都在忙忙碌碌，可最终还是一无所获。他们没有取得收获的原因不是因为不够努力，也不是因为不够聪明，而是不懂定位，不懂得将自己的精力集中在一起。我们可以将人生比喻成一次远行，从始点到终点，如果只有一个方向，那么我们行驶的距离会很远；可是如果有很多方向，那么可能会出现一个结果：原地画圈，行驶不了多远。

※哈佛成功心理学※

人们往往只看到了成功者获得成功后的鲜花与掌声，而忽略了他们在通往成功途中所付出的汗水。其实，成功者之所以能成功的主要原因是：他们懂得定位，懂得将力量集中在一起，不断努力突破，最终抵达成功的彼岸。

5. 反省，离成功再近一点

苏格拉底曾说：“一个没有检视的生命是不值得活的。自我反省不仅是了解自己做了什么，最重要的是透过它了解自己真正的意图。”哈佛教授也曾教育学生说：“反省是做人的责任，不会反省的人是不可能拥有任何成功的。”只有勤于反省的人，才能清楚自己与他人的距离，才会有不断进步的可能。

不可否认，哈佛学子从学校毕业后，都成为了各行各业的精英人士。他们从不担心找不到满意的工作，也不用担心薪酬过低，不能养家糊口，因为他们的实力决定了他们将会拥有何种生活质量。为什么哈佛学子都拥有如此非凡的能力呢？

哈佛招收新生的原则是：无论你出生如何，家庭条件如何，只要你足够优秀，就能成为其中的一员。而且如果你的才华得到学校的认可，还能获得丰厚的奖学金。那么，什么样的学生才能算得上优秀呢？因为学科的不同，每一科对“优秀”的定义也会不同。不过有一点是通用的，那就是先天具有潜力、后天又十分勤奋的学生一定是好学生，一定可以得到哈佛的认可。除此之外，哈佛还非常看重那些有自我反省能力的学生，因为只有勤于反省的人，才能清楚自己与他人的差距，才能不断进步。

哈佛大学注重反省，不仅体现在它要求学生勤于反省，同时其本身也在不断地反省，不断地完善。

作为当今世界一流学府，哈佛有着其他院校无法替代和超越的位置。不过这并不意味着哈佛没有缺点，不用反省。曾在哈佛从教三十多年的哈瑞·刘易斯教授，就写过一本书，指出哈佛在各个方面的不足。对此，哈佛教育学院的霍德华·加德纳是这样说的：“他是一个勇敢与智慧的人，写了一部大胆而实用的书！哈佛定然会反思，并且完善自己的不足。”

哈佛大学的这种自我反省的精神深深地影响着每一位哈佛学子。他们时刻牢记：反省是一种义务，是进步的必修课。作为年轻一代，青年人是最富活力和创新能力的群体，是国家和全人类的希望。纵观那些成功人士，不难总结出，那些优秀的青年人，都拥有勤于反省的好习惯。

艾柯卡之所以能够将克莱斯勒公司从颓废中解救出来，其中关键的一条就是整个管理层的反省活动。

艾柯卡在上任后不久，就在公司内部发起了一场“反思周”活动。他将公司的上层管理人员聚集在疗养院，让每个人进行彻底地反省。

经过这次反省，每个人都对于过往的种种行为和取得的成绩感到很不安，大家都希望为公司的再次振兴效力。就这样，“反思周”让大家重拾战斗力，挽留了克莱斯勒公司。

一个企业如此，一个个体也是如此，只有懂得自我反省、自我分析，才能不断调整路线，完善自我，少些坎坷，多些收获。

很多人认为，反省是老年人应该做的事情，新一代的年轻人则不用经常反省。然而，哈佛教授却认为，年轻一代更应该反省，不仅仅要反省自己曾经的经历，还要从别人过往的经历中反省自己。

勤于反省，让奋斗途中的年轻人走向成熟、沉稳、理性，距离成功更近。

※哈佛成功心理学※

勤于反省，就是对自己正在做的事情和以后将要做的事情进行分析，从而正确认识自己，像成功者一样思考自己的言行举止和思维方式。只有勤于反省的人才能在日后的工作和生活中少走弯路，在有限的生命中获得更大的成功。

6. 哈佛人这样强化自我意识

“哈佛的精英们，我也想像你们那样成功，请你们赐予我力量吧！”

“不！你不可能做到！因为在你的自我意识中从来没有认为自己能够做到！”

“是的，我是这样认为的。那么，我应该怎么办才能像你们一样成功呢？”

……

芸芸众生中，你既不是巨富之后，也不是皇家王室的继承者，你只是一个非常普通的凡人。但是请相信，机会是平等的，每个人都有足够的能力和机会获得成功。你和那些哈佛人没有任何区别，他们能够取得成功，你也一样可以。说到这，很多人都会连连摇头，“这怎么可能，简直是天方夜谭！”

悲哀呀，这就是你们的自我意识吗？这种自我意识是你们对自己的宣判，而且这种判决一定是准确的。为什么？这就是潜意识的巨大力量。

自我意识，即人们的潜在意识，它主导着宿体的一切行动和思想。如果在你的自我意识中，也就是潜意识中，认为自己不行，那么你的一切行为和思想都会朝着“不行”的方向前行，尽管你自己并没有任何感觉，但是你仍然在走着一条通往“不行”的道路。相反，如果在你的潜意识中，认为自己“行”，那么你的一切行为和思想都会朝着“行”的方向前进，不知不觉你便会发现“奇迹”逐渐浮出水面，“成功的影像”变得越来越清晰。

约翰从入学的那天起，就不是很爱学习，他贪玩，旷课，最终荒废时光，没能顺利毕业。带着些许伤感的约翰步入了社会。之后一系列的事情——找工作需要学历、升职需要学历、参加各种继续教育需要学历，让约翰感到无比懊悔：“如果上学的时候能够好好学习，顺利通过考试，拿到毕业证，自己将要少走多少弯路呀！”在这种懊悔的情绪下，约翰暗暗下定决心：以后不管参加何种考试，都要好好学习，认真对待，顺利通过考试。

很快，约翰便参加了一场专业考试。不爱学习的约翰每天都在心里对自己说：“一定要通过考试，不管怎样都要通过考试！”当时的约翰每天要工作很长时间，留给他复习的时间非常少。尽管如此，约翰依然在下班之后，迫不及待地复习、学习。那段时间的约翰，似乎变了一个人，他的内心无比坚定，认准一个念头：我必须通过考试。

在这种自我意识的指引下，约翰一路披荆斩棘，克服了所有的困难，顺利地通过了考试。他自己回忆道："我也觉得很奇怪，因为当时的复习时间只有一个月了，而参加过考试的前辈们告诉我：'放弃吧，这么短时间的复习是不可能通过考试的。'可是当时我就一个信念——要通过考试，没有任何的其他想法，然后就心无杂念地认真复习，最终也没觉得怎么艰难就顺利通过考试了。"

其实，约翰的经历并不奇怪，也不是什么奇迹。帮助他顺利通过考试的神秘力量来自于他的自我意识，即潜意识。正如哈佛企管硕士史蒂芬·柯维所说——

人们都希望获得成功，都在探索成功的奥秘，其实这也许比你想象的要简单，因为，我发现那些成功的人们——奥运会的运动员、商业界总经理、宇航员、政府领导等人和其他人中间有着一条明显的界限，我称其为成功者的边缘。这个边缘并非特殊环境或具有高智商的结果，也不是优等教育或超人天赋的产物，更不是靠时来运转。成功者的关键，我认为就是态度："我相信自己！""我喜欢自己！""我最有力量！"

这就是潜意识的力量。那么哈佛人是怎样强化这种正能量的呢？

毋庸置疑，当接受一个新任务、到达一个新环境时，内心有担忧和恐惧、不安，这些都是正常的，哈佛人也一样有这些感受。但不同的是，哈佛人可以控制自己的思想，不会因为害怕、紧张而不去做，也不会因为这些不好的感觉而反复怀疑自己能不能行。哈佛人坚信：任何事情最终能否取得成功的关键在于自己。他们在心底不停地告诉自己："我能行！""我一定能做到！""我是最好的！"……

※哈佛成功心理学※

哈佛教授告诉你：世界上没有哪件事是"可能"，哪件事是"不可能"，事情能否取得成功，一切取决于你自己。如果你也想像哈佛人一样优秀，激发内心神秘力量的秘诀就是在心里多念几遍："我可以！"将这一神秘力量融入到你的生活和学习中，渐渐地，你会发现，没有什么事情是"不可能"！

7. 别让"映射"操纵你的人生

一位哈佛学子愁云满面地对自己的导师说道："老师，我最近很纠结。"

老师问道："为什么？"

"有的人说我是天才，日后必将大有作为；而有的人却说我是名副其实的蠢材，将来不会有什么作为。老师，您说我到底是天才还是蠢材呢？"

"你认为自己是天才还是蠢材呢？"老师问道。

"我也有些迷惑了。"学生一脸的茫然。

导师语重心长地说道："如果你自己也迷惑，那么我就更不知道你是天才还是蠢材了。不过我想告诉你，无论别人如何评价你，你就是你。如果你的发展完全依赖于别人对你的定位，没有自己的人生规划，那么你是一个傀儡，是不会取得任何成功的。"

接着哈佛教授谈起了他小时候的一件事情，至今记忆犹新。那年他上小学，考试得了第一名，老师送给他一本世界地图。教授很高兴，整日捧着地图专注地研究。这天，父亲让他帮忙拔草。他一边拔草，一边研究地图，结果不仅把草拔了，连同刚刚长出来的小树苗也一同拔掉了。父亲大怒，抬手打了他一巴掌，问道："整天捧着地图研究什么？"教授委屈地说道："我在看埃及在哪儿，等我长大了一定要去埃及。"父亲听完更加生气，说道："什么？你还想去埃及？别做梦了，你这辈子都不可能去埃及！"

当时教授呆住了，心想："父亲怎么会给我下这么奇怪的定论呢？难道我这一生就真的没有能力去埃及了吗？"二十年过来了，当教授第一次出国就去了埃及。很多人对此都很疑惑，问他为什么一定要选择埃及呢。教授答道："因为我的人生不能被别人设定。"

人是一种群居动物，每天都要接触很多对自己有着深远影响的人，如父母、师长、上级等等。他们的言行和思维或多或少都会影响到你。但是，你的生命，要靠自己来雕琢，来选择，不能让别人来设计。那些人生由别人设计并且照着别人的设定去生活的人，他们的生命注定只能碌碌无为。只有对人生充满幻想的人，才能不断超越自己，达到生命的巅峰。

生活中，很多人羡慕那些衔着金汤勺出生的人，认为他们从一出生就被父母安排好了一切，之后的人生就是按照父母的安排一步步安稳地前进，不用自己拼搏，历经风雨。其实，将自己的人生完全交给别人安排，并不是一件值得他人羡慕的事情。在人生的道路上，没有任何人能够一辈子依靠他人。无论身边的亲朋将你护送多远，最终上路的还是你自己。

那么怎么才能不让"映射"影响你的人生呢？

(1) 排除杂念，秉持自己的信念

无论是凡夫俗子还是盖世英雄，总有遭人批评的时候。事实上，一个人越成功，随之而来的非议也会越多。此时，真正勇敢的人就是排除杂念、秉持自己的信念、勇往直前的人。

(2) 敢于冒险

作为一名现代人，应该具有随时迎接挑战的心理素质。世界充满了机遇，也充满了风险。想要活出不一样的人生，就必须具备冒险精神。一名哈佛人曾说："没有什么大不了的，只不过是从头再来。"的确如此，生活中没有那么多值得畏惧、担忧的事情，大不了重新来过。

※哈佛成功心理学※

每个人都要有独特的负责任的人生设计，这不单是个人意志的事情，更是时代前行、种族发展赋予人类的义务。试想，如果所有人都按照父母事先安排好的轨迹生活，那么人类还怎么进步？所以，如果此时此刻，你还活在他人的"映射"中，请及时苏醒吧，将自己的人生好好设计一番。只有这样，才能应对日后的各种变化。

第二章

心理动机

有梦想才能撬动整个“地球”

弗洛伊德认为：

人的一切行动，

其背后都有一定的心理动机。

只要你的“动机”够强劲，

对梦想够执着，

你就会拥有无限大的“潜力”。

1. 为什么而努力：动机决定成败

在美国新泽西州有一座美丽的小镇，风景秀丽，是名副其实的度假胜地。然而，让这座小镇家喻户晓的原因不是它迷人的风景，而是镇上的一所普通小学。小学成立之初仅有 26 名学生，他们被安排在一间狭小的、昏暗的房子里上课。

26 名学生名声都非常不好，他们打架、逃课甚至吸毒。其他学校为了不影响在校学生的成长，全部将他们拒之门外。就这样，在社会和家人都选择放弃他们之后，他们被无情地塞进了这所小学。就在这 26 个孩子的前程一片黑暗之际，一位年轻女教师出现了。她美丽、善良，就像上帝派来的天使。

开学的第一天，女教师便给这些孩子出了一道题：长大后，你们想成为什么样的人？

女教师让孩子们尽情地想象自己的未来，尽情地描述自己的未来。甚至很多时候，她还帮着学生一起想象着他们的未来，将他们的未来设计得美轮美奂。

对于这堂课，所有的学生听得都很认真。他们在女教师的带领下完全沉浸在对未来的幻想中。要知道，他们身边所有的人都放弃了他们，从来没有人认为他们能有好的未来。可是今天，他们却可以尽情地幻想自己的未来。

很快，镇上的人惊奇地发现孩子们变了，不再像以前那样低迷、消极，浑身散发着死亡的气息。他们像一个个整装待发的士兵，充满活力和激情，每天唱着歌曲上学。渐渐地，镇上人开始接受他们，喜爱他们。孩子们似乎也感觉到了人们态度的改变，心情更加美好了。很多年之后，孩子们长大了。他们每个人都如愿以偿地成为了成功人士，拥有着光明的前程和幸福的家庭。

孩子们的变化源于梦想的动力。年轻的女教师给了每个孩子奋斗的动机，让他们知道为何而努力。有了这种内心深处的原动力，孩子们的人生被彻底改变了。

“为什么而努力?”是深藏在人们心中的渴望，是成就人生的动机。有了这种动机，生命的潜能被激发，人们会像一台不知疲惫的机器，朝着最终的目标奔跑。

哈佛学子从进入哈佛便开始了炼狱般的生活。通常在哈佛，学生们对于宿舍、餐厅和图书馆的概念是没有大的区分的。很多时候，学生们吃在图书馆，睡在图书馆，在图书馆里熬通宵那是常事。尽管哈佛的学习强度很大，但哈佛的学生们似乎永远不知道疲惫。一周下来他们的睡眠时间仅有十几个小时。即便如此，哈佛学子们依旧精力充沛，遨游在各个学科的学海中。难道说哈佛的学生真的都拥有着异乎常人的精力吗?

答案是否定的。哈佛学生这么做是有动机的。他们清楚自己为什么而努力。比如，有的人将探索宇宙作为动机，并为之而奋斗；有的人准备将来叱咤商界，故此拼命积累自身资本，为将来成为像盖茨那样的人而拼搏等等。尽管每个人的动机都不同，但是它们产生的力量却是相同的。这点从哈佛学子们取得的优异成就得到了充分的证明。

从心理学上讲，动机是一切行动的驱动力，是激发诸多才能的重要因素。可以说那些有明确动机的人，他们的行为都有着立竿见影的效果。哈佛学子们就拥有这种动机。这种动机使哈佛学子们在各个邻域皆有所建树，也使哈佛大学成为一个能够帮助人们实现理想的天堂。

※哈佛成功心理学※

想要获得成功，就必须清楚自己为何而努力。拥有奋斗的动机是决定成败的关键！

2. 你成功的动机有多强

很多人说："我拥有成功的动机呀，但是我为什么不能像哈佛学子们那样不知疲惫、顽强奋斗呢？"

大哲学家柏拉图年轻时特爱文学，他曾经参加过伯罗奔尼撒战争，是一名战斗英雄。后来师从于苏格拉底，被苏格拉底影响，放弃从政的理想，全身心地投入到了文学事业。

柏拉图的文学之路并不顺畅。为了传播他的哲学、教育理念，柏拉图开始了西西里之行。不幸运的是，西西里之行不但没有帮助他完成理想，反而使他身陷囹圄，成了阶下囚，最终沦为奴隶买卖市场中被卖来卖去的奴隶。

在残酷的现实面前，柏拉图没有放弃，而是顽强地挣扎。经过一番艰辛、曲折的经历之后，柏拉图成功回到了雅典，继续他的理想。柏拉图继续传播他的哲学、教育理念，尽管依然危机四伏，但他依旧初心不改。

不管遇到什么样的困难，即便是生命受到威胁时，柏拉图从始至终都没有放弃过。是什么力量支撑柏拉图闯过一个又一个难关的呢？是柏拉图想要成功的强大动机产生的力量。

现实生活中，通往成功的道路注定是艰难坎坷的。能支撑"行路者"克服一切困难、坚持下去的力量源于你想要成功的动机。一个人想要成功的动机有强有弱。如果想要成功的动机不够强大，那么就会出现中途"逃跑者"，他们放弃了，当然成功也从此与他们无缘了。可如果一个人想要获得成功的动机非常强大，那么在他眼中，所有的困难都不是困难，他眼中的道路只有一条，不管这条路有多么难走，他都会义无反顾地坚持再坚持，直至成功。

哈佛大学非常注重培养学生内心想要获得成功的强大动机。在这方面，哈佛大学完全继承了柏拉图精神。尽管因为种种原因，柏拉图最终没能取得成功，但是他的精神被千万追求成功的后继者传承下来，成为人类精神文明的重要组成部分。哈佛大学就是这些后继者之一。

那么，哈佛是如何培养学生强大的成功动机的呢？

第一，每个人对成功的定义不同，不管他们定义的成功是大是小，在获得成功之日，每位成功者的身上都散发着一种气质，这种气质集自信、奋斗、成就感于一体。这时候，他们是幸福的、令人羡慕的。哈佛大学从不吝啬对成功者的宣传和描述。哈佛在潜移默化中为所有学员提供了幻想成功的想象空间，无形中强化了学生想要获得成功的动机。

第二，对于每一位走进哈佛的学子，都要学习柏拉图精神。他们是在这种精神的浇灌下，慢慢成长起来的。若干年之后，这种对成功执着追求的精神便渗透到了哈佛学生们的血液中，成为他们生命中不可分割的一部分。

第三，同时，哈佛注重培养学生的吃苦能力。现实不同于理想，现实中的很多困难是我们最终无法想象和预测的。哈佛强大的学习强度，从某种意义上讲也是在培养学生们的吃苦能力。这所学校最大限度地加强学生们的学习强度，让所有学生长时间保持在拼搏的状态。高强度的劳动使学生逐渐习惯，他们不觉得累。以至于他们在离开哈佛步入社会之后，依然本能地保持着这种顽强奋斗的拼搏状态。哈佛学子们超强的吃苦能力和坚持能力时时刻刻地强化着他们想要获得成功的动机。

※哈佛成功心理学※

人生短暂，每个人都想获得成功，如有的人希望拥有精彩的生活、他人的尊重，甚至希望在人类文明史上留下自己的痕迹……不管人们想要获得何种成功，这本身就是成功的动机。成功的动机不是一个空洞的名词，它是一种重要的力量，完全可以加以利用。如何培养这种力量，没有太多的捷径，只有从自身出发，从生活中的点滴开始，树立对成功的执念，明确动机，一步步执着地走下去。

3. 坚持梦想，培养“内驱力”

生活就像海洋，只有坚持梦想的人才能到达彼岸。想要获得成功，需要很多因素，但是如果没有一颗坚持梦想的心，那么梦想永远遥不可及。可以说，坚持梦想是实现梦想的保证，拥有坚持的精神，就有机会实现梦想。

哈佛大学是世界第一学府，世界学子心中的知识圣地。它被誉为美国的“思想库”，甚至一些学者还认为是哈佛创造了美利坚。在这里就读的每一位学子从进入哈佛开始，便收到大量的应聘书。由此可见，哈佛学子的能力早已得到了各界认可。当然这些学子的天赋各不相同，但是他们对梦想的坚持却是相同的。

美国流行的一部电影——《风雨哈佛路》讲述了这样一个真实的故事：

莉丝出生于纽约市布朗克斯区。不幸的是，她没有一个幸福的童年。

莉丝的父母均是吸毒者，这使得仅 15 岁的莉丝无家可归，成为一名乞丐，流浪在街头。为了赡养父母，莉丝捡垃圾、偷东西，经常被人取笑、驱赶，甚至有些人还对她拳打脚踢。对此，莉丝非常痛苦，她想改变现有的生活，她想融入到正常人的生活中。无意中，莉丝了解到了哈佛这所大学，很快她便意识到只有考入哈佛大学，才能彻底从现在烂泥般的生活中走出来。于是，莉丝有了一个在所有人看来都无法实现的“白日梦”——考入哈佛。

接下来，莉丝经常出入地铁站，在那里一呆便是数月，饿了便向路人乞讨要些吃的。对于莉丝来讲，地铁站是天堂，因为在这里，莉丝 24 小时有灯光，她可以不停地学习。就这样，莉丝在地铁站里用了两年时间学完了高中四年的课程，并以一份完美的考卷考入了哈佛大学。

莉丝的事迹震惊了所有人。人们很难想象一名食不果腹的小乞丐是怎么做到的。对此，莉丝说道：“虽然我知道梦想似乎是那样遥不可及，但是只能竭尽全力去做。”

这就是一个命途多舛的乞丐女孩实现“白日梦”的故事。面对着如此不堪的生活背景，“绝望”一词对她而言绝不是书本上的词汇。莉丝对梦想的坚持，令人动容！最终，她也如愿走进了哈佛大学。

生活就是如此，对于那些始终坚持梦想的人来说，总有一天梦想会变成现实。就这点而言，哈佛学生是如何坚持梦想的？

坚持梦想的路上，最不可缺少的就是渴望。有强烈渴望的人总会比没有强烈渴望的人更加能坚持。没有强烈渴望的人，梦想变得可有可无，没有了渴望这个“内驱力”，想要实现梦想，真的比登天还难。

哈佛学子们无论环境多么艰难都能坚持梦想的关键因素在于“渴望”这个“内驱力”。

在心理学上，有一个叫“渴望强度”的词语，即面对各种困难所能承受的最大限度。限度越大，渴望程度，也就是我们所说的“内驱力”越大。内驱力越大，越能坚持梦想。

其次，哈佛学子从不惧怕失败。

英国小说家柯鲁德·史密斯曾说过：“对于我们而言，最大的荣幸就是每个人都失败过，而且每当我们跌倒时都能爬起来。”哈佛学子从不惧怕失败。在坚持梦想的途中，失败一次、两次并没有什么可怕的。他们从来不认为无数次的失败能够打倒自己，唯一能够打倒自己的人只有自己。哈佛的学子正是因为不断经受失败才变得无比坚强。这种精神被一位智者恰当地喻为“不倒翁”精神。不倒翁的重心在下方，所以无论人们用多大的力气推它，只要一松手，它都会立即弹回来。虽然这只是一个小游戏，却向人们展示出了坚持的精神。

※哈佛成功心理学※

梦想是人类为之奋斗的精神源泉，对梦想的渴望是人们坚持梦想的“内驱力”。培养人们的内驱力，坚持最初的梦想，能让人孜孜不倦，充实一生，活出生命的意义。

4. 始终保持被激励的状态

有什么样的梦想，就有什么样的人生。你今天站在哪个位置并不重要，但你下一步站到哪个位置很重要。在实现梦想的途中，不断设立目标，升级目标，使自己始终保持被激励的状态，你会发现梦想已经离你不远了。

诺思克利夫爵士被世人称为“新闻界的拿破仑”，其主办的《泰晤士报》也是新闻界的泰斗。在一次公司举办的年会上，诺思克利夫与一个新来的工作人员聊了起来，问道：“你来公司多久了？喜欢你现在的工作吗？”

“来了将近半年了，我很喜欢现在的工作。”那名新员工答道。

“薪水多少，是否满意呀？”

“一星期 5 英镑，非常满意。谢谢您让我拥有这份工作。”

“事实上，我并不希望我的员工仅仅满足于每星期 5 英镑的薪水。在将 5 英镑的工作做好的前提下，我希望你的目标是每星期 50 英镑。”诺思克利夫认真地说道。

生活中，像事例中那名新员工的想法非常普遍。曾经那些奋斗过的人，在稍稍有些成就之后便止步不前。是他们没有梦想了吗？还是他们缺乏奋斗的精神？都不是，他们依然有梦想，也依然在奋斗着。只是很多时候，追求梦想的时间有些长了，又或是梦想已经实现，所以便渐渐地信心衰退、意志消沉、没有斗志了。

追求一时的精神饱满、斗志昂扬并不是难事，难的是如何一直保持着这种状态。这就需要有种东西时时刻刻激励自己。每当我们拖延、迟缓、意志削弱之际，这个东西能迅速激励你，不让你的热情冷却，不让你追梦的火焰熄灭，让你重新振奋起精神，朝着值得为之奋斗的目标大踏步前进，前进，前进！如何使自己始终保持被激励的状态呢？

（1）确立目标

梦想是远大的、看不见的，所以中途需要确立不同的目标，让自己能够时刻看见自己的目标，从而确保前进的方向和士气。著名作家戴高乐曾说：“眼睛所能看到的地方就是你会到达的地方。”的确如此，如果说梦想是一个虚幻的概念，那么目标就是这个虚幻概念中的真实组成部分。想要把看不见的事物变成看得见的事物，就要确定目标。

目标是梦想的元素、基础，让人们看得见，摸得着，不断激励着人们实现梦想。

（2）从最实际的目标做起

梦想的实现离不开目标。在制定目标时，我们不能贪大贪多，而要根据自身的实际条件，尽量制定切实可行的目标。目标太大不但不会成为实现梦想的捷径，反而会使我们压力过大，喘不过气来。只有从最切合自身实际情况的目标做起，才能不断攻克目标，使自己始终保持被激励的状态。

（3）不断升级目标

对于每一个心怀梦想的人来说，不管此人目前的位置多么落后，只要他拥有积极进取的精神和更上一层楼的决心，不断升级目标，就能一步步前进。反之，任何止于原地不前的人，都是另一种形式的退步。

如上述事例中的新员工，如果他真的只满足于每星期5英镑的薪水，那么他只能永远止步。相反，如果他能领会诺思克利夫爵士话中的深层含义，那么他就会不断升级自己的目标，进而不断取得进步，获得更好的成就。

※哈佛成功心理学※

对于践梦者而言，有了梦想只是践梦的第一步。这就好像建一栋建筑物，再美好的图纸也只是一幅图画而已，想要变成实物，需要钢筋、水泥等等这样的实际的组成元素。目标就是实现梦想的组成元素，它是通往梦想的台阶。人们每上一阶，距离梦想就会更近一步。

5. 没有战胜不了的困难

人生难免遇到困难，但没有战胜不了的困难，很多时候，当人们觉得到了绝境之际，可能距离成功只有一步之遥了。为何仅有一步之遥，却没能坚持下来呢？因为绝境容易让人感到沮丧、灰心甚至放弃。在很多人眼中，绝境意味着无路可走。但是，哈佛人从来不这样认为，他们认为世界上没有战胜不了的困难，面对再大的困难，只要心存梦想，就能战胜。

众所周知，梦想是一种力量，能帮助人们战胜一切的困难。法国大作家巴尔扎克就曾经说过：“没有伟大的梦想，就没有伟大的天才。”正是因为有梦想，人们才能保持着充沛的精力，战胜一切困难。其实很多时候，经历困难不是一件坏事。在哈佛的情商课程中，主张苦难是必经的磨难，是上帝送给人们的礼物。如果每一个人都能将这一主张作为人生的信仰，那么在面对困难时，都能坚强地走过去。

传说在亚马孙平原上生活着一种雕鹰，它们是亚马孙平原的“飞行之王”。它们不仅能翱翔九霄，还能瞬间俯冲到距离地面仅仅一米之处，然后再冲上云霄。

然而成为飞行之王之前，小雕鹰们必须经历一段危机生命的绝境。当年幼的雕鹰刚刚学会飞翔之际，它们的母亲便会把孩子们的翅膀折断，然后将伤情沉重的小雕鹰叼到高处扔下。这时，小雕鹰为了生存便只能扇动受伤的翅膀飞起来。可是，翅膀已经被母亲折断，扇动折断的翅膀所产生的疼痛可以想象。然而，小雕鹰顾及不了疼痛了，强烈的求生欲望迫使小雕鹰忍痛飞翔。

经过这番磨难之后，当小雕鹰痊愈之后，便拥有了一双坚强有力的翅膀，成为了“飞行之王”。

哈佛大学教授常常这样教导他的学生们：“世界上没有战胜不了的困难，只要你足够强大。如果你现在正在经历着困难，那说明上帝要将你从庸人中拽出来。”

在哈佛，学子们都认为蠢人制造困难，人才战胜困难。那么哈佛大学是如何教导学生战胜困难的呢?

第一，端正心态，上帝赐予梅花沁人心脾的芳香，前提是让它经历了傲雪寒冬。面对困难时，哈佛学子表现出了兴奋的情绪。因为他们相信，这是上帝送给他们的礼物。有了这种积极乐观的心态，战胜困难就变得更加容易了。

第二，哈佛一直教育学生遇到问题，解决问题，不要思索其他徒增烦恼的东西。在这一点上，哈佛学子们表现出了很好的应对问题的能力。很多时候，困难到底有多大不是由困难本身决定的，而是由我们自己决定的。有些人面对困难时，不是勇敢地战胜困难，而是自怨自艾，终日沉浸在抱怨的情绪中。这种十足的蠢人将本来不大的困难扩大，最终将自己吞灭。哈佛学子则不会产生这么多不良思想，他们只会思索战胜困难的方法。

第三，思索困难的根源，寻求变通。世界永远在变化，没有什么是一成不变的，而人的思维是有惰性的，不愿时刻做出改变。思想与现实脱轨，这就产生了所谓的困难。所以当人们遇到苦难时，不要盲目向前冲，而是要理性地分析一下该如何变通一下。很多时候，只要略做变通，便会出现“柳暗花明”的新景象。

第四，则是好胜心。在哈佛人心中，没有畏惧一词，他们只会越挫越勇。很多时候，困难不仅没有吓退学子们，反而激起了他们的好胜心。他们如同久经沙场的常胜将军，取胜早已成了天经地义的事情，即使一时受挫，但是笑到最后的只能是他们。

※哈佛成功心理学※

苦难是上帝赐予的礼物。上帝希望通过困难的磨炼，将你打造成一块美玉。所以认真克服困难是对自己最好的成长。

6. 哈佛人的强大“信念力”

每三天读完一本书，并且不能像走马灯一样地扫上一眼，需要认真分析书中所讲的道理，读完之后必须写出读后感，同时还不能耽误正常的学习任务，这就是哈佛大学的学习强度。很多人尝试过，认为这是根本不可能做到的事情，但是在哈佛，任何一名普通学员每天都在重复着这样强度的学习。为什么哈佛人能做到别人做不到的事情呢？为什么他们能长时间忍受着这样的学习强度呢？

因为哈佛人有着强大的“信念力”。

强大的信念力是成功的基石，只有凭借着强大的信念力去做事情，才能克服所有的困难，做常人不能做的事情。那么人的信念力到底有多大？能支撑人们克服怎样的困难呢？恐怕世界上没有人能给出答案，但是人们可以用自己的行动回答自己。

著名的无产阶级战士尼古拉·阿列克塞耶维奇·奥斯特洛夫斯基，是一名拥有坚定信念力的作家。他出生于一个无产阶级工人家庭，从小便四处打工，受尽别人的欺负。可是奥斯特洛夫斯基不甘命运的安排，在他 19 岁那年，他立志要做一名主宰自己命运的人，并为此加入了苏维埃政权的第一骑兵军，参加了国内战争。

一年之后，在一次惨烈的战役中，奥斯特洛夫斯基同战友们与敌人进行了殊死搏斗，战友们大多都牺牲了，而他也受了重伤，为了不拖累部队，奥斯特洛夫斯基被迫退伍。从此，奥斯特洛夫斯基便一直缠绵病榻，有几次生命几乎走到了尽头，但是奥斯特洛夫斯基从没有向病魔屈服。

尽管奥斯特洛夫斯基不能像其他战士一样在战场上保卫国家，但是他仍然以另一种形式参加着战斗，保卫着祖国。奥斯特洛夫斯基自退伍后，一心扑在了文学创作中，他立志要用自己手中的笔作为武器，同战友们并肩作战。

凭着顽强的信念力，奥斯特洛夫斯基仅用了一年时间便创作了一部关于骑兵题材的中篇小说。然而不幸运的是，这篇小说还没有来得及与世人见面，便被邮局在邮递的过程中弄丢了。要知道这是奥斯特洛夫斯基，一个病榻上的病人，不顾医生和家人的劝阻，每天熬到深夜才完成的著作，就这样白白丢失了。这种打击即便是对一个健康人来说也是难以接受的，可是奥斯特洛夫斯基并没有因此消沉下去。他认为，这部没了，还有下一部，他一定要创作出一部更好的作品。

可是，命运似乎非要和奥斯特洛夫斯基作对。没过多久，奥斯特洛夫斯基全身瘫痪了，与此同时，他的双目还彻底失明了！这让奥斯特洛夫斯基无比痛苦。身体的病痛加之心灵的创伤，奥斯特洛夫斯基的生命如同摇摇欲坠的落叶。但是顽强的奥斯特洛夫斯基依旧没有倒下，他的信念力再一次发挥了巨大的作用。他强忍病痛，以当时国内的战争为背景，创作了长篇小说《钢铁是怎样炼成的》。这部小说的问世，激励了一代又一代的年轻人。奥斯特洛夫斯基也因此荣获了列宁勋章。

这就是强大信念力的魔力，无论你的处境有多么的艰难，生命面临怎样的考验，只要你有足够强大的信念力，你就能创造出奇迹。哈佛的学子也是凭借着这种强大的信念力，赋予自己力量和信心，去完成更多的学习任务。那么，究竟信念力是什么呢？

通俗地讲，信念力是一种执念，因为某种原因在人的意识中产生的一种执念，比如：“我必须要克服这个困难！”“我一定要做好这件事！”“我一定要考入哈佛大学！”……这种正能量的执念能产生很大的力量，帮助人们克服难关，抵达目的地。拥有强大信念力的人有一种不达目的不罢休的劲头。这种劲头是哈佛和所有成功者必备的。此时此刻，问问你自己：有没有这样的信念力？如果没有，怎样建立强大的信念力呢？

哈佛教授建议建立强大信念力从以下三点入手：

(1) 建立正确的目标。伟大的目标产生伟大的信念力。

(2) 培养兴趣，做自己感兴趣的事情。兴趣是最好的老师，从心底想去做一件事要比被迫做一件事更能强大人的信念力。

(3) 从微处、易处着手，绝不放任自己言而无信，说到必须做到。

※哈佛成功心理学※

哈佛教授表示：强化信念力不是一时半会就会产生效果的，需要人们长期不懈地坚持。

7. 心有多大，舞台就有多大

生活中，碌碌无为的人太多了。很多人，每天都忙忙碌碌，早出晚归，回到家里还被一天的工作累得倒头大睡。在他们的生活中，似乎没有一点空余的时间陪家人、照顾父母、教育孩子，而未能做到这些事情有一个非常冠冕堂皇的理由——我实在太忙，没有时间呀!

忍不住想问一下，这么忙的一个人，他究竟为社会、为人类、为自己创造出了什么样的价值呢？答案恐怕会令所有人跌破眼镜——“我这么忙只是为了生存!”

这个答案看似有些不合理，但的确是大多数人的通用答案。

一个人在学生时代也曾对未来充满幻想，为自己的人生树立了梦想。可是一旦步入社会，他们全变了。他们没有任何的梦想，一心只想赚钱，赚更多的钱。为了赚钱，他们牺牲了所有的学习时间。他们就像一台冰冷的机器，没有心，没有思想，只知道机械地赚钱。人生一世，草木一秋，生命仅有一次，难道真要如此度过这仅有一次的生命吗？如果不是，你想要一个什么的人生呢？

带着这个问题，我们一起看看他的人生是什么样的。

曾从哈佛退学的学生比尔·盖茨，是家喻户晓的世界首富。他的一生改变了整个世界。他是怎么做到的呢？原来从小比尔·盖茨便树立了这样一个梦想：将来我要普及电脑，让所有人的电脑里运行着我编写的程序。带着这个疯狂的梦想，比尔·盖茨踏上了漫漫征途。他不在乎从哈佛退学，因为哈佛并不是他的终点；也不怕任何的失败，因为他的梦想还没有实现。最终，在梦想的指引下，比尔·盖茨改变了整个世界。

看完比尔·盖茨的故事之后，也许你会犹豫：比尔·盖茨是什么人呀，我又是什么人呀，有可比性吗？他能做到的事情，我想都不敢想!

难道比尔·盖茨真的不同于普通人吗？答案既是肯定的也是否定的。否定的原因是，从体力和智力水平来讲，比尔·盖茨与普通人没有太大的区别，可以说他就是一名普通人。肯定的原因是，比尔·盖茨与那些胸无大志的普通人的确有区别，他拥有着一个疯狂的梦想，并为之坚持不懈地奋斗直至梦想达成。

人生来赤裸裸，生命开始之初都是同样的起点，可是人与人的终点却不一样，有的人拥有了完美、成功的一生，有的人只是混沌了一生，荒废了生命。生命会出现如此差异的根源在于梦想。有梦想的人与没有梦想的人生命的终点不同；拥有大梦想的人与拥有小梦想的人生命的终点也会不同。人生就像一个舞台，心有多大，你的舞台就有多大！

在哈佛，梦想往往被喻为成功者对自己人生所画的效果图。哈佛人知道想要实现理想并不容易，但是只要目标明确，脚踏实地地前进，实现梦想自然是水到渠成的事情。因为梦想是真真实实存在的力量，也是成功者最不容忽视的力量。拥有什么样的梦想，就拥有什么样的力量。哈佛大学被世人看成实现梦想的圣地，曾产生过33位诺贝尔奖得主、8名美国总统，它无时无刻不在向世人宣布着：“有什么样的梦想，就有什么样的人生。昨日的诸多不可能，在今日早已变成了可能。所以大胆树立你们的梦想吧，它会给你们力量，帮助你们谱写无悔人生！”

※哈佛成功心理学※

梦想是奋斗的动力，有了梦想生命才有了希望，有了方向；梦想是世间最珍贵的东西，当一个人怀揣梦想时，他的人生充满活力和幸福；梦想是成功的基石，纵观很多成功人士，无不是怀着梦想而奋斗的；梦想是人生的舞台，梦想有多大，舞台就有多大；梦想是一种力量，能撬动整个地球的力量

8. 像种果树一样将梦想继续下去

实现梦想的过程就像种果树一样。

首先，需要播种下一粒粒小种子。不要小看这一粒粒小种子，它

们孕育着伟大的生命。

也许最初连我们也不清楚自己真正想要播种下什么样的梦想。但是在我们的心中有这样一个呼声：“我想要成为……”这便是你最初的梦想种子。不要小瞧它，它来自你心底深处，代表着你最真实的需求。此时，你需要做的就是将这颗“小种子”种下去。

记得小的时候，启蒙老师让班上所有的学生说出自己的理想。有的同学说：“我想要成为科学家！”有的说：“我想要成为一名警察！”有的说：“我想要成为一名医生！”……那时候的我想要成为一名警察。可是事后没过多久，我便把这个理想忘记了。上苍是仁慈的，它总是希望能给年少无知的少年多一次的机会，让他看清楚自己到底想要做什么。于是，在我萌萌懂事的时候，又有了一次树立梦想的机会。这一次，我手中的小种子已经握了很久：“我想要成为一名医生”。这是发自心底深处的呼声，实实在在代表了我的心声。于是我将这粒小种子种下，并祈祷它早日长大。

其次，需要对已经种下去的种子施肥、浇水、捉虫。这个过程很重要，必不可少，否则地里的小种子便会死去。

种子种下去之后的每一天，我们都应该清楚自己为何而努力。这个过程可能会有些漫长，但是无论多么漫长、多么枯燥，我们都应该坚持最初的梦想。其实这个阶段也没有我们想象中那么漫长与枯燥。随着时间的流逝，如果我们对“小种子”照顾得当，它便会一点点长大，先是发芽，嫩嫩的小芽就像一颗小水晶，集天地精华于一身，让人喜爱得不得了。接着小嫩芽开始一点点长大，只要你心目中的梦想不破灭，你就一定能看到“小种子”的长大。

那时候，好多同学表现得很好，他们为了心中的“小种子”咬牙坚持。结果他们种下的“小种子”开始缓慢地发芽、生长。当然也有一些同学没能坚持。困难很多，过程也的确漫长，渐渐地这些同学便忘记了最初的梦想，开始一点点地麻痹自己。很快，当初他们种下的小种子便枯萎了。

第三，果树终于开花、结果。

有很多人在第二个过程中坚持下来了，于是他们便看到了梦想变成现实的一刻——果树终于开花、结果了。

此时的小种子早已长成了参天大树，并在春天的时候开出满树的花朵，美丽极了。

很多年之后，当同学们再次聚首时，发现：有的同学成了医生、有的成了警察……他们都实现了最初的梦想。他们的脸上写满了幸福。是呀，做着自己喜欢做的事情，难道不是最大的幸福吗？当然有的同学放弃了最初的梦想，转而从事着其他行业。可是，从他们的脸上看不到那种幸福的表情，看到的只是麻木和迷茫。他们成了社会上为数不少的那拨人——不知梦想为何物，终日为了生存忙忙碌碌。

※哈佛成功心理学※

经营一个梦想才能获得生命的真谛，才能获得幸福的人生。如果曾经你已经错过，那么不要放弃自己，重新将心中的小种子种下，用心经营，终有一天，你也会收获果实的。

第三章

无敌自信

相信自己，我能

爱迪生不自信，
不会有电灯的发明；
奥巴马不自信，
也不会成为美国总统；
……
也许你什么都没有，
但不要灰心，
自信就是你成功的最大资本。

1. 奇迹往往源于自信的力量

自信的力量到底有多强?

爱迪生说过:“自信是成功的第一秘诀。”可以说，世界上的奇迹往往源于自信的力量。很多创造奇迹的人就是依靠他们的自信、智慧和能力。1960 年，哈佛教授罗森塔尔博士做了这样一个实验。他随意选择了一个班级上的一些同学，告诉所有的老师和学生，他非常看好这些同学，他们将来一定会成功。这些被他肯定的同学对此深信不疑，从此无论做什么事情都非常有自信。很多年之后，果然不出罗森塔尔博士所料，当年那些被他点到过名字的学生都非常出色。于是，罗森塔尔博士被公认为了不起的“伯乐”。

这个故事告诉我们:自信是一种能催化潜能的力量，它能将人的潜能调整到最佳的状态，使其创造奇迹。故事中那些被罗森塔尔博士点过名的学生，他们的自信心因此被树立起来，在自信心的驱动下，他们敢于挑战一切困难，严格要求自己，最终获得了成功。

现实生活中，纵观各国的优秀人才，他们无时无刻都在用自信创造着奇迹。

前美国总统罗斯福，年轻的时候英俊潇洒，是很多人心中的白马王子。在一次游泳时，他忽然感觉腿部麻痹，很快便不能动弹了。幸运的是，周围的人发现了异常，及时将他救出，避免了一场意外。人们很快将罗斯福送往医院。医生的结论让所有人倒吸了一口凉气:罗斯福被证实患上了脊髓灰质炎。这种疾病很可能会让罗斯福面临瘫痪的命运。罗斯福并没有因此灰心，他微笑着对医生说道：“我不仅要走路，我还要走进白宫。”

后来的每一次竞选中，人们总是能看到他笔直的身影、矫健的步伐、意气风发的精神面貌，所有的人都能感受到他强大的自信气流。这种自信的力量让人们选择了他。他成了美国历史上唯一一位连任四届的总统。

正如拿破仑·希尔所说：“自信是人类运用和驾驭宇宙大智慧的唯一通道，是所有奇迹的根基，是所有科学法则都无法分析的玄妙神迹的发祥地。”不仅罗斯福的成功源于自信的力量，所有的成功者无不拥着强大的自信心。在哈佛，学生们常常将自信比喻成开启潜意识力量的阀门，他们深知自信的力量，并且很好地利用了这一力量。

需要明确一点：自信不等于自负，不等于盲目自大，在任何场合都认为自己的观点正确。正确运用自信的力量，首先需要人们正确地认识自己，客观地分析自己的优势和劣势。如此，才能发挥好自信的力量，激发内心的潜能力，创造出一个个奇迹。

※哈佛成功心理学※

自信是一种动力，推动人们去创造奇迹。自信并不在于你如何优秀，也不在于你如何聪明，而在于你是否采取了有效的行动解决了你所面临的问题。那些总是因为各种理由逃避问题的人，不是自信的人，也不是聪明的人。生活本身就是解决问题的过程，逃避问题只是掩耳盗铃。金无足赤，人无完人。有缺点很正常，也并不可怕，只要人们认认真真地学习、改正自我，终有一天会获得成功。

2. 羡慕嫉妒都是因为不自信

经常听到这样的话：“真羡慕他呀，这么年轻就当总经理了！”“一样的年纪，怎么他就有如此成就？”“运气真好，有事业、有家庭，无忧无虑呀！”……如果这些话也曾从你的口中说出或是你也曾经这样想过，说明你不自信，说明你觉得那些你所羡慕、妒忌的东西是可望不可即的，你认为凭自己的能力和努力换不回来那些东西。如果你真的自信，当你看到自己与别人的差距之后，你不会产生羡慕、嫉妒的心理，而是会问问自己："为什么会产生差距？是什么原因导致自己落后于他人?"这才应该是一个真正自信的人所思所想的。

羡慕和嫉妒是人类常见的情绪，大多产生于当对方拥有自己心里一直渴望却迟迟没能得到的东西之际。这两种情绪，并不是正面的积极情绪，长时间沉浸在这两种情绪中，对人际关系、身体健康、心理健康都会产生不良的影响。很多时候，人们在不知不觉中陷入了这种情绪中，久久不能自拔。从其自身的角度来讲，他们并没有因为这些不良情绪使处境有丝毫的好转，反而是雪上加霜，让自己的处境变得更加被动。真正有智慧的人、有自信的人，不会让自己沉浸其中，他们懂得自救，理想思索问题产生的根源，从而寻找解决的方法，最终实现自己的理想。

随着《哈利·波特》风靡全球，年轻的女作家 J. K. 罗琳成为了英国的首富，成为很多粉丝心目中的女神。这样一位充满才华和传奇色彩的女人，也曾经有过一段不堪回首的过去。

罗琳从小酷爱文学，她是一名勇敢有主见的女人。在她大学毕业之后，独自一人来到了葡萄牙。在那里，罗琳开始了噩梦般的生活。来到葡萄牙没有多久，年轻不经事的罗琳便认识了当地的一名记者。二人一见钟情，迅速坠入了爱河，并结了婚。这原本也是一件很浪漫的事情。可是没过多久，罗琳便发现了丈夫的本来面目。他是一名不折不扣的混蛋，不仅毫无责任心，对罗琳更是拳打脚踢。最终，二人的婚姻走到尽头。罗琳被赶了出来。

伤痕累累的罗琳带着不满三个月的孩子回到了英国。由于经济的原因，罗琳和女儿只能租住在一间没有暖气的屋子里。身无分文又没有工作的罗琳不得不靠救济金生存。每当她看到大街上路过的别的家庭有说有笑地走在一起时，她的心总是感到阵阵疼痛，"为什么我的生活不能像他们一样幸福、美好呢?"罗琳暗暗问自己。罗琳并没有沉浸在这种羡慕的情绪中，而是思索着问题的所在。最终，罗琳决定重新奋斗。

尽管日子有些难过，但是罗琳从来没有放弃过自己，她相信只要自己努力，一定可以走出人生的低谷，拥有光明、幸福、温暖的人生。

那时候的罗琳从未间断过创作，有时为了省下电费，她甚至长时间泡在咖啡屋里写作。由于经济紧张，罗琳穿得有些破旧，并且在咖啡屋里从来不点咖啡，很多时候没过多久便被赶了出来。罗琳并不在乎这些，第二天，她还会再来。渐渐地，咖啡屋老板被她执着的奋斗精神所打动，加之罗琳从来只是占据最不起眼的小角落，对他的生意几乎不产生影响，所以便不再驱赶罗琳了。

就这样，在一片嘈杂声中，《哈利·波特》诞生了，并迅速风靡全球，而罗琳也因此迎来了人生的阳光。她不仅因此拥有了大量财富，并收获了幸福、温暖的家庭。

罗琳的经历告诉我们，任何时候都不要一味地羡慕和嫉妒别人，而是要主动出击，分析问题的根源，找出解决的办法。在这一点上，哈佛学子们克服羡慕、嫉妒情绪的方法值得借鉴。

第一，告诉自己：对于所羡慕、嫉妒的事物，自己是有能力拥有的。只要别人能做到的事情，你也能做到。

第二，在产生这些情绪之际，迅速制止住。立即分析自己没能拥有这些事物的原因。

第三，找出原因后，第一时间制定好解决方案，并付诸行动。

※哈佛成功心理学※

世上无难事，只要肯攀登。作为有梦想、有追求的年轻人，不要让自己沉浸在羡慕、嫉妒这些毫无意义的情绪中，而是要行动起来，为了自己所羡慕、嫉妒的事物而付出努力和汗水。

3. 如何走出自卑的阴影

年轻人都喜欢这样一句话："不鸣则已，一鸣惊人"。想要做到这一点，就要对自己有信心，无论遭遇怎样的逆境，依然坚定地告诉自己，我要如翱翔的雄鹰一样战斗不息！美国职业橄榄球联合会主席杜根曾说过："强者不一定是胜利者，但胜利迟早都属于有信心的人。"一个人的成败取决于他是否有自信。

他早年事业失败，负债累累，可是他并没有因此自卑。

他拜访了一位从前的合作伙伴，并在那里谋到了一份销售工作。因为长相的原因，他不得上司的看重，对此他依旧没有自卑。

于是，他对上司说："请您给我一次机会，只要给我一部电话，我保证在两个月内刷新公司的最高销售记录。"经过一番努力，他做到了，他成为公司的金牌销售员。

成长的过程中，人们需要经历很多。很多时候，这些经历导致了人们不够自信，反而有些自卑。对于每一个涉世未深的年轻人，都会有这种自卑的心理，这是正常的，这些年轻时代的自卑感会随着年岁的增加，阅历的增加渐渐消失。不同的是：有些人早早地走出自卑的阴影，他们成了较早成功的人；而有的人迟迟不能从自卑的阴影中走出，反而随着新情况的发生滋生出了新的自卑心理，如此一来，随着自卑感的不断增强，他们最终会淹没在自卑的情绪中不能自拔。由此可见，如何及时走出自卑的阴影，对我们的人生至关重要。

⑴ 好好打扮一下自己

正所谓："人靠衣服马靠鞍。"一身好的打扮不仅能让他人赏心悦目，也能改变自身的精神状态。如果你在每一天的开始都将自己打扮得清清爽爽、落落大方的，别人看着你觉得舒服、亲切，尊重之感油然而生。可以说这是一种综合外界因素与内心因素的方法。我们终究不是圣人，不能完全不在乎别人的看法和想法，将自己美丽的一面展示出来，博得众人的好评，同时也加强了自身的信心，减弱了自卑情绪。

(2) 展示最优秀的一面

每个人都有自己擅长的一面，不要太过谦虚，将它展示出来，让别人看到你优秀的一面的同时，自己也增强了成就感。如此一来，内心的自卑会随之烟消云散。自信的成分多一些，自卑的成分就会少一些。事情就是这样，一次两次之后，渐渐地你便会发现，自己在不知不觉中变得更加自信了。

(3) 树立容易实现的目标

生活和工作中很多事情并不是因为外界因素让自己感到压力的，而是因为自身没能合理安排计划，导致效率低下，压力增加。树立一些容易实现的目标，将需要做的事情分化成几个目标，如此一来，既合理规划了所做的事情，还能增加完成目标时的喜悦，一举两得。这种方法使事情做起来不再枯燥、紧张，自然信心也会增加。

(4) 肯定自我

任何时候都要善待自己。自己的每一步进步，都要表扬自己。

(5) 不断提升自身能力

自身能力的增加是摆脱自卑泥潭、重拾自信的根本解决办法。

※哈佛成功心理学※

哈佛教授说："我们每个人都会制定一些人生目标，要实现这些目标，首先我们必须相信自己能够做到。在实现目标的过程中受到挫折时，请记住，困难都是暂时的，只要充分相信自己，就能等到云开雾散的那一天。"

4. 发掘自己身上的"宝藏"

一位哈佛心理学教授曾说："世界上最大的悲剧不是连年的战争，更不是恐怖的自然灾害，而是一个人从生到死，却从未发现存在于自己身上的宝藏。"每个人的身上都蕴藏着巨大的潜力，所以从理论上讲，所有的人都有干一番大事的能力。现实生活中并非所有人都取得了成功，有的人取得了成功，有的人始终碌碌无为，根源在于人们是否能发掘自身的潜能。

潜能就是每个人身上的宝藏，有自信的人善于挖掘自身的潜能，让自己获得进步。

1960年，对于安东尼·布尔盖斯来说是个不幸的时间。在这个时间里，他被医生告知患上了脑癌，最多只能活半年时间。这对年仅四十三岁的他无疑是个不幸的消息。

此时此刻的布尔盖斯非常挂念妻子在他死后的生计问题。为了能让妻子过上好的生活，布尔盖斯没有时间自怨自艾，他选择了与命运斗争。他坚信自己是有作家的天赋，于是开始了文学创作。一年时间，布尔盖斯昼夜不断地创作了五部小说。尽管不是所有的小说都取得了成功，但是布尔盖斯的脑癌却没有发作，并且还逐渐好转。后来，布尔盖斯并没有因为脑癌去世，而是与妻子快乐地生活着。

布尔盖斯的人生奇迹与自身的潜能有着直接的关系，可以说是他的潜能拯救了他的生命。既然潜能的力量如此巨大，我们要怎样挖掘自身的潜能呢?

第一，潜能隐藏在一个人的优势中。每个人都有自己的爱好，因此，想要挖掘自身的潜能应从这方面下手，激发出自身的潜能量。

每个人自出生以来，身体中都隐藏着一项最特别的天赋。然而生活中的大多数人都没能成功挖掘出这项天赋。原因很多，有的是自己放弃了，有的是因为父母的偏见扼杀了孩子的天赋。不管是哪种原因，我们都要引以为戒，不要低估自己，坚持自己的想法，接纳自己，就会充分挖掘出自己潜在的能力。

第二，在逆境中激发潜能。

只有经历了风雨的海燕，才能翱翔天空。人也是如此，只有经历了逆境，才能懂得奋发图强，才能成长、成熟。逆境总是能最大限度地调动一个人的潜能量。因此，多经历一些逆境不是一件坏事情。

※哈佛成功心理学※

在这个世界上，大多数人都是普通人，但是，每一个人的身上也都蕴藏着一个巨大的宝藏。因此，不要低估自己，学会宽容自己、接纳自己，就会充分挖掘出自己潜在的能力，从而开拓出属于自己的一片天空。

5. 肯定自我，接纳自我

不能肯定自己，不能接纳自己，就是主观地轻视自己。这种轻视，不仅可以使你心中正在燃烧的激情逐渐冷却，还能打消你成功的信心，导致你发挥失常。所以，智者即使是在没有鲜花和掌声之际，也会懂得肯定自我，接纳自我。

在哈佛的心理课上，教授讲了这样一个寓言故事——

一位国王在花园里散步，他发现花园里的树木都萎靡不振。

为什么会这样呢？国王心中疑惑不解。

于是，国王问橡树："你为什么垂头丧气的？"橡树回答："我没有松树长得那么高大，心里很难过。"

国王又问松树："你为什么不高兴呀？""我不能像葡萄一样结出那么多果实。"松树回答道。

接着国王又问葡萄树："那么你又是为什么呀？"，葡萄树难过地回答道："我不能像桃树那样开出美丽的花朵。"

……

国王问完所有花木之后，黯然离开了。忽然，他发现一片生机盎然的草地，一株株小草昂首挺胸，看不出一点烦恼。

国王有些奇怪，问道："你为什么没有像那些树木一样颓废呢？"

小草回答道："尊敬的国王呀，我为什么要颓废呢？我知道，松树有松树的美，桃树有桃树的美……如果你想要他们的美，那么只要一个命令，花匠们就会很快把它们种上。而你也想要我的美，所以我作为一株普通的小草，我也有我的美丽，这是那些树木不具备的。”

这个寓言故事告诉我们这样一个道理：不管你是松树还是橡树，又或是一株小草，任何时候都不要否定自己，你有你的美丽，要学会接受自己、肯定自己。

美国作家劳伦斯·彼得曾经说过：“为什么很多名噪一时的歌手在最后的时候总是惨败呢？究其原因，就是因为他们在舞台上一直需要观众的鲜花和掌声来肯定自己，久而久之，他们便迷失了自己。”而真正的优秀者，他们从来不会因为别人而迷失自己。在他们的身上，我们只能看到一种东西，那就是自信的力量——一种发自内心的自我肯定与接纳。

关于肯定自我、接纳自我需要注意以下三点：

(1) 每个人都是独一无二的

世界上没有哪两片树叶是完全相同的，更何况是人呢？即使是双胞胎也不完全相同。作为世界上的唯一“单品”，我们每个人都是最棒的版本。上帝赐予我们生命，我们就是伟大的。

(2) 天生我材必有用

每个人都有自己擅长的领域，如果你在这个领域没有取得成功，并不能说明你不够优秀，只能说明这个领域不适合你而已。只要坚持不懈，总有一天，你会找到适合自己的领域，在这里你是最有优势和能力的。

(3) 永远相信自己

无论处于何种环境，即使所有的人都放弃了你，你也不能放弃自己。抛开对自己的种种偏见，大声对自己说：“有我你不孤单，相信自己，我们一起努力！加油，我自己！”

※哈佛成功心理学※

不要总是羡慕别人的丰收，而荒芜自己的土地！

6. 自信激发潜能：唤醒沉睡的巨人

丘吉尔的夫人出于对丈夫身体健康的考虑，经常劝丘吉尔少喝酒。对此，丘吉尔不以为然，他说道："夫人，我请你一定要记住，不是酒精摧毁我的健康，而是我战胜了酒精！"丘吉尔还说："我喝酒很多，睡觉很少，并且一根接一根地抽雪茄，这就是我为什么200%的健康。"

确实，酒精没有让丘吉尔迷失心智，没有毁掉丘吉尔的健康。丘吉尔当上了英国首相，活到了九十岁，为什么？还是那三个字——自信力！丘吉尔驾驭了酒精，而不是酒精驾驭了丘吉尔！这就是自信的力量，自信能激发人们的潜能。因此，相信自己，才能唤醒沉睡的巨人，不管做任何事，遇到任何挫折，都有坚持下去并努力克服它的勇气。

基恩博士，美国著名的心理医生，有一次他在哈佛演讲时讲了一个故事。

基恩作为一名黑人，从小备受歧视。一天基恩在窗户边看到外面阳光下几名白人小孩正在玩耍。基恩非常想出去和他们一起玩耍，但是内心的自卑感阻止了他，他没有勇气走出去，只能偷偷躲在窗户后面。终于，基恩被孩子们兴奋的游戏征服，他跑了出去，走到白人孩子们的面前，小声地说道："我能和你们一起玩吗？"

"当然可以。"孩子们愉快地拉着基恩奔跑。那一刻，基恩快乐极了。

很多时候，相信自己并不是一件多么困难的事情，我们之所以一直不能相信自己，是因为我们自身在设限，从你的内心深处主观地认为"自己不行"，而非你真的不行。所以，无论何时何地，都要给自己尝试的机会，用事实来证明自己到底应不应该相信自己。

从哈佛大学经济管理学院毕业的梅丹理，没有像其他同学那样到大公司或自己的家族企业工作，而是选择了去一家不太知名的小广告公司任职。朋友们都不理解，而他是这么回答的："是金子总会发光的，不管做什么事情，都要对自己有信心，因为没有什么是不可能的，只要你能付诸行动。"

梅丹理刚到小广告公司工作时，老板就告诉他："业务员就是把想象付诸行动，把幻想变成现实的职业。"他带着老板的这份"指引"，列出了一份客户名单，其中不乏根本就不太愿意跟他们公司合作的客户，但是梅丹理还是一个一个地拜访了他们。

仅仅两天，梅丹理便和18个"不可能"的客户中的3个谈成了生意。到了第一个月月末时，18个客户中只有1个还没有同意跟他合作。梅丹理不放弃，以后的每天早晨都会去找那位客户谈生意，尽管每次那位客户的回答都是"NO"，他还是坚持。30天，足足被拒绝了30次，当梅丹理第31次去拜访那位客户时，客户问他："年轻人，你已经浪费了一个月的时间来请求我买你的广告了，我想知道你为何要坚持这样做?"

梅丹理毫不犹豫地回答说："这段时间并不算浪费，因为我是在学习，一直在训练自己在逆境中始终保持坚持的精神，您就是我的老师。"梅丹理凭借着坚韧不拔的精神和实际行动打动了客户，终于将最后一个"不可能"的客户拿下了。

其实，没有谁天生就具有超常的智慧，没有谁生下来就注定要成为伟人或是超级富翁。他们之所以能够获得我们不可企及的成就，是因为他们具有超级的自信力和果敢的行动力，正是这两点点燃了他们的正能量，使他们发出耀眼的火焰，吸引世人的目光。既然自信有如此大的力量，如何增强自信心呢?

(1) 正视别人，也正视自己

不敢正视别人，意味着自己自卑，正视别人，才能向别人传递"我是一个值得信赖的人"的信息，同时还能增强自己的自信力。正视自己的优点和缺点，优点要注意保持，缺点要及时改正，才能让自己不断进步。

(2) 敢于当众发言

在众人面前大胆地发表自己的看法，对的会赢得掌声，错的会得到纠正，一次又一次，你的自信力会不断增长。

(3) 积极参加集体活动，不断磨炼自己

自信力不足的人多参加各种集体活动，才能更好地克服怯懦、优柔寡断等不良性格，培养果断性、自制性和坚韧性。

※哈佛成功心理学※

漫长的人生道路不可能都是平坦的，总会有荆棘和泥泞，要想到达成功的彼岸，必须有自信作为支撑点！因为自信能带给人不一样的人生，不一样的将来！人只有用自信来武装自己，才能具有无穷的力量，克服万难，摘取成功的桂冠。

7. 走自己的路，让别人说去吧

大诗人但丁曾说："走自己的路，让别人说去吧。"的确如此，人生一世，匆匆数十载，我们应该按照自己的想法走好自己的人生之路。长路漫漫，行走在自己选择的路上，不要在意别人说什么。

有这样一则寓言故事——

大海中，螃蟹自由自在地散步。一些小鱼游了过来，看到螃蟹大笑起来："螃蟹，螃蟹，你怎么横着走路呀？"螃蟹浅浅一笑，接着散步。小鱼继续向前游，看到一只虾倒着走路，又停了下来，嘲笑道："你们怎么这么愚笨呀，竟然不会好好走路。"虾同样没有理会它们。这时一只老龟经过，说道："它们并不愚笨，相反它们拥有着大智慧，在它们的心里明白这样一个道理：只有适合自己的前进方式才是最有效的走路方式。"螃蟹和河虾用它们自己独特的行走方式，诠释了"走自己的路，让别人说去吧"。

近代"化学之父"约翰·道尔顿因家族遗传，从小就患有色盲症。一次，他想给母亲买一双深蓝色的袜子作为礼物，不料竟然挑了一双颜色鲜艳的彩袜，很是尴尬。在学校里，其他同学也经常因为他将颜色弄混而嘲笑他。对此，道尔顿从不在意。对于别人的嘲讽，他置若罔闻。他被自己的这种"怪病"深深吸引，并投入全部精力，专心研究。终于，道尔顿研究出了隔代遗传的"色盲症"。

在哈佛，很多学生都懂得这个道理，他们综合审视自身素质，选择一条适合自己的道路，顽强地走自己的路，从不在意别人说什么。达尼就是这样一位学生。达尼幼年不慎触电，因此永远地失去了双手。但是达尼并没有因此一蹶不振，他不顾别人的眼光，经过艰苦的练习，竟用脚趾代替双手写字、读书、吃饭……后来，达尼更是凭着顽强的毅力，努力学习，考上了哈佛大学。在考场上达尼谱写出了最完美的考卷……用达尼的话来讲："世上道路千万条，条条大路通罗马。"

你只要把握好正确的目标和方向，勤勉而坚定地走自己的路，就能走出困境，走向光明，走向完美的人生！勇敢地走自己的路，带着一份契约，坚定一种理想，为之努力，为之拼搏，让自己的人生不再碌碌无为，这样才能自信地走出一条属于自己的路。

自信力是一种无形的力量。这种力量能够指引人朝着一个方向努力，朝着一个领域奋斗。也就是说，自信力能够推动人去行动，去做一些自己想做的事，它会点燃人的正能量，让人朝着一个正确的方向前行。

哈佛学子的智力真的比其他人都要高吗？他们天生就是出众者、优秀者吗？其实不然。只是因为他们身上具有自信、乐观的特质，有着极强的上进心，自我意识很强，能够坦然地面对每一个机遇，从容地接受每一个挑战。他们也有痛苦，只不过他们能够把痛苦当成是一种锤炼，促使自己更乐观地面对生活中的一切苦难。

※哈佛成功心理学※

人生的路有千百条，只要你认为这条路适合自己，就大胆向前走，不用在意别人说什么。成功的路，都是自己走出来的。选择什么样的路，怎样走，要以什么姿势走，都由自己决定。

第四章

高度专注

锁定最重要的事

人的精神力是非常有限的，
一旦分散就会一事无成，
从现在起，
锁定最重要的事情并保持专注，
成功自然近在眼前。

1. 为什么做事只有三分钟热度

当今社会，不缺乏有能力的人，也不缺乏勤劳的人，缺乏的是真正的“专家”。

与其他学校不同的是，其他学校因为种种原因，要求学生各学科均衡发展，而哈佛大学更侧重于特长生的培养。哈佛大学并不希望学生们均衡发展每个学科，因为它认为人的精力和时间是有限的。在有限的时间里，利用有限的精力做很多事情的结果，就是每件事都只进行了一点点。这一点点意味着什么？不是博学多才，而是一事无成。相反，在有限的时间里，利用有限的精力去完成一件事情，结果很可能就是成功。因此，哈佛大学提倡将一件事情做好。

很多人都反映，做事情只有三分钟的热度，不能长久地坚持下去。对此，他们百思不得其解，难道是他们天生没有耐性，喜欢半途而废吗？当然不是，下面具体分析一下导致这种做事习惯的原因。

原因一：专业训练不够。

当人们还是年幼的孩童时，大脑神经联结处于初级发育状态，所以孩子们的行为总是那么搞笑，这些天真的动作的背后是大脑神经思维的自由发挥。到了四五岁之际，孩子们开始出现冲动的意识。接着大脑的冲动控制回路进入急剧生长时期。到了十几岁时，孩子们已经完全具备了冲动和控制冲动的能力。此时，对孩子进行干预，提高孩子的自控能力，对其一生都会产生很大的影响。

当一个人的控制力处于未受训练的状态或是训练不够时，人们的言行举止和思维习惯都处于无规律状态，此时，人的思维、毅力必定脆弱，无法将一件事情坚持到底。

具体的解决方法就是从点滴开始做起，多磨炼自己，凡事坚持有始有终，从心理上暗示自己要坚持到底。

原因二：任由思维海阔天空地行走。

思维开阔固然是好事，但是当人们专注于一件事时，还是应秉持着“两耳不闻窗外事，一心只读圣贤书”的思想境界，从内心深处避免过多的信息量干扰自己。

如今社会，急躁、脾气暴的人会被视为情商低的人，他们通常不受欢迎。有良好修养的人，通常不会上蹿下跳，他们说话、办事不紧不慢，有条不紊。他们时时刻刻注意自己的心态，不给自己太多的压力，一次只将思维和精力集中在一件事情上，闭口不提除此之外的其他事情。

原因三：拒绝任何后路。

事情发展到瓶颈时，想要放弃的想法会疯狂地滋生。此时所有的后路都冒出来了，比如：“休息会吧、就一会、休息十分钟吧……”所有的后路看似都不会产生严重的后果。其实不然，看上去再可行的后路都会断送掉目前的大好前程。因为只要你选择其中一条后路，心中一直紧绷的弦儿就算松了。这一松，人们便会发现半途而废的舒服，再也绷不紧这根弦儿了。

※哈佛成功心理学※

无法支配自身的人，终究无法获得更大的成功。忽而放纵、忽而激昂，只能说明他不是自身的主人。这种人不会成功。

2. 专注的人更容易成功

专注的人更容易成功，这是一个非常简单的道理。人的精力是有限的，将有限的精力分散所产生的的效果与集中精力于一处所产生的效果自然不同。

一个人只拥有一种专门的技能要比有十种心思来得有价值，有专门技能的人随时随地都在这方面下苦功、求进步，时时刻刻都在设法弥补自己的缺陷和弱点，总是想要把事情做得尽善尽美。而有十种心思的人就不一样，他可能会忙不过来，要顾及这一点又要顾及那一点，由于精力和心思分散，事事只能做到“尚可”而止，结果当然是一事无成。

19 世纪的法国数学家亨利·庞加莱写道:“我想专心研究一些算术问题，可惜进展不大。我感到很沮丧，所以到海边待了几天。”一天清晨，庞加莱在海边的悬崖上散步，突然闪过一个念头:“不定三元二次型的算术变换等价于非欧几何变换。”类似的灵感故事还有很多。

1845 年，罗丹刚满五岁，由于他过人的聪明，父亲提前把他送到了离家不远的耶稣教会学校上学，但是罗丹对宗教方面的书一点兴趣也没有，却非常喜欢画画。

一次，在餐桌上，罗丹发现父亲脚边有一张纸，他便趴在地上，用笔画出了父亲皮鞋的样子。坐在他旁边的哥哥发现他趴在地上，叫道:“罗丹，你不吃饭趴在地上干什么呢?”父亲一看趴在自己脚边的罗丹，也忍不住吼了起来:“站起来，你这个鬼东西，吃饭不好好地吃，看我怎么收拾你。”当父亲发现罗丹趴在自己的脚边画画时，更生气了:“你学习这么不好，原来是在干这个!”父亲非常生气地把罗丹打了一顿，而且当场让罗丹保证从此以后要好好学习，不再画画了。

从此，罗丹虽然在家里不敢再用包装纸明目张胆地画画了，但是在外面——不管是在马路上还是在墙上，他每天都要画上几笔。

九岁的时候，罗丹的学习成绩还是不见好转。父亲把他送到了叔叔在乡下开办的学校去读书，罗丹在乡下住了四年多，在那里，他的绘画天赋让老师们都感到震惊。

看他学习仍然没有进步，父亲开始对罗丹失去了信心，决定把这个成绩一点也不好的孩子送去工作。“我看你再学也是一样，快去找一份工作吧！免得我一天天白养着你。”“不，我要学画画。”“学画画？谁拿钱送你去学？那东西以后能混饭吃吗？”

不过经过一段时间的准备，罗丹最终还是考上了一所工艺美术学校，素描老师看了罗丹的习作后，非常高兴，并且很耐心地给他指导。素描课结束以后，就该上油画课了，然而失去家庭支持的罗丹无法支付这“昂贵”的学费，颜料和画布都需要钱，罗丹从哪里去弄这一笔钱啊？万般无奈之中，罗丹只好学习雕塑，因为雕塑的材料无非是木头和泥土，并不花钱。最后，我们知道，罗丹终于成了继米开朗琪罗以来欧洲最有成就的雕塑艺术家。

罗丹的成功源于他对画画的专注，在学生时代，他将自己所有的注意力全部集中在了画画上面，最终成为了一代雕塑大师。由此可见，专注的人更容易成功。

※哈佛成功心理学※

成功的人往往都是专注的人。当你全心全意地做一件事情时，你会发现成功非常容易。

3. 注意力涣散应该怎么办

人的心理活动指向和集中于某种事物的能力就是注意力。一个人是否拥有良好的注意力，不仅与自身的智力发育、发展有密切的关系。而且还会影响他的学习和工作。那么，我们应如何制止注意力涣散的习惯，加强注意力集中的培养呢？

(1) 充分认识注意力的重要性

我们生活在一个多彩的世界里，这个世界充满了千奇百怪的事物和现象。但是我们凭什么得出这样的结论呢？我们是如何知道世界是这般多姿多彩的？其实，能让人类产生这种感觉的原因，就是人们拥有注意力。

哈佛教授是这样评价注意力的：“注意力是我们心灵的唯一门户，意识中的一切，必然都要经过它才能进来。”而法国的生物学家乔治·

居维叶则说："天才，首先是注意力。"连马克思也曾说："天才就是集中注意力。"由此可见，注意力对于每个人来说都是那么重要，可以说人类认识世界的一切信息和智慧都是通过注意力获得的。作为大脑进行感知、思维、记忆、逻辑判断等所有认识活动的基本条件，注意力是一切认识的基础。

⑵ 充分发挥选择性注意力的作用

身处喧嚣之中，一个人却能做到专心致志，这是选择性注意在发挥作用。海量刺激物源源不断地进入大脑，每种刺激本身都是潜在的注意目标，但选择性注意能让我们只关注一个对象，忽略其他所有东西。正如现代心理学之父威廉·詹姆斯对专注力的定义："在几个并行的潜在目标或思想碎片之中，意识突然提取了其中一种，使其呈现出清晰鲜明的形象。"

分散专注力的事物包括两大类：感觉干扰和情绪干扰。感觉干扰比较容易克服，比如在阅读这段话的时候，你通常不会留意字句之外的空白。再比如，你在此刻只注意到舌头顶住上腭的感觉，这是因为大脑屏蔽了其他源源不断的刺激物——连续的背景声音、形状、颜色、味道、气味、触感。第二种干扰带有情绪性信号，所以较难消除。比如你坐在家附近的咖啡馆里，周围的喧嚣对你不会有很大的影响，你可以专心回复邮件。但假设你无意中听到有人说起你（这是一种强烈的情绪诱惑），你很难做到置若罔闻，你的专注力会条件反射般地提醒你留心别人怎么议论你。邮件？早被抛诸脑后了。

⑶ 家庭不和谐是专注力最大的敌人

比如，最近你与亲密的伴侣感情破裂了，你一直为此心烦意乱。此时你会心不在焉，注意力非常不容易集中。因此，我们要尽量减少感情波动，保持家庭和谐。

※哈佛成功心理学※

注意力是一切认识的基础。日常生活中，保持良好的生活习惯和生活环境，有助于我们集中注意力。

4. 精力集中，才能做好每件事情

奔腾的河流呼啸而去，身后却不会留下任何痕迹；水一滴一滴连续不断地滴下，却可以将坚硬的石头滴穿。哈佛大学的学生们认为："只有精力集中，才能做好每一件事情。"

虽然每个人都有成功的可能，但是成功者却是少数。这是因为多数人都不能集中精力。在这个世界上，有很多值得追求的东西，如果什么都想要，往往最后什么也不能得到。只有选定一个目标，集中精力为之奋斗，不受其他目标的影响，才能最终获得成功。

有人曾说："天才与白痴只是说法上的不同。"的确如此，如牛顿之所以能在科学上取得重大成就，只是因为他把有限的精力集中在了一个点上，最终在这个领域取得了成就。这样的天才很多时候只将注意力集中在自己设定的目标之内，而忽略一切与之无关的事物，减少被诱惑，所以能更快地取得成功。

一个人的精力是有限的，如果不能集中注意力做好一件事，总是喜欢分散注意力去做很多事情，那结果就是一件事情刚开始，便终止了。最终哪件事情都没有做好。

约翰是一所名牌大学的毕业生。步入社会之初，他为自己设置了很多目标，可是几年之后，约翰每天都很努力，却一直一事无成。

他请教于一位智者。智者听完他的抱怨之后，要求他利用外面的水壶烧一壶水。约翰急急忙忙地接了一壶水，点燃了柴火烧了起来。没过多会，壶水温了，可是柴没有了。于是，约翰不得不出去找柴。等他将柴找回来时，壶水已经变凉了。

智者笑了笑，说道："你就是这壶没有烧开的壶水，在外界力量和自身力量不足的情况下，非得接满满的一整壶水，以至于到最后柴被烧没了，水还没有开。可是如果最初你倒掉一半的水，那么恐怕此时此刻水已经烧开了。"

这个故事告诉我们，只有集中精力去做一件事情，才能一步一步地去实现目标，才能走向成功。现实生活中，机会很多，这是一件好事，同时也是一件坏事，机会多也就意味着诱惑多。那些见异思迁的人经常被诱惑，走上了弯路。那么，如何才能做到集中精力呢？这是哈佛大学必修的一课。

首先，在某一时间段，只树立一个目标。在这个时间段里，任何事情都只能围绕着这一个目标，不能被其他事情所诱惑。

其次，要有坚持到底的精神。在目标没有实现之前，决不允许自己放弃。无论遇到什么样的困难都要坚持到底。执着的方式虽然不值得学习，但是执着的人却值得敬佩。在追求目标的征途中，我们要保持适当的休息，保持一个良好的精神状态，这样才能拥有坚持到底的勇气。不要总是挑战身体的极限，这样容易使自己陷入半途而废的困境中不能自拔。

最后，需要强调的是，不断激发自身的兴趣和激情，保证注意力集中的内在动力。

生理需要被满足，这是人类得以生存的基本需求。除此之外，人类的精神需要也需要被满足，人们有自己的爱好和追求，顺应内心的趋向，是集中所有精力的最好凝集物。

※哈佛成功心理学※

一个人的精力是有限的，如果不能集中注意力做好一件事，总是喜欢分散注意力去做很多事情，到头来，哪件事情都没有做好。

5. 投入的背后是超强意志力

为什么哈佛大学的自习室和图书馆会灯火通明？为什么哈佛大学的学生可以彻夜不眠，全身心地投入到学习中？为什么哈佛大学的学生能够坦然接受那么重的课程作业？为什么哈佛人从无怨言？……因为他们投入精力的背后是超强的意志力。

意志力是一种控制自己心神的力量。它能在你准备放弃的时候，强迫自己不许放弃，要坚持到底，它能让你摆脱一切拒绝克服困难的借口，勇往直前。

美国曾经做过这样一个实验：

科学家们对一批 3 至 10 岁的孩子进行追踪，了解他们是否具有坚强的意志力。很多年之后，这些孩子们都已经长大，科学家们综合分析了他们的家庭、事业、生活水平等，从中分析出一个人的成功与意志力的关系。结果表明，那些具有超强意志力的孩子们，都取得了成功，而那些意志力薄弱的人，则一事无成。此项研究充分说明：“智力并不是影响成功的最重要的因素，意志力才是影响成功的最重要的因素。”

人的一生，总会遇到很多意想不到的困难，有的来自家庭，有的来自外界，有的来自自身等等，这些困难不能靠一时的勇气解决掉，而是需要人们用耐心和智慧去解决。这就要求人们要有超强的意志力，坚持不懈。

营销专家赫伯特·特鲁曾对美国的电话推销员做过统计。他发现，推销员给一位陌生客户打电话时，第一次，对方大多数都会拒绝，甚至挂掉电话。于是 50%的业务员选择了放弃这位客户。

接着又有 25%的业务员在第二天又一次给客户打去了电话，这一次如果对方还是没有兴趣，他们就会放弃，不再给客户打电话。

有 10%的业务员会坚持到第三次被拒绝后放弃。还有 10%的业务员会坚持到第四次被拒绝后放弃。至此，也就是说，有 95%的业务员会在给客户打去四次电话依然被拒绝后，就放弃了，仅有 5%的业务人员在被拒绝四次之后，依然坚持着联系客户。

结果表明，这仅有的 5%的业务人员通常是营销高手。对此，赫伯特·特鲁分析道：“数据显示，那些陌生的客户通常在接到六次以上的推销电话时才真正考虑是否购买他们的商品。”也就是说，有 95%的业务员在客户还没有真正对自己的产品产生印象时便放弃了。之后的他们依然重复着前面的过程。而仅有 5%的业务员有机会让客户对他们所推销的产品产生印象，并列入是否要买的思考之中。最终，这 5%的业务员凭借着顽强的意志力，坚持到了最后，因此拥有了机会。

很多时候，成功需要的仅仅就是这么一点意志力。凭借着这点意志力，将精力集中，抵御外界因素的侵扰。人生就犹如一条街道，我们在其中穿行，如果我们总是非常容易被街边的风景迷住，停停走走，最终只能迷失；相反，如果我们心无杂念，集中所有精力，坚定不移地朝着终点前进，就会发现成功距离我们并不遥远。

※哈佛成功心理学※

集中精力不一定能成功，但是不集中精力一定会失败。很多迷失在路上的年轻朋友，尽管你们每天的生活都很忙碌，但是依然没有任何收获。此时，你们需要思考的是：你们的注意力是否被分散了？你们有没有集中精力专攻一件事情？

6. 选定一个领域，深深扎根下去

约翰·麦克阿瑟是哈佛商学院的一名院长，他曾说过："哈佛商学院的成功不是因为学生在学校里学到了什么，而是因为学生毕业后有多大的作为；哈佛毕业生成功的原因，不在于来学校镀金，而在于他们自己的勤奋努力。学生来哈佛之前就已经走在成功的道路上了，造就他们的不是学校而是他们自己。"那么哈佛生为什么能获得成功呢？哈佛大学曾做过这样一个统计，他们发现所有的成功者，不论智商高低，他们都在一个领域扎根。

事实表明，一个人的精力是有限的，成功往往来自成功者对选定领域的专注和投入。现实生活中，很多人都拥有远大的理想，也经常羡慕别人辉煌的成绩，但是你可曾想过：那些成功的人是怎样获得成功的呢？而自己的理想怎样才能得以实现？经过一番仔细的思索，你一定会发现这两个问题竟然拥有着同样的答案：专注于自己选定的一个领域，并且深深扎根下去。

想要成功不是一朝一夕的事情，在这个过程中会遇到各种困难，阻碍你前进的脚步，因此需要你拥有足够的精力和耐心，只有如此，你才能一步步前进，一步步接近终点。

西华·莱德先生是一名作家，回忆起年轻时的经历，给他印象最深的便是这样一段经历——

那时的西华·莱德先生还是一名战地记者。第二次世界大战期间，西华·莱德先生在一次战地采访的途中，不得不从一架运输机上跳伞逃生，结果他和机上的另外几个人降落在了缅印交界处的热带森林里。当时正值八月，天气酷热并伴有经常性的暴雨侵袭而下。想要离开这个热带森林，西华·莱德先生他们需要翻山越岭，徒步 140 英里，加之道路崎岖，艰难程度可想而知。西华·莱德先生才走了一个小时，鞋子便破了，没过多久双脚都被磨出血来，而路程却没有走出多远。试想，西华·莱德先生需要经过怎样的困难才能一瘸一拐地走完 140 英里？

西华·莱德先生对这段经历刻骨铭心，后来发生的很多事情都得益于这段经历。战后西华·莱德先生决定写一本书，最初，他一直不能静下心来。于是，西华·莱德先生推掉其他所有的工作，专注于写这本书。当然这个过程是枯燥的，西华·莱德先生什么都不干了，凭借着坚强的毅力将自己的精力集中在了这一件事情上，强迫自己一直写下去。整整半年的时间，西华·莱德先生除了写作，什么事情也没做，最终果然成功了。

“坚持选择一个领域，深深扎根下去”的原则不仅对西华·莱德很有用，对我们每一个人都很有用。专注并坚持做下去是实现任何目标唯一的聪明做法。英国作家约翰·克莱斯，一生共出过 564 部小说，是世界上数一数二的勤劳作家，就算他一年出 10 本，也需要近五六十年的时间呀！可以想象，晚年的约翰·克莱斯依然坚持着写作出书。这个过程中，约翰·克莱斯并不是每次投稿都成功，据统计，约翰·克莱斯曾经被退稿达 753 次！也就是说，每出一本书约翰·克莱斯都需要承受至少一至两次的沮丧。可即便这个过程再怎么煎熬，约翰·克莱斯都深深扎根在这件事情上，所以他最终获得了成功。

选择一个领域并深深扎根下去的人更加容易成功。众所周知，专注能激发人的潜能，坚持能创造奇迹。如果你现在还在像打井人那样，一时间打不出水来，便更换地点重新开始，那么，赶快停止吧！因为，你所有的付出都是徒劳的。正如哈佛教授弗雷德·施韦德所说："任何人要获得成功，都需要选择一个领域，并投身于此。"作为平凡的人，我们更要知道专注与坚持是获得成功最好的方法！

※哈佛成功心理学※

如果你对自己的梦想很执着，非常想实现它，那么，就专注于自己的梦想吧，坚持走下去，即使遇到挫折与失败，也不要放弃，只有这样才能到达成功的彼岸。

第五章

自控自律

来自哈佛的自控力训练

成功最大的敌人就是缺乏自控力，
如果你不能控制你自己，
那么就只能被环境左右，
甚至从此随波逐流。

1. 测试：你的自控力有多强

人生处处是机遇，也处处是限制。人不可能什么都随心所欲，无论你的职位有多高，能力有多强。很多时候，为了能够得到对自己更有价值的东西，人们需要做一些自己不愿意做的事情。这个时候，自控力的作用就显现出来了。

美国石油大亨保罗·盖蒂曾经是一个十足的烟鬼。他吸烟成瘾。有一次他外出办事，暂时租住在一间小旅馆中。那天天气很糟糕，下着大雨。夜里，保罗被窗外的雷声惊醒。醒来后的保罗烟瘾犯了，他拿出随身携带的烟盒，不幸运的是，烟盒是空的。保罗翻遍了所有的衣服，也没能找到一根烟。他想到出去买，可是已经是半夜了，街上所有的商店都已经关门了。“或许只有火车站里的商店还在营业。”想到这，保罗立即穿好衣服，拿起雨伞准备去火车站。

推开房门，一阵刺骨的寒意袭来，保罗不禁打了一个寒战。这一瞬间，保罗清醒了，他止住了脚步，问自己：“我在干什么？大半夜的不好好休息，为了吸一口烟，不惜冒着大雨，驱车前往数十公里之外的火车站！”保罗被自己不理智的行为惊住了：“想来我保罗也是一名有魄力、有理想、有胆识的有识之士，竟然如此不能自控！如此下去，还谈什么做大事呀？”想到这，保罗暗下决心戒烟。从那以后，无论何时何地，无论他多么想抽烟，他都不允许自己接触那东西。就这样，保罗凭借着强大的自控力戒掉了烟瘾。

这就是自控力，它能控制自己远离一些对自己没有益处的坏习惯，保证自己走上一条通往光明的道路。可以说，自控力的强弱决定了人们是否能最终达到目的。

在哈佛，学生们为了能够更好地完成学习任务，更多地学习知识，常常读书到深夜。难道说哈佛大学的学生们不想休息吗？当然不是，他们也是普通人，他们也有惰性，他们和你我他一样也想休息、玩耍。可是，他们有强大的自控力。他们能够理智地管制自己，强迫自己摒除杂念，好好学习。相比于哈佛人强大的自控力，你的自控力又有多强呢？通过下面几个问题测试一下吧。

(1) 自己定下的任务和计划有没有按时完成？

如果按时完成了，说明你拥有强大的自控力，成功离你不远了；如果没有按时完成，说明你的自控力不够，还需要进一步加强。

(2) 有没有改掉自己的缺点，保证不因为同一个因素跌倒两次？

如果没有改掉坏习惯，不断地在同一个地方摔倒，说明你的自控力很差。

(3) 当你正在做一件事情时，有没有因为其他因素受到干扰，以致心烦气躁？

如果有，说明你的自控力尚待加强。

(4) 有没有情绪失控？

这个问题是最能检测一个人的自控力强弱的。自控力好的人，无论遇到怎样的问题都不会放任自己的情绪，他会努力使自己保持理智，以应对所有的难题。相反，自控力弱的人，他们瞬间便会成为情绪的奴隶，任由坏情绪吞噬自己的理智，做出更加出格的事情。

简简单单几个问题就能测试出你的自控力有多强。生活中，常常测试一下自己的自控力，有助于我们时刻为自己敲醒警钟。

※哈佛成功心理学※

记住一点，对自己严格一些，人生就会对你好一些，不要放纵自己，否则终会导致不好的后果发生。

2. 神奇的延迟满足效应

很多时候，拖延是一种非常不好的习惯。然而，在某种特定的场合中，拖延也会产生积极的作用，这种神奇的效应被专业人士称之为拖延满足效应，比如：

特别爱吃美食的人，当美食摆在面前时，告诉自己稍后再吃，要比告诉自己不许吃更容易接受，更能抵制美食的诱惑。特别爱玩的人，告诉自己稍后再玩，要比告诉自己不许玩，更能抵挡住玩的诱惑……这些情况，在我们的生活中都曾遇到过。这种嫌少诱惑，帮助我们更好地减轻诱惑力程度的效应就是神奇的延迟满足效应。

哈佛大学曾经组织过这样一个具有特殊意义的夏令营：

他们分别从两个国家选出 50 个孩子，组成一个 100 人的团队，孩子们的年龄在 11~15 岁之间。他们每个人都要背着一个负重十公斤的背包，里面装着水、食物和一些应急的药物。当一切准备就绪后，活动开始了，孩子们需要负重行驶五十公里路。这下可苦了很多平日里娇生惯养的孩子。其中一个国家的大多数孩子在活动开始之初，便扔掉了背包，有说有笑、轻轻松松地上路。其中有几名女孩子更是娇气，活动一开始他们便生病了，哭哭啼啼地找到医生。最终，她们如愿以偿地回到了温暖、舒适的大床上。

与这个国家形成鲜明对比的是另一个国家的孩子，他们行动有序，士气高昂，像一个个即将出征的战士。其中还有一个年纪偏小的孩子，可能是因为水土不服的缘故，他有些不舒服，脸色苍白苍白的。工作人员有些看不过去了，跑过来让孩子上车。可是，这个生着病的男孩子一口拒绝了工作人员的建议。他说："我必须坚持，不能半途放弃，否则这件事将成为我一生都无法抹去的耻辱。"说完，孩子又紧跑了两步，丝毫不落后于其他队员。

没过多会，天空中开始下起雨来。前一个国家很多随行的家长看着雨中的孩子艰难地行走着，不禁心生恻隐，将自己的孩子叫到了车上。可是，另一个国家的家长却没有一丝想要“帮助”他们孩子的意思。看着由于道路不好走而摔倒的孩子，他们只会对孩子大声说道：“加油，我亲爱的，你们是最棒的，只要再坚持一下，就能休息了。”

就这样，在家长和孩子们的一起努力之下，这个国家的孩子全部徒步走完了五十公里。完成任务的那一瞬间，孩子们和家长们欢呼起来。而前一个国家的孩子们懒洋洋地从车里走出来，看到这一幕，纷纷低下了头。

后来，当工作人员采访成功完成任务的孩子们时，问道：“五十公里的路程，对于你们的确有困难，而且还下着雨，是什么力量让你们咬着牙坚持下来的呢？”孩子们的回答竟然是：“我们只是在快要撑不下去的时候，告诉自己再走一段，再走一点就可以休息了。”

这个故事充分展现了延迟满足效应的神奇。孩子就是利用延迟效应不断降低休息的诱惑力，最终成功抵挡住了诱惑，到达了终点。通过这个小故事，我们也充分认识到延迟满足效应的神奇之处，在以后的人生道路上，我们要多多利用延迟效应，帮助自己抵挡住诱惑，确保做任何事情都不虎头蛇尾。

※哈佛成功心理学※

习惯和惰性是很难改变的。在抵制这些人性弱点的诱惑时，不要硬来，要讲究策略。很多时候，大踏步地后退只是为了大踏步地前进。延迟满足效应就是利用这个原理，降低抵制诱惑的难度，给自己一点点安慰，反而更加有效地控制了自己。

3. 能控制自己的人才能控制别人

汤玫捷是哈佛大学的面试官，在对考生进行面试时，她喜欢提出突发性问题。她认为哈佛大学之所以能够得到各界的认可，关键在于学生。只有那些能够控制自己的学生才能得到汤玫捷的认可。那么什么样的学生才是哈佛大学寻找的对象呢？那些有责任感、能承担压力、能耐得住寂寞的人，正如汤玫捷所说的，这些人都非常有个性，他们能控制自己，所以他们能够改正自身的缺点，因此，他们能成为控制别人的人。

吉米生活在一个单亲家庭，从小便没了父亲，一直和母亲相依为命。在他仅有四岁的时候，母亲花光了家中所有的积蓄为吉米买了一台钢琴。从此，吉米便没有了玩耍的时间。每当其他小朋友在窗外玩耍时，吉米那颗蠢蠢欲动的心也跟着孩子们的笑声飞出了窗外。可是只要他向自己的母亲提出出去玩一会的要求时，都会换来母亲严厉地批评。时间久了，吉米养成了控制自己的习惯。就这样吉米的童年时光结束在了钢琴声中。

可能是由于小时候的生活背景，养成了吉米不爱与人沟通的性格。在学校里，吉米从来不与老师和同学沟通，也因此他的学习成绩一直不好。后来毕业后，由于没有学历，吉米找不到好工作。为了生计，他只能来到餐厅当服务生。这种生活与吉米的理想相差甚远，可是习惯了控制自己的吉米强制自己好好工作。

后来为了餐厅的生意，老板购买了一架钢琴，并聘用了一位琴师在餐厅弹奏。一天餐厅关门之后，吉米独自一人坐在钢琴前面。他有些情绪低落，不由自主地弹起了他新创作的曲子。这个无意间的演奏刚巧被餐厅老板听到。让老板惊讶的是，这位年纪轻轻的小服务生竟然比他聘用的琴师弹得还好。第二天，这位餐厅老板便辞退了琴师，让吉米只负责弹奏。就这样，吉米每天沉浸在餐厅演奏中。

渐渐地，附近来这家餐厅吃过饭的人，都知道餐厅里有位音乐天才，不仅能弹奏钢琴，还能自己作曲、填词。很快一家音乐公司找到了吉米，表示希望吉米加入。为了能够实现最初的理想，吉米告别了餐厅，来到了这家音乐公司。

初来乍到的吉米备受歧视，每天的工作就像是服务生一样，帮其他同事买杯咖啡、拿个盒饭等等。尽管与预期的有很大的区别，吉米依然能够控制好自己，每天按时上班，真诚地对待每一位同事，从不抱怨。公司的老板最终被吉米所感动，安排了一间独立的办公室，让吉米创作。就这样，吉米终于有了自己独立的空间。很快，他的个人专辑发行了，并且非常受大众的欢迎。吉米在一夜间成名，拥有了数以万计的粉丝，最终成为一代人心中的偶像。

吉米的成功离不开他对自己的控制能力。一个人只有控制好了自己，才能不断克服困难，改变对自身不利的处境，从而获得成功。很多时候，当你获得了成功的同时也得到了他人的认可。也只有当别人认可你之后，才会心甘情愿地为你付出，听你安排。每个人都会经历一些困难，但无论处境怎么样，都要摆正心态，控制好自己，才有可能渡过难关。如果一个人连自己都控制不了，又怎么可能控制别人呢？因此，只有先控制好自己，才能控制别人。哈佛教授曾说过：最好的权威就是你的个人魅力。

※哈佛成功心理学※

只有能控制自己的冲动、恐惧的人，才能摆脱不良情绪的影响，让自己具有战胜一切困难的勇气和力量。只有能控制自己的人，成功才会青睐于他们，也只有控制得住自己的人，才能成为人上人，才能控制他人。

4. 我们拿什么抵御诱惑

人在一生中会遇到很多很多的诱惑，有权力的诱惑、金钱的诱惑、懒惰的诱惑、恐惧的诱惑……既然称之为诱惑，那么它们就与人们最终的目的相冲抵，是分散人们注意力、精力，吞噬人类心灵的负面东西。因此，诱惑是人类为达到最终目的必须抵御的东西。

诱惑具有魔力，正如哈佛教授所说的：“命运总是喜欢捉弄人，明明知道诱惑可以让人迷失方向，却还赋予了它非常的魔力，令很多人对其着迷。”但是，如果人们一旦抵御住了诱惑，不管未来有多少变数、困难，都不会被打倒了。

罗斯福是名满士林的哲学大师，当年在哈佛任教时，只要一挂牌就会聚集起上百人的大课堂。很多哈佛学生表示："想要听罗斯福教授的课，那需要早早地去占座，否则连站的地方都没有。"而事实上，罗斯福的讲课风格并不风趣，也并不富有太多的激情，相反他的课总是平平淡淡，没有起伏。那么吸引这么多学生前来听课的原因就只有一点了，那就是——讲义的内容。

就是这样一位有才学的人，即使是每天都会面对数百名学生，在课堂上依然会紧张。在一次演讲中，罗斯福凭借着令人折服的言论观点，赢得了学生们的热烈掌声。而罗斯福天生内向，面对学生们热烈的掌声，他感到很紧张。于是，他连连向学生们摆手，快步走出了教室。这掌声持续了很长时间，一直到罗斯福走出了很远之后，才听不到了。

想来类似这样的演讲对罗斯福来说是件非常平常的事情，而学生的掌声对于一位享有盛誉的教授来讲也是家常事。可是，罗斯福依然会感到紧张。紧张对于罗斯福来讲似乎非常有魔力。可是，罗斯福却从来没有因为紧张，耽误自己的课程，更没有因为紧张影响他的演讲水平。对此，罗斯福曾说："紧张没有好坏之分，只要能将它控制好。"罗斯福的的确确会感到紧张，但也的的确确抵御住了紧张。

对于罗斯福而言，紧张就是一种诱惑。因为紧张，罗斯福的内心深处会产生退出的念头。而罗斯福最终没有退出演讲，并且能够让很多同学喜欢他的课程，这就说明罗斯福抵御住了这种诱惑。抵御诱惑，其实就是理性地处理自己的欲望，提高自身的控制力。想要做到这一点，务必做到以下几点：

(1) 养成沉着、冷静的性格

俗话说："冲动是魔鬼。"面对这心魔一样的诱惑，产生冲动的情绪是正常的反应。应对冲动的最好方式就是沉着、冷静。因此，一定要养成沉着、冷静的性格。

性格有先天性的一面，也有后天性的一面，而后天性的培养和磨炼完全能够改变先天性的性格。遇事保持冷静、理性的思考，需要后天的磨炼。一次磨炼不成功，那就两次、三次甚至更多次，只要你下定决心，一定能够养成沉着、冷静的性格。

(2) 多读书、多培养兴趣爱好、多锻炼身体

良好的生活习惯是保持人类身心健康的基础。

多读书能够开拓人们的视野，有助于更深、更好的思想产生。

人的心灵就像一株娇嫩的鲜花，需要人们耐心地呵护，因此，人们需要培养有益身心健康的良好兴趣和爱好，用以陶冶身心，放松身心。

体育锻炼的好处自然更不用多说，不仅能够强健身体，还能使大脑处于活跃状态，有利于正确决策的产生。

(3) 懂得凡事需有度的道理

社会上的平凡人曾经一度为争取自由而战，最终也得到自由。直至今天，我们生活在一片自由民主的大好形势之下。相比于我们的先辈们，我们是幸运的，因为，有法可依、有理可申，事情可以不用通过流血、死亡来得到解决。可是，没有人敢说："我是绝对自由的，想做什么，就做什么。"因此，任何事情都是相对的，都是有限度的。

生活中，做任何事情都不能太过偏激，不能突破限度。面对诱惑时，绝对不能一味沉迷，否则最终毁掉的是自己。

其实，上述三点所述的终究只为一点——培养自控力。人们只有拥有强大的自控力，才能控制住自己的心魔，才能抵御住诱惑。

※哈佛成功心理学※

人生寥寥数载，诱惑无数，必须拥有强大的自控力，才能抵御住诱惑。而培养自控力需从点滴做起，从生活习惯做起，从思维习惯做起。

5. 破窗理论：一放纵就失足

破窗理论是法国经济学家弗雷德里克·巴斯夏提出来的。当时只是意在讨论"破窗"这一显而易见的现象带来的种种连锁经济反应。随着时代的发展，破窗理论被人们上升到了管理学上的经典理论，意思

是说，一扇窗户破损了，如果不能及时修理，可能会导致整栋房子的倒塌，与“千里之堤，溃于蚁穴”异曲同工。

近年来，随着哈佛大学的“幸福课堂”在网络上公开，“自控力”成为人们关注的热点词汇。自控力的重要性也渐渐地被世人认可。加强和培养自身的自控力，越来越受人重视。这里提醒人们，在自身自控力的培养过程中一定要避免破窗理论，不要因为一点点的放纵，就毁掉一个的自控力。

也许是因为人们的生活条件好了，胖人越来越多。于是，关于减肥的话题也就随之热了起来。对于大多数的胖人而言，都曾不止一次地尝试过减肥，但是最终成功的寥寥无几。减肥的方法很简单，那就是——多锻炼，少吃饭。这个简单的方法每个人都有能力做到。但是能够坚持做到的人却是少数。相信大多数的胖人在下定决心之后，都是按照这个方法做的，接着可能有的人抵制不住美食的诱惑，对自己说：“算了，我今天先吃点，明天再开始吧。”然后就是明日复明日。也有一部分人坚持了一段时间，忽然有一天坚持不住了，对自己说：“今天太饿了，吃点吧，明天再接着来。”结果这一放纵，就彻底失败了，从此之后的每一天都坚持不了了。

破窗理论在我们的生活中就是这样常见，不只是减肥这件事情，生活中其他事情同样也是如此，比如：戒烟需要避免破窗理论、锻炼身体需要避免破窗理论、学习也需要避免破窗理论……总而言之，一个人在培养和改变任何一个习惯时，都需要避免破窗理论。

查理是一家工厂的普通工人，每天按时上班、下班，大脑里除了机械地干好手里的工作，不再思考其他事情。忽然有一天，工厂因效益不好决定裁员，而查理就是其中的一员。一直以来，查理都认为自己会一辈子从事这个工作，现在工作没有了，怎么办？查理决定创业，于是他用全部的积蓄开了一家汽车修理公司。查理自公司成立起就要求公司所有员工必须对客户诚信。很多年之后，由于查理的公司讲信用，所以生意越来越好，公司的规模也越来越大。

一天，一位员工告诉查理，由于一时大意，他将一个型号不对的零件装到了客户的车上，而且事情就发生在几天前，客户并没有发现。查理听完之后，要求员工立即联系客户，更换正确的零件，并给客户一定的补偿。

员工们对查理的这一做法纷纷表示没必要，原因是事情也不是什么大事，零件的型号虽然不对，但是不影响车子的正常行驶。这个客户是一个不太好说话的重要客户，他不允许别人犯错误，哪怕是一个小错误，如果将此事告诉这个客户，就会导致他对公司的不信任，必然会失去这个大客户，因为这个影响不大的失误失去一个大客户太不划算了。

查理表示非常理解员工们的担忧，但是依然坚持告知客户。他的原因很简单：公司多年来一直坚持诚信待客，如果这次违背了这个坚持了多年的信念，那么还会出现第二次、第三次……最终，公司的信誉就会丧失。员工们听完之后纷纷表示认可。最终，查理虽然失去了客户，但是他却保住了诚信的信念。

生活就是如此，千万不要放纵自己，哪怕只有一次，那也是自毁长城。

※哈佛成功心理学※

人们在培养自控力时，千万避免破窗理论，一失足成千古恨，不要为自己一时的放纵寻找任何的托词和借口。

6. 怎样形成自律“生物钟”

人是一种非常有灵性的动物。因为特殊磁场的原因，人类的潜意识中存在着一个生物钟，这个生物钟与现实生活中的钟表原理相同，都具有报时的功能。不同的是，钟表向人们报出的是时间，而生物钟向人们报出的是该做某件事情了，比如：

对于一个有午休习惯的人而言，每到午休时刻，他的生物钟会通过犯困、疲惫等生理反应，提醒他该午休了；经常外出锻炼的人，如果没有及时出去锻炼，他的生物钟会通过心理暗示提醒他该去锻炼了；到了吃饭时间，人们的生物钟会通过饥饿来提醒他们该吃饭了……

这就是人类的生物钟。生活中很多事情都有生物钟的提醒。那么，生物钟是怎样形成的呢？

生物钟的形成与一个人的生活习惯息息相关。可以说，生物钟就是人类对习惯的记忆。任何事情经过一段时间之后，渐渐地形成一种习惯，之后就会在人的潜意识中形成一个生物钟。当然自律也是如此，想要形成自律的生物钟，需要从以下几点着手：

⑴ 让自律变成一种习惯

形成生物钟的第一步，先将自律变成一种习惯。这就要求人们在实际生活中经常使用自控力。比如，当你想向诱惑屈服时，就要发挥自控力的作用了。不要给自己任何放纵的理由，必须运用自控力抵御住诱惑。时间一长，渐渐地人们就会习惯运用自控力抵御诱惑。如此一来，自律就变成了一种习惯。

面对孩子的教育问题时，很多家长溺爱孩子。当孩子的要求得不到满足之后，他们便会大哭，想通过这种方式达成自己的目的。而很多家长见到孩子哭，就像是被踩到尾巴的猫，顿时跳了起来，慌手慌脚，方寸大乱，也不管什么原则不原则了，对于孩子的要求统统答应，只为博孩子开心。

时间久了，这样的生物钟也形成了，孩子们想要做什么，即便家长不同意，也不用约束自己，只要大哭，家长便会乖乖地顺从。长此以往，孩子不会养成自律的习惯。等到孩子大了，他提出的要求超出你的能力范围，你又该怎么办？孩子又会有什么样的行为呢？因此，对于任何人而言，让自律变成一种习惯都是非常必要的。因为很多时候，人们都不能为所欲为。

⑵ 针对某一方面培养自控力

生活中的大部分人都有一定的自控力。由于每个人的生活轨道不同，人们可以针对不同的方面侧重培养自身的自控力，比如：一个君王，除了有明辩是非的能力之外，还必须要有海纳百川的度量。这就要求君王要比常人更能听得进别人的意见。即便是别人提出的意见具有指责性，也要强压怒火，理性地分析。因此，君王在接纳别人建议这方面的自控力要着重培养。而客服工作者，则需要在耐心听取客户投诉方面培养自控力等等。社会上从事不同行业工作的人们，都要就某一方面侧重培养自控力。

(3) 不要放纵自己，破坏生物钟

正所谓："千里之堤，溃于蚁穴。"很多时候，很多好的习惯被丢弃的起因都是因为一时的放纵。习惯是有惯性的，如果一直坚持，倒也不会觉得有什么不舒服，可是一旦改变，很有可能就会被破坏。

战争时期，德国有一种非常特别的审讯方式。他们先将囚犯置于刑架上吊起来，高度恰恰是囚犯脚尖着地的高度，这种高度会让囚犯非常不舒服。一段时间之后，他们会将囚犯放下来平躺。之后，如果囚犯不交待便会继续吊起来。一般情况下，这样审讯方法要比一直吊着囚犯更能让囚犯招供。因为，这种审讯方式强制性地给了囚犯一次放纵自己的体验。有了这次体验之后，囚犯便再也不想体验被吊起来的感受了。因此，现实生活中，对于一些良好的习惯，千万不要随意找借口去破坏。

※哈佛成功心理学※

形成自律的生物钟，先要形成自律的习惯。一旦习惯形成之后，不要给自己寻找任何借口来破坏这个习惯。

7. 哈佛的自控力训练营

关于哈佛对自控力的教育问题，秉承了教育家托马斯的观点："教育最有价值的成果，就是培养了自控力。具有自控力的人通常被称为意志力坚定的人。"

自控力就是自我控制，对自己的言行、思维进行自我约束。这种自我约束对很多人来说，都会觉得有些困难。正如一位成功人士所说的："一个人成功的最大障碍不是来自于外界，而是自身。"为什么呢？就是因为大部分人都不能很好地控制自己，明明知道学习是好事，却抵挡不住电视剧的诱惑；明明知道锻炼身体是好事，却抵挡不住懒惰的诱惑；明明知道吸烟不好，却不能戒掉……缺乏自控力就会非常容易被诱惑征服。

哈佛心理学教授保罗·哈莫尼斯在教育学生时说道，一个人想要成功，就不能随心所欲，感情用事，需要对自己严格控制。但凡那些成功人士无一不是自控力非常强的人，能自控的人才能使自己变得强大。哈佛教授认为：一个人如果能够控制自己，他就能战胜一个国家。那么，如何实现自控呢？

⑴ 从一点一滴的生活小事开始

这是哈佛自控训练的关键一步。哈佛希望见到这样的学生，他们在学习过程中接受很好的训练，超常的自控力使他们成为身体的主人，他们的所有行为都在自控力的要求下开始。他们头脑清楚，思路清晰，身体和心灵配合默契。

⑵ 学会管理自己

如果你想放松一下，好好休息，结果你却被电视剧诱惑，彻夜观看；如果你想好好工作，结果却因为某些原因，没能好好工作；如果你想减肥，结果却没能抵御美食的诱惑……说明你没能好好管理自己，你需要制定一个科学的计划，让自己的生活有序。

⑶ 不要太宠着自己

"我太累了，我需要休息了。""这件事不是我的责任，我也不想这样。"……再多的借口都不是你犯错的理由。就像一个国家的法律制度，一旦制定成功，就必须无条件遵守，无论你有什么样的苦衷，都不能成为你违反法律的理由，这就是法律的强制性。

现实生活中，言出必行也应具有这种强制性。对自己有利的计划和规律一旦制定，就必须遵守，无论遇到什么样的特殊情况，都不能成为你违反规定的理由和借口。正如比尔·盖茨曾说："我个人认为既然想要做出一番事业，就不能善待自己。"而他自身也是这样做的。比尔·盖茨在创办微软之后，几乎把所有的时间都花在了工作上，从不轻易放松自己，即便是周末。

(4) 慎独

每一位哈佛人都会倡导这种慎独的观点。所谓慎独，就是一个人在没有别人监督的情况下也能严格控制自己，约束自己。慎独不是一件容易的事情，一般来说在别人面前，大多数人都会严格要求自己，不做出格的事情。可是一旦独处时，没有任何人约束自己的时候，人们通常容易犯错误，做出一些见不得人的事情。因此，每当我们独处时，一定要慎重，越是这种时候，越要加强心灵的防线，提高自觉性。

在别人看不到自己的时候，也能自控的人，才是拥有强大自控力的人。

※哈佛成功心理学※

自律可以让你比别人更成功、更幸福。如果不能控制自己，随心所欲，想做什么就做什么，不仅不会拥有自由，实现自我，反而有可能会失去自我，失去自由。自律需要终生的坚持，生命不息，自律不歇，只有这样才能换来真正的成功和幸福。

战胜拖延

时间，最伟大的成功导师

事情做不完，
那就留到明天；
这周好忙，
不妨下周再说；
……
殊不知“拖延症”只会越来越严重，
如果你想摆脱“拖延症”，
就必须像哈佛人一样进行严格的时间管理。

1. 我们为什么会倦怠

“勿将今日之事拖到明天。”这是哈佛图书馆自习室墙上的一句警言。为什么不能将今日之事拖到明天呢？原因是时间一去不复返，在哈佛人心中，时间是最宝贵的，流逝了永远也找不回来。因此，时间容不得半点浪费。

现实生活中，很多人总觉得时间不够用，每天的工作被安排得满满的，抽不出一点空余时间。于是，一天的工作完成之后，拖着疲惫的身子回到了家中。为什么我们总是很倦怠呢？难道是工作量真的已经超负荷了吗？我们一起看看哈佛的学生们吧。凌晨四五点的时候，在哈佛的图书馆里，很多学生依然在读书，他们不是刚刚起床，而是已经彻夜未休了。相比于他们，我们的工作量是不是超负荷已经无需回答了。

为什么我们会感到倦怠呢？看看我们的一天都做了些什么吧！

清晨，如果有人问我们，这一天将做些什么，我们能不能清清楚楚地回答出来呢？恐怕不能。也就是说，我们中的大多数人并没有提前制定出一天的计划和安排。没有这一天的计划和安排，很多的时间会被浪费掉，工作和学习的效率都将大大降低。就这样，我们在一片混沌中迷迷糊糊地开始了一天的生活。

在日常工作和学习中，我们常常会提起两个字——“明天”，“这件事明天再做吧！”“先休息一下，明天吧！”“明天处理。”……类似这样明日复明日地胡乱安排。这些工作为什么非要推到明天呢？难道今天就没有时间了吗？也许你会推辞说："今天有些倦怠，等明天状态好点我再多做些。"事实上，明天还有明天的事情需要做，即便明天感觉好了一些，将今天的工作全部补做完成，那又如何？紧张的时间、着急的心态，在这种情况下，工作完成的质量又将如何？长此以往，明日复明日，工作大量积压，我们又能有多好的心态来应对这些积压的工作呢？于是，我们又开始倦怠了。

这种情况在现实生活中非常常见。很多人每天都感到倦怠就是因为以上情况。没有合理的工作计划与安排，专搞突击战术，时间一长，工作习惯混乱，生活秩序被严重打乱，自然每天都感觉倦怠。

一位年轻人经常觉得倦怠，每天完不成的工作让他夜不能寐，越来越颓废。这一天，他拜访著名的小说家瓦尔特·司各特。年轻人就自己的倦怠请教了一下瓦尔特·司各特。瓦尔特·司各特并没有直接回答他的问题，而是反问道："你完成了今天的工作了吗？"年轻人有些惊讶："这一天才刚刚开始呀，我还什么也没做呢？"瓦尔特·司各特摇了摇头："可是我却已经完成了。"年轻人觉得不可思议。

瓦尔特·司各特意味深长地说道："你一定要改掉拖延的习惯，这是一个非常糟糕的习惯。每天要做的工作，什么都不要安排，先将工作做完，如果做完这些工作还有一些时间，再安排自己的业余活动。"

年轻人按照瓦尔特·司各特的话做了一段时间，果然感觉很好。他再也不是那名总感觉倦怠的年轻人了，而成了一名神采奕奕、精神抖擞的干练之人。

这个小故事告诉我们，想要改变目前总是倦怠的现状，就要提前做好工作计划，每天第一时间先将今天的工作做完，不要拖延到明日。对此，哈佛大学的教授耶曼逊曾说："你能把握的只有今天，今日一天，当明日两天。"

※哈佛成功心理学※

改变倦怠现状的秘诀就是立即行动，从现在开始做起，今日事今日毕，千万不要养成拖延的习惯，哪怕只拖延一小会儿。

2. 拖延背后的“心理魔鬼”

养成拖延习惯的原因有很多：懒惰、不够果断、不自信、懦弱……下面我们一起分析一下拖延背后的“心理魔鬼”。

世人都有负面情绪。因为某些负面情绪，所以看着眼前的工作没有心情做。于是，倦怠的情绪便会滋生出来。这些负面情绪会对人的身心健康产生非常大的负面影响。对此，哈佛商学院一直强调“立即行动”的做事方针，这是所有年轻人应该养成的习惯。不仅哈佛大学如此，世界上任何一所大学的教授们都会对学生们说：“如果你们想要获得成功，那么现在就行动起来吧。”

世界上从来都没有免费的午餐，如果你被负面情绪控制，实施拖延，就永远不可能成功。对此，哈佛大学的学生毕维斯深有体会。

对于毕维斯的执行力，导师和同学们有目共睹。在他刚刚来到哈佛时，他的导师便告诉他：“无论什么时候都不要被懒惰的情绪征服，要立即行动起来。很多时候想要获得成功并不是件难事，只要立即行动起来，你就已经成功了一半。”在接下来的学习生活中，毕维斯一直牢记导师的教导，做任何事情都不拖延，无论事情大小、急缓，都必须第一时间着手。

哈佛大学推崇“立即行动”的精神，并因此影响了很多优秀学子。这是哈佛大学不断创造奇迹的重要原因。想要做大事的人，如果不能克服负面情绪，将永远不会有施展才华的机会。试想，如果当年比尔·盖茨未能克服懒惰心理，也许这个世界还未进入信息时代。

这些负面情绪中，不够果断是人们养成拖延习惯的重要原因。

一位从哈佛毕业的商业精英被人问及成功心得时，只说了一句话：“立即行动。”然而现在的很多年轻人都在不知不觉中养成了拖延的习惯。养成这种习惯的原因有很多，“优柔寡断”就是其中一个因素。很多年轻人盲目崇拜一句话：“时机成熟了再行动。”他们总是希望在合适的时间再开始行动。可是他们忽略了另外一句话：“时间不等人。”时间从不会因为某个人、某件事而滞留原地。在通往成功的道路上，永远没有不合适的时间和所谓的时机成熟。这个世界对于年轻人就是一块新大陆，充满着未知。只要往前走，就注定会遇到各种各样的困难和失误，可是不往前走，成功只会越来越远。

对于年轻人而言，你们拥有着世界上最大、最珍贵的资本，那就是时间。这个资本赋予你们斗志、精力和勇气。不要被前行的困难恐吓住，那些困难是通往成功的台阶，是必须经历的。

一位哈佛教授在课上和学生们做了这样一个活动——

教授拿出100元钱，对所有学生说道："现在我们做一个游戏，请同学们在听完游戏规则之后立即行动起来。同学们可以拿出五十元来换我手中的一百元，谁愿意换？"

同学们觉得有些难以想象，他们你看我我看你，犹犹豫豫地不敢做交换。时间一分一秒地流逝，终于有一位同学犹犹豫豫地站了起来，与教授做了交换。当然，他赚了五十元钱。教授有些失望，对着台下的学生们说道："你们有什么可犹豫的呢？你们年轻，有理想，有精力，希望拥有一个精彩无悔的人生，那么你们就没有犹豫的权利。"

在哈佛人看来，时间永远是最珍贵的，它是一切理想变成现实的基础。哈佛人认为，浪费时间的人是最可悲的人，是没有资格谈论成功与否的。因此，他们从不拖延，不管因为什么。

※哈佛成功心理学※

在哈佛的课堂上，常常听到教授们孜孜不倦地教育学生："永远不要把今天该做的事情，拖延到明天，那些只知道等待明天的人，永远也无法掌握自己的命运。"哈佛学子们秉承师长的教导，克服一切困难，坚决做到"今日事，今日毕"。

3. 哈佛人高效决策的秘密

"哎，今天的任务又没有完成！"

“先放一下，待会再说吧！”

“天啊，领导让交报告，我还没做，要疯的节奏。”

“每天都很忙，可是忙了好久也没看到工作成果，我究竟在忙些什么？”

……

你还在被“拖延症”困扰吗？为什么身边的牛人们，每天都像有48小时一样，同样上班、加班，居然还能四处度假，甚至接“私单”？其实，原因只是你的“时间管理”不到位而已。

在哈佛人眼中，世界上没有天生的懒散人。“拖延”和遗传没有关系，更不是不能克服的心理魔鬼，只要自制力够强，时间管理方法合理科学，任何人都能告别“拖延症”“懒惰病”，从而成为像哈佛精英一样的高效能人士。

千万不要小看“拖延”的伤害，它不仅会严重影响我们的工作学习效率，还会给人带来心理上的伤害。因为没能及时完成工作，“负罪感”“自我否定”“贬低自身价值”“焦虑”“压抑”等一系列负面情绪会迅速攻占我们的生活，长此以往，整个人就会失去“正确积极”就的乐观心态，甚至变得脆弱，不堪一击。

消除杂草的最好办法就是在土地上种满庄稼，同样的道理，远离拖延症的最好办法就是“时间管理”。那么哈佛的成功人士们都是怎样成为“效率超人”的呢？

(1) 一定要保持能量

俗话说“早睡早起精神好”，但在这个手机、电脑、互联网普及的时代，又有几个不是“夜猫子”？又有多少人能坚持合理规律的生活作息呢？

“网络依赖症”“无法抗拒游戏”“无法摆脱手机”……尽管每个人熬夜的理由不尽相同，但毫无疑问都严重影响到了工作精神的饱满。要想成为高效能人士，首先必须做到不熬夜、不赖床、吃好睡好，只有这样才能保持精力充沛，摆脱“逃避”心理，改变“拖延”现状。其次，要坚持运动，运动不仅有利于身体健康，还能让大脑保持思维活跃，有利于我们在工作中保持充沛的精力，这也正是“精英们”都热爱运动的原因之一。

（2）确定优先级别

在工作中，我们常常需要面对“堆积如山”的工作，如果没有一个合理的处理顺序，必然会陷入“焦头烂额”“手忙脚乱”之中，时间是有限的，既然无法在有限的时间内把工作做完，那就先做着急的事、重要的事。不妨每天早晨做一个简单的工作计划表，按照轻重缓急将手头工作分门别类，然后再开始工作。

有些人不愿意“确定优先级别”，认为拿来制定计划的这些时间还不如用来完成一项工作，殊不知这种想法是非常片面的，所谓“磨刀不误砍柴工”，如果能先确定处理事务的先后顺序，其时间利用率自然会大大提升。

（3）提前计划

古人早就告诫我们“凡事预则立，不预则废”，如果你想成为像哈佛人一样的精英人士，就要养成凡事提前计划的行为习惯。

每天、每周、每月都要给自己制定一个大体的行动计划，凡事都要给自己人为设定一个“最后期限”“最后通牒”，从而促使自己按照计划行事。为了提高计划“执行力”，不妨将大事分解成具体的小事，然后把做这件事情的时间锁定住，这样一来，拖延就无所遁形了！

※哈佛成功心理学※

那些成功者、行业精英在时间管理方面都有一个共同特点，即喜欢“To-Do List”（工作表），他们享受按照计划完成工作的成就感。而“成就感”又恰恰是激发他们更乐观、更自信、更成功的“心理学”动力。从今天起，对自己的时间也进行一番管理吧，只要找到了“To-Do List”的成就感，你离成功就不远啦！

4. 行动力是拖延的大敌

哈佛学子彻夜读书、学习，是因为他们懂得行动力是拖延的大敌，他们不会因为繁重的学习任务而产生厌倦、抑郁的情绪。这是哈佛公认的真理——任何事情，如果你选择立即行动，就不会有拖延的现象，也就不会产生各种不良的情绪。

事实上，拖延是一个非常可怕的习惯。任何一个有着拖延习惯的人，他的状况只会变得越来越糟糕。因为拖延，原本的任务没有完成，又会累加新的任务。以此类推，任务累加得越来越多，面对越来越多未完成的工作，任何人的心理都不可能平静，进而各种不良的情绪趁虚而入。于是，这个人就会被各种不良情绪包围，比如：紧张、抑郁、愤怒、怨恨……久而久之，便会开始自暴自弃。

因此，我们在追求成功的同时，一定要杜绝拖延。杜绝拖延最好的方法就是强有效的行动力。众所周知，机会往往稍纵即逝，因此，当机会降临时，我们需要立即行动起来，而不是拖延。无论什么时候，只要你被拖延束缚住，“立即行动”都是最有效的解救方法。

安东尼·吉娜是一名哈佛艺术团的学生。那时她多次表达过等到大学毕业后，先去旅游一番，然后去纽约百老汇。安东尼·吉娜的心理老师知道这件事情之后，找到她，问道：“为什么要毕业之后，毕业与去纽约百老汇有关系吗？”安东尼·吉娜想了想，说道：“那就一个月之后去吧，我准备一下。”老师接着问道：“需要做什么准备呢？要一个月的时间。”安东尼·吉娜再一次妥协：“那我下周就去吧。”安东尼·吉娜本以为这下老师该没有意见了吧！没想到，老师又问道：“为什么要等一个星期呢？为什么不是现在呢？”

就这样，安东尼·吉娜简单收拾了一下，第二天便飞往了纽约百老汇。在那里，百老汇的制作人正在进行一场经典剧目的演员挑选。安东尼·吉娜经过一番角逐之后，很顺利地入选，登上了表演舞台的红地毯。很快，安东尼·吉娜成为纽约百老汇的新起之星。总结自己的成功，安东尼·吉娜只说了一句话：“我的成功得益于立即行动。”

现实生活中，很多有价值的思想都是因为拖延而破产，想要改变这种现象，唯有立即行动。意大利著名无线电工程师马可尼曾说：“成功的秘诀就是培养迅速行动的好习惯！”事实上，这也是哈佛人克服拖延的秘诀。培养迅速行动的好习惯的同时需要注意以下几点：

第一，制定一个任务安排计划表。哈佛学生将一些大的任务分成若干小的任务，并将每个小任务根据需要安排好先后顺序。

第二，对于每个任务都限定时间，并必须在规定的时间里完成。

第三，灵活安排紧急工作。事有轻重缓急，对于一些急需处理的紧急工作，需要先处理，就将其他安排好的任务推后处理，这样做也是产生高效率的方法之一，并不是拖延。

第四，哈佛人从来讲究劳逸结合，他们高效工作、学习的同时也会妥善安排自娱自乐的时间。等到任务圆满完成之际，给自己一段放松的时间。他们可以利用这段时间做自己想做的事情，比如：旅游、游泳、听音乐、看电影、逛街等等。

※哈佛成功心理学※

克服拖延的最好方法就是马上行动起来。不管每天有多少事情需要你去处理，都不要因此焦躁、拖延，不要为拖延找任何借口、任何理由，任何理由和借口都不能阻止你立即采取行动。只有立即行动才能更快地向目标迈进，才能更好地实现自身的价值，才能保持最佳的精神状态。

5. 成功人士的时间管理术

时间是人生最宝贵的财富。在哈佛，时间被认为是最宝贵的资源。任何一名哈佛人都清楚地意识到了时间的重要性，他们真真实实地做到了将时间视为生命。任何浪费时间的行为在哈佛人的眼中都是慢性自杀的愚蠢行为。因此，与很多人不同的是，哈佛人习惯说的不是“等一会儿再做”，更不是“明天再做”，而是“现在就做”。

本杰明·富兰克林是科学界的泰斗级人物，曾经获得哈佛大学的荣誉学位。有一位年轻人和他约定好时间，想要拜访一下本杰明·富兰克林，顺便请教一些问题。到了约定的时间，年轻人很守时地来到了本杰明·富兰克林家中。只见本杰明·富兰克林家的房门是打开的，屋子里乱七八糟的。本杰明·富兰克林看到年轻人之后，对他说道：“你现在看着时间，请给我一分钟。”说完，本杰明·富兰克林关上了房门。一分钟之后，当本杰明·富兰克林再次打开房门时，他的房间已经收拾得非常整齐了。

本杰明·富兰克林将年轻人请进屋里，递给了他一杯红酒，说道：“喝完你就可以走了。”年轻人有些摸不着头脑，自己想请教的问题还没有请教呢，本杰明·富兰克林先生怎么就让自己离开呢？本杰明·富兰克林笑了笑，说道：“你想请教的问题，我已经给你答案了，不是吗？”年轻人顿时明白，的确，本杰明·富兰克林先生已经给出最好的答案。于是，这位年轻人谢过了本杰明·富兰克林，离开了。没过多久，这位年轻人也成为了一名科学家。

那么，本杰明·富兰克林先生到底给了年轻人什么答案呢？原来，本杰明·富兰克林是用自己的实际行动告诉这位年轻人：不要小瞧一分钟，一分钟时间可以做很多的事情。年轻人在得到这个答案之后，倍加珍惜时间，因此，在短时间里也取得了很多的成就。

通过这个事例，我们想要告诉大家，任何取得成功的人无一不是珍惜时间的人，唯有把握好时间、管理好时间，才能不断取得成功。这一点，哈佛人已经用事实证明了。那么哈佛人是如何管理好时间的呢？

⑴ 养成提前制定计划表的习惯

我们每一天需要处理的事情太多，如果不提前做好计划，一定会感到混乱无比，手忙脚乱。如此一来，必然会浪费很多宝贵的时间。如果提前做好计划，安排好每件事情，那么一切都会显得有条有序，效率被大大提高，时间也会得到充分的利用。

⑵ 做到“今日事，今日毕”

做任何事情都要坚持“今日事，今日毕”，绝不拖延到明天。拖延是个非常不好的习惯，千万不要放纵自己养成拖延的坏习惯。谨记：无论遇到什么困难，都不要找任何借口，将今天的事情拖到明天。在哈佛，这个问题被视为原则问题。

(3) 注重效率

“提高效率”是另一种意义上的珍惜时间。很多事情并不是越慢处理得越好。如果一个人看起来珍惜每一秒，像鲁迅先生一样：把别人喝咖啡的时间都用在了工作上面，可是就是效率太低，没有多少工作成功过。那么，事实上，这才是名副其实地浪费时间。

哈佛之所以可以造就大批的成功人士，就是因为哈佛帮助学生养成了很好的时间管理术。尽管我们没能走进哈佛，但也要懂得时间的宝贵，充分利用好有限的时间。相信我们如果按照以上三点管理自己的时间，最终也一定会取得成功。

※哈佛成功心理学※

一寸光阴一寸金，寸金难买寸光阴。时间是最宝贵的财富，它存在的意义就是为了让我们圆梦。如果我们不能很好地珍惜和利用它，那么随着时间的流逝，梦想也会一点点枯萎，生命的意义也会随之丧失。

6. 如何击退“懒惰”

比尔·盖茨曾说过：“懒惰可以吞噬一个人的心灵，它就像灰尘一样，再硬的铁碰上也会生锈；懒惰是万恶的源头，它可以很轻易地毁掉一个人，甚至一个民族。”在哈佛，很多人喜欢用比尔·盖茨先生的这句话来警示自己。懒惰是一个非常容易被人忽略的问题。在哈佛人的眼中，懒惰与魔鬼没有什么区别，它伴随着人性，出入在各个时间段里。可以说，懒惰是人类最大的敌人。

人生有很多原本可以完成的事情，因为懒惰都化为了泡影。懒惰的人想要获得成功，几乎是不可能的事情。他们贪图享乐，喜欢幻想，将大把大把的时间都浪费在了没有意义的事情上面，因此，也就出现了生命即将逝去之际的懊悔。

一位别的学校的教授在哈佛进修几个月回来之后非常感叹：“很多家长总是说现在的学生压力大，学习任务太重。这些人真应该到哈佛大学体验一下，然后就清楚孩子们的学习任务到底重不重了。”哈佛学子如饥似渴的学习状态，让这位教授大为惊讶，这位教授在亲眼看到哈佛学子们的学习状态之后，不免为自己的学生担忧，他说：“在哈佛，我看到的都是主动和勤劳，完全看不到懒惰。”

那么哈佛学子们是如何战胜懒惰的呢？

首先，认清懒惰。

⑴ 懒惰是一种消极厌怠的情绪。引发这种不好情绪的因素有很多，比如：拖延、紧张、厌倦、抑郁等等。这些不良因素，诱导人们渐渐丧失主动性，屈膝于懒惰情绪之下，任由其控制自己的主观意识。

⑵ 懒惰有很多表现形式，比如：精神倦怠，沉迷于自己的幻想中，不愿与人交流、沟通，没有时间观念，经常迟到、早退，做事没有耐心，注意力不集中等等。每个人的懒惰表现都不一样，很多时候，人们很快意识到自己的某些行为是懒惰引起的，因此，他们想要克服懒惰情绪，却始终找不到有效的好方法。

⑶ 懒惰是可以克服的。尽管懒惰是人性的一个弱点，拥有着复杂的表现形式，但是它并不可怕，只要人们拥有足够的决心，就一定能够克服懒惰情绪。

其次，哈佛从以下几点出发，帮助学生克服懒惰情绪。

⑴ 永远没有明天

哈佛告诉每一位学生：“你们的人生永远没有明天，今天就是生命的最后一天。”听起来有些吓人，但是却很有效。人生最禁不起浪费的就是时间。时间是我们最宝贵的财富。一个人如果能合理利用好自己的时间，那么他所能取得的成就一定是惊人的。因此，在哈佛，人人都必须做到：今日事，今日毕。

⑵ 合理安排时间

做任何事情都要提前安排好。事实表明：有计划地行动要比埋头蛮干有效率得多。尝试从制定计划开始，渐渐地你会发现其中的美妙。

⑶ 习惯说：从现在开始

任何时候都不要小瞧一分钟甚至一秒钟的时间。积少成多，很多大事情都是在一分一秒的时间中一点点完成的。同样，懒惰的习惯也是在这一分一秒钟的拖延中滋生出来的。因此，我们要下定决心，从现在开始，立即行动起来。

俗语说："天道酬勤。"上天是公平的，没有谁能随随便便成功，任何想要获得成功的人，都需要付出比普通人更多的努力。智慧和能力的积累就是一个克服懒惰，通过勤奋学习、改变的过程。

※哈佛成功心理学※

一个人的成功绝不是凭借着一时的热情，而是需要不断地努力，一点一滴地积累。如果你感染了懒惰的恶习，成功注定与你无缘。不仅哈佛学子需要时刻谨记，我们每一个人也需要时刻谨记："不要做懒惰的人。懒惰的人总是拥有很多想法，但却缺乏有效的行动，他们是思想上的巨人，行为上的矮子。一个人想要获得成功，就必须勤奋。"

第七章

逆境情商
只有弱者才会“沉沦”

人人都会遇到“逆境”，
成功者将其视为上进的垫脚石，
而怯弱者则只会陷入失败的泥沼中无法自拔。

1. 你的“抗挫折”能力有多强

人类经历的每一次不幸并非是一种灾难，最大的逆境对于常人来说都是一种幸运。与困难做斗争不仅磨破了我们稚嫩的双手，也为日后更为激烈的竞争准备了丰富的经验。哈佛大学医学家赫伯物·本林认为：“当一个人的身心过分紧张时，他的机体免疫能力便会被削弱。”也就是说，过度的压力和挫折会给人的身心带来创伤。要想生存，要想过得更好，就必须能够抵抗住这些挫折，增强自己的抗挫能力。

困难和挫折遍布我们周围，假如你不能抗击它，那么它会一步步蚕食掉你的快乐、你的成就感，甚至彻底毁掉你的职业前程。要知道，在沉重的挫折面前，做事效率就会下降，而且郁闷、烦躁，心情极度糟糕，做什么事情都会不快乐，这对自己的成长和进步非常不利。

虽然，人们总是不可避免地在现实生活中遭遇各种各样的困难，但只要能够鼓起勇气，坚持下去，不在途中自暴自弃，用百折不挠的精神和执着的信念朝着目标迈进，锻炼自己的抗压能力，终有一天能够摆脱压力的困扰，成就自己。哈佛教授告诫学子们：自己的路要自己走，不要让别人毁了你的前程。每个人的头脑中都应该充满积极和勇敢的信念，绝不能被挫折击垮，更不要将别人挖苦、嘲讽的话放在心上。年轻人经历挫折不过是人生中的一个组成部分，是你攀登高峰时所必须经历的。

美国著名的电视节目主持人罗斯并不是一开始就进入了主持人的行业，经过多年的摸爬滚打，出色的抗压能力终于成就其非凡的人生。

罗斯是一个对自己的未来有明确目标的人，很早就立志于播音事业，所以他积极奔走于各家广播电台。但是一直没人聘用他，原因是男性的声音不能吸引听众，不适合做播音主持。尽管如此，罗斯依然没有放弃。终于，他在纽约的一家电台找到了工作。但是，由于观念比较守旧，跟不上时代的主题，不久之后他就被辞退了。

没有了经济来源，罗斯的生活充满着压力，可他总是坚持着自己的信念。有一次，他去一家国家广播公司应聘，在与主管的交流中，谈起了自己对倾谈节目的构想，而这位主管对此很感兴趣。正当罗斯准备好具体的节目编排时，这位主管突然被调离了岗位，离开了广播公司，这无疑是给满怀热情的罗斯泼了盆冷水。过了很长时间，罗斯再一次走进这家公司，向新任的主管介绍他的构想，令人欣喜的是，这位主管也夸赞这是个好主意，答应采用他的方案，不过他要先在政治台上主持节目。

这无形之中给了罗斯很大压力，因为他对政治知之甚少，害怕不能圆满成功。但多年的失败经历锻炼了他的抗压能力，很快他就调整好了心态，积极准备各种材料，不分昼夜地研究练习。终于，他的节目在第二年夏天开播了。在当天的节目中，罗斯利用多年的播音经验，还有他那平易近人的主持风格，大谈他对 7 月 4 日美国国庆的感受，又请听众打电话谈他们的感受。

这种让听众参与节目的方式让所有人都觉得很有意思，一时间，罗斯主持的节目成为最受欢迎的一档节目。罗斯通过自己的勤奋，战胜了多次挫折带给他的压力而一举成名。如今的罗斯已经开办了属于自己的电视节目，为自己的节目担任主持人，他的观众达到 900 万人之多；并且罗斯多次获得主持人奖杯，成为美国电视事业上一颗璀璨的明星。

在采访中，罗斯这样说道：“我遭人辞退 18 次，在这样强烈的压力面前，本来大有可能被吓退，做不成我想做的事情；结果相反，正是这些压力鞭策着我勇往直前。”

困难和挫折作为现代社会的隐形杀手之一，让我们每天的情绪都很低落，没有斗志，没有精力去学习，去工作，去生活。我们有必要锻炼我们的抗挫能力，从而将外来的压力减小，释放自己，展现自己。人活一世，就要好好享受生活，享受生命，在强大的压力下是不可能突出自己的。所以，我们应该学一学减压方法，让自己的生活轻松起来。

首先，应该正确地评价自己，不要把目标定得超出自己的能力范围。这样在做事的过程中，就能根据自身条件，完成自己可以胜任的工作。

其次，要多与人交流，把内心的压力和烦恼倾诉出来，这样可以释放负面情绪，增强自信心。不仅如此，还要多角度地审视自己，挖掘自身的优点来对抗或弥补不足。

最后，我们应认识到应对挫折的能力可以分解为四个关键因素：即控制、归属、延伸和忍耐。控制就是认清自己改变局面的能力；归属是指承担后果的能力；延伸是指对问题大小及其对工作生活其他方面影响的评估；忍耐是指认识到问题的持久性，以及它对你的影响会持续多长的时间。

要知道，一个具有高情商的人，一个真正聪明的人是拥有极高的抗挫能力的，也就是一个人对挫折的承受能力，抗挫折能力的大小，同人的经历有着至关重要的关系，也同人的意识、意志有关系。一个能够正确对待挫折、意志力较强的人，在同样的不如意面前，他的情绪波动相对会比较少，耐力相对比较高。

※哈佛成功心理学※

一个人抗挫折能力越强，其心理素质也就越好，其成功的几率也就越大。这样的人是高情商者。为此，有关专家提出了“逆境情商”（AQ）的概念，用以测试人们将不利局面转化为有利条件的能力。可以说，逆境情商是情商中极为重要的一部分，我们要提升个人情商，一定要有较好的心理素质与较强的抗挫折能力。

2. 成功者都有一颗百折不挠的心

每个人都渴望成功，但我们却常常和成功失之交臂。为什么我们不能获得成功？也许并不是因为能力不够，而是因为我们没有自我催生一种迫切希望自己更加卓越、渴望取得成功的心理需求。

人生之路并非一帆风顺，人们总会与逆境不期而遇。积极的人总能把悲痛化为精神力量，冲破雾霭迎接晴好阳光；而消极的人只会抱怨生活的不幸，不愿去挑战逆境，从而庸庸碌碌。其实，痛苦、灾难、祸患并不可怕。雨果说："痛苦能够孕育灵魂和精神的力量，灾难是傲骨的乳娘，祸患则是人杰的乳汁。"只要能勇敢地去面对，以一颗百折不挠的心冲出重围，人生的舞台就会绽放出最绚丽的光彩。

成功不是轻而易举的事情。人们戏称美国的大学是进去容易出来难，尤其是像哈佛这种世界名校。通过严苛的毕业标准，哈佛让那些学子们在通过千辛万苦进入这所大学之后不得不继续奋战，以便能顺利完成学业，这也造就了哈佛"图书馆凌晨四点钟的太阳"这一奇观。通过这种方式让学生们不断挖掘自己的潜力，迎难而上，挑战自己，正是哈佛获得成功的重要原因。在哈佛的这段经历，不但能帮助学子尽可能学到更多的知识，更将成为日后帮助他们获得成功的一笔宝贵财富。

逆境，是每个人一生中都要跋涉穿越的一片沼泽湿地，这里成为多少历史豪杰的滑铁卢，又有多少平民百姓凭借超人的毅力走出了沼泽，成就了英雄传奇。逆境，是世界上唯一没有围墙的免费大学，这里有优秀的人生导师向你传授生命真理。在逆境中，人们更能顿悟人生真谛，能看得更远、更广、更深。它如浩瀚海洋上的一盏导航灯，如陡峭悬崖边的一把云梯，引领人们驶向光明，攀爬上人生之巅；同时，逆境也是人生的一块绊脚石，它能让人一蹶不振，失去对生活的信心；逆境也是一种黑暗，让人颓废、逃避。人不能选择生命，但是可以改变命运。在逆境中的一个抉择就会使人生发生翻天覆地的大变化。假如你选择了坚持，风雨过后，你将拥有天边最绚丽的彩虹；假如你选择了逃避，黑暗之中，痛苦将伴你一生。

肯德基连锁店遍及世界各地，成为快餐行业的老大哥。他的创始人卡耐尔·桑达斯也成为家喻户晓的人物。然而，卡耐尔·桑达斯早年曾经历过一段痛苦不堪的人生。

在他六岁的时候，他的父亲就因病去世。渐渐长大的卡耐尔开始扛起照顾幼弟、补贴家用的重担。没有手艺或技术的他，开始到农场劳动，成为一名农民。当农民劳作辛苦，收入微薄，农场主又总是苛责他。卡耐尔性子暴烈，总是与农场主争吵，很快就被解雇。此后，他不停地更换工作，在不停地更换工作的过程中，他的前途也被耽搁了。在贫困潦倒中，他艰难地支撑着摇摇欲坠的家。

卡耐尔从来没有向困难屈服过，年过半百的他开始经营一家带有餐馆的加油站，加油站可观的收入使他的家庭生活状况一度好转。但是，好景不长，随着城市的迅速发展，加油站前的那条道路变成了背街背巷的道路，顾客量急剧减少。卡耐尔在他 65 岁时，不得不放弃了餐馆。

深受打击的卡耐尔并没有像人们想象的那样消沉颓废，而是开始积极推销他手中珍贵的炸鸡专利。起初，没有快餐馆愿意买他的专利。卡耐尔没有灰心，他开始一家一家地走访美国的快餐馆，终于有人试用了他的秘方后购买了这个专利，后来众多餐馆纷纷购买他制作炸鸡的秘诀——调味酱。每售出一份炸鸡他将获得 5 美分的回报。五年之后，出售这种炸鸡的餐馆迅速遍及美国及加拿大，随后世界各地都出现了老少皆喜的肯德基快餐。当时，卡耐尔已经年过古稀。

逆境，是一个人成材的必经阶段。逆境可以激发一个人的潜力，无数具有超凡意志的人在逆境中创造了无数的不可能。其实，拥有顽强的意志力是高情商的一个重要表现，它对我们每个想成为不凡者的人来说，都是至关重要的。顽强的意志力往往是成功的关键，但生活中很多人却不具备这种能力。做事稍不顺心便放弃，遇到困难便往后退缩，这样的人是难以成就大事的。逆境能砥砺出坚强的人格，走过磨难的人，都能够不畏艰险，知难而进，能应付各种突如其来的事变；都能够披荆斩棘，百折不挠，“虽九死其犹未悔”，直至成功。

※哈佛成功心理学※

哈佛教授告诫学子们：逆境是天才的进身之阶，信徒的洗礼之水，能人的无价之宝，弱者的无底深渊。只有真正的强者才能直面惨淡的人生，才能在逆境中砥砺非凡自我。对那些被积极的心态所激励，而成为成功者的人来说，伴随着任何逆境，都会同时产生一粒等量或更大利益的种子。在逆境中微笑，就愈显得笑得不易，笑得可贵。

3. 失败不可怕，一定要正视它

成功者与失败者并没有多大的区别，只不过是失败者走了九十九步，而成功者走了一百步。失败者跌下去的次数比成功者多一次，成功者站起来的次数比失败者多一次。当你走了一千步时，也有可能遭到失败，但成功却往往躲在拐弯处后面，除非你拐了弯，否则你永远不可能成功。

在人生路上，我们所遇到的失败固然会阻碍我们前进的步伐，但是它却也能够帮助我们激发自信，因为失败是成功的先导，也是成功之母。只要我们积极面对失败，就能够从失败中发掘出有益于我们的种种机会。

失败无外乎有三种可能：第一，这条路行不通，需要重新开辟；第二，有些障碍阻拦其中，应该想办法解决；第三，能力上的不足仍然明显，需要继续努力。我们若想让自己距离成功更近，就必须否认失败的程度，激发自信，相信自己只要通过努力必然可以战胜失败，赢来成功。

失败也是一种财富，也是成功的一个阶梯。“苦难是黄金，蹉跎是财富。”一个人只有经受过一些挫折和困难，才会积累足够的经验和力量，才会有勇气和激情去迎接下一个挑战。正确地看待自身的不足。

对困难的畏惧与逃避是一个人的天性与后天的心理缺点共同作用造成的，只有认真地了解自己，有意识地去克服这些缺点，你才更具有挑战自己的能力。

有人说："在最黑暗的土地上生长着最娇艳的花朵，那些最伟岸挺拔的树总是在最陡峭的岩石中扎根，昂首向天。"人们所经历的每一次不幸并非都是灾难，早年的逆境和失败对于人生来说通常是一种幸运。

在父亲的带领下，一个小男孩去参观凡·高故居。在看过凡·高遗物那种旧式的小木床及裂了口的皮鞋之后，小男孩问："凡·高是不是一位百万富翁？"父亲答："凡·高是位连妻子都没娶上的穷人。"

一年之后，这位父亲又带小男孩去丹麦参观安徒生的故居，小男孩又困惑地问："爸爸，安徒生不是生活在皇宫里吗？"父亲答："安徒生是个鞋匠的儿子，他就生活在这栋阁楼里。"

这位父亲是一个水手，他每年往返于大西洋各个港口。这个小男孩就是美国历史上第一位获普利策奖的黑人记者伊尔·布拉格。

20年过去了，布拉格在回忆童年时说，那时我们家真的很穷，父母都靠出卖苦力为生。有很长一段时间，我一直认为像我们这样地位卑微的黑人，是不可能有什么出息的。好在父亲让我认识了凡·高和安徒生，这两个人告诉我，上帝没有这个意思。造化有时会把它的宠儿放在普通人中间，让他们从事着卑微的职业，使他们远离金钱、权力和荣誉，可是在某个有意义、有价值的领域中却让他们脱颖而出。

"饥饿没有什么可怕的，爸爸。"一个耳聋的男孩苦苦地央求父亲把他从救济院接回去，圆自己上学的梦想。"我们会生活在一个物资充足的社会中，并且，我知道怎么样来阻止饥饿。至少穷人都是长期靠一点点糖果来维持生存，感到饥饿难忍时，他们就用一根带子把自己的肚子勒紧，不是吗？为什么我不可以这样？"

这个可怜的耳聋男孩就是基托，然而，正是这个曾经饱受饥饿折磨的孩子，最后成了名扬世界的圣经学者。人的一生就像布拉格和基托的人生一样，是不断地在失败中奋起，逐步战胜挫折，萌生希望，实现理想，走向幸福的彼岸。

失败时，你可以想想比自己更为不幸的人，这样，自己的一点失败又算得了什么呢？当你发现与双目失明的海伦·凯勒、高位截瘫的张海迪等人相比，你的一点点不幸是那么微不足道时，你的失败情绪很快就会烟消云散。失败并不可怕，关键在于如何面对失败。

在我们的人生道路上，失败和挫折无处不在，但是只要我们能够坚定信念，那么在绝境中也能够激发自己的信心，帮助我们克服任何困难。当我们遇到失败和挫折时，这虽是磨难，但也是机会，只要我们不沮丧，积极思考，努力让自己不断地奋进，那么我们必然能够控制绝望的情绪，使得我们激发出自信之花的芬芳，获得新生，从而迎接未来的人生。

※哈佛成功心理学※

失败很容易让人陷人绝望的沮丧中，但是要记住，绝望和沮丧并不能改变什么，只有勇敢面对，提升自我，才能够让我们更加自信，才能够激发我们自身的潜力，从而获得成功。

4. 冷静下来，对自己说“不要紧”

人生的道路上，无论我们有多好的条件，失意的事情总是不可避免。如果因此，我们就抱怨老天不公平，进而祈求老天赐给我们更多的力量，帮助我们渡过难关，这着实是个幼稚的行为，更是不健康的心理状态。实际上，老天是最公平的，就像它对狮子和大象一样，失意同样有它存在的价值。

一位哈佛大学教授说：“我有句三字箴言要奉送各位，它能使你们心境平和，对你们会大有帮助，这三个字就是：‘不要紧’。”当受到打击时，可以对自己说声“不要紧”，振奋精神，勇敢地面对命运的挑战；当你受到挫折时，可以对自己说声“不要紧”，你就有勇气再去面对未来，再攀高峰。

假如你经常因为挫折而困扰，建议你在笔记本上端端正正地写上

“不要紧”三个大字，它可提醒你一切即将过去，新的一页又会随即翻开。

人生在世，有许多使我们的平和心情和快乐受到威胁的事情，实际上细想开来，是不要紧的，或者不像我们所想象的那样要紧。或许你会因一时的疏忽漏做一道考题，或许你因无意的举动而受到一次批评，或许你会因偶尔的闪失而错过一次机会，每当此时，请你悄悄地对自己说：不要紧。

1969年，约翰·库缇斯在医院出生。第一眼看到约翰，父亲伤心极了——小家伙只有可口可乐罐子那么大，腿是畸形的，而且没有肛门，躺在观察室里面奄奄一息。医生告诉约翰父亲，孩子几乎不可能活过24小时，还是给他准备后事吧。所幸他活了下来，但是他注定不能像正常人一样走路了。

天生的残疾注定约翰·库缇斯从小要经受很多常人难以想象的磨难。9岁的时候，约翰·库缇斯上学了。他天生倔强，虽然肢体残疾，但仍坚持到一所健康孩子的小学里读书，但那时调皮的孩子把约翰当成怪物，经常追得他乱跑。一天，淘气的学生竟然把他绑起来，用胶布封上嘴，扔到垃圾桶里，然后点上火，他差点被活活烧死。一股浓烟弥漫开来，周围都是垃圾烧着的声音，幸得老师解救才免遭厄运。他曾被人吊在转动的风扇下；他的同学还恶作剧地在他要走的路上撒满图钉，使他双手鲜血淋漓……

15岁那年，他去参加考试，为了答题姿势舒服一些，他把两条腿“像青蛙一样”跷在后边，可是等考完出来后才发现，两条毫无知觉的腿上被同学用铅笔刀割出了一道道血口子，上面还插着针、铅笔，三个脚指头被割断，15岁的约翰黯然爬开，身后留下了一条血路。

他也曾经一度消沉，不愿面对这个世界，甚至曾经试图自杀，在母亲的劝解下，约翰放弃了轻生的念头。“永远都不要认为自己很惨，世界上比你更惨的人多的是。”现在回忆起来，约翰幽默地说，“不要紧，至少，那时我闭着眼睛也能很快安装好被拆散的轮椅。”

现在约翰成了世界级的励志大师，不仅仅如此，他还以一个残疾人的身份学会了打板球，还获得了澳大利亚残疾人网球赛的冠军。其实，你很难想象这些傲人的成绩是一位没有下半身的人取得的。

约翰的事例告诉我们，无论你觉得自己多么不幸，都要对自己说“不要紧”，这个世界上总会有人比你更加不幸；无论你觉得自己多么了不起，这个世界上总有人比你更强。你永远不是那个最倒霉的，既然没有到谷底，那么人生还有希望，不是吗？我们总是想着自己失去的，觉得我们一无所有，但是当每天醒来的时候，我们还有健全的四肢和清醒的头脑，不是吗？为什么要自怨自艾，而不去想办法改变现状呢？当我们走到谷底的时候，不也就是峰回路转的时候吗？

一个人，在生命的长河里搏击，总会有许多不如意之事，许多威胁我们健康情绪的事是无关紧要或不像我们所以为的那样有关紧要的。生命是由多数的必然和个别的偶然组成的，只要我们能把握必然，就能驾驭命运的契机，使其沿着应有的轨迹运行。如果对那些无关紧要的事太介意，你就会被生活所压倒，由无数个必然构筑起来的世界反倒会因此而倒塌。

※哈佛成功心理学※

面对失败和困难，我们应该平静自己的内心，尽量坦然地接受它，这些困难对自己来说不要紧。当你有了一个良好的心态，也许你会发现，这些困难能够帮助你清楚地认识问题，更加促进自己的上进心，还能让你明白自己为什么会失败，这何尝不是“一石三鸟”之举！

5. 经历磨难是一种痛苦，也是一种幸福

人的一生，既会有在大众羡慕的目光中意气风发的时候，也会有在荆棘丛生的荒野中艰难跋涉的时候，人生的酸甜苦辣都是好滋味，磨难也有它应有的价值。磨难是一个大熔炉，能锻造出锋利的宝刀。磨难为你开凿山道，为你架起一条条索道，帮你跨越险滩沟壑。在磨难中有如逆水行舟，当划过一段最艰难的河道之后，我们常能感到一

种放舟千里、直奔大海的气势与喜悦。

当我们与人生的磨难狭路相逢的时候，我们总是沮丧消沉，因为劳而无获而心情沉重，因为希望破灭而一蹶不振，因为多次的失败而信心全失，开始怀疑自己的能力，怀疑原来的所有。以至于当幸福来临，停留在我们唾手可得之处时，我们已经没有了当初对幸福的渴望。当你为错过月亮而哭泣时，你将错过漫天璀璨的星光。如果你一直因人生的磨难而消沉，那么你终将会因为得不到幸福而苦不堪言。

经历磨难是一种痛苦，也是一种幸福，关键要看你的态度。当你正视命运交给你的课题，鼓足勇气和信念挑战困难，决定用坦荡豁达的心胸面对失败时，磨难就是人生的一笔财富。双目失明的人更懂得光明的难得；饥肠辘辘的人更能尝出米饭的甘甜；满头华发的人更明白青春的珍贵；被磨难的苦水浸泡过的人，更能懂得平平淡淡才是真，更容易感受到幸福的无处不在。

磨难不仅仅教会我们懂得珍惜，还能让我们以更强大的姿态面对生活。人生的每一次磨难，都是一次机会，都是让自己变得强大的机会。朋友的离开，教会你如何与人相处；婚姻的失败，让你更加明白自己对于家庭应该负有的责任；一次实验的失败，让你懂得一种方法或者材料是不对的，多次实验的失败，磨炼了你的耐性和意志。

莉莎原本有一个丰富多彩的童年，她的梦想是成为一名优秀的钢琴演奏家。四岁的时候，妈妈就开始请家庭教师教她弹钢琴。六岁的时候，她已经能够弹出许多完整的曲子。老师夸奖她在音乐上有非常高的天赋，大家都对她抱有很大的期望。

七岁那年，她和爸爸一起去爬山，快到山顶时他们离开了原来的山道，决定进行一次小探险，结果一不小心一块松动的大石头压住了莉莎的双臂。当救援人员赶到时，只能对她进行截肢手术。没有了双臂的莉莎变得沉默寡言，为了避免她伤心，爸爸妈妈把原来和音乐有关的所有东西都放进了储物室。

身体慢慢恢复的莉莎开始在医生和爸妈的帮助下练习用双脚生活。对音乐天生的爱好让莉莎从储物室翻出了钢琴和琴谱，她开始学习用脚弹奏钢琴。爸爸妈妈被女儿的执着感动了，从其他州重金请来了残疾人演奏家，来做莉莎的家庭教师。

和莉莎接触一段时间后，家庭教师欣慰地告诉莉莎的爸爸妈妈：“断臂的磨难让她过早地体会到了人生的变幻莫测，她能够在音乐里把这种体会表现出来，这是同龄人都做不到的。再加上她在音乐方面本来就有很高的天赋，她肯定能成为一名出色的钢琴家。”

不出家庭教师所料，十八岁的莉莎就已经开始了她的全国巡演。世界重量级的音乐家，在提到莉莎时总是说：“她的音乐总是富有浓厚的感情。愤怒时，让人咬牙切齿；悲痛时，让人泪流满面；高兴时，让人欢欣鼓舞。一个十八岁的小姑娘怎么能够对生活、对音乐有这么深沉的感触？这恐怕是她断臂的经历给她的财富。”

有时候，失去就是一种得到。在磨难中，你失去多少就能得到多少。你失去了一双光滑细腻的手，得到的是沙粒荆棘都难以让它受到丝毫伤害的老茧；你失去了一次成功的机会，得到的是丰富的经验和战胜苦难的毅力；你失去了安逸的生活，得到的是改变现状的雄心壮志。

舒适安逸的生活会让人丧失斗志，艰难困苦能磨炼人的品性。“生于忧患，死于安乐”，在恶劣环境下生长的草木根深蒂固，温室中的花朵总面临着被连根拔起的危险。对于人生无处不在的磨难，切莫害怕躲避。相反，我们甚至要迎难而上。因为，磨难是人生的一笔财富，它深埋在痛苦烦恼中，需要我们用诚心去挖掘。

※哈佛成功心理学※

每一次成功地挑战自我，也将是一次自己的成长。在顺境中春风得意固然让人羡慕，但是在逆境中能迎难而上，力挽狂澜，更令人尊敬。迎难而上，挑战自己，既是一种可贵的精神，更是一种强大的能力。

6. 坚持到底，才能百炼成“王”

在人的一生中，每个人最终能依靠的就是自己，而成功道路上最大的敌人同样也是自己。很多时候，我们并不是在和苦难做斗争，而是在和自身的各种缺点做斗争。坚持是自我驱动力的一个重要内容，也是高情商的一种重要表现。在哈佛人眼中，一个人要成长，要提升自我，就要有不凡的信念，这是人生成事的基础。然而，要想将这种基础变为坚实的人生大厦，还要懂得坚持，这是劣马变黑马的不二法则。

任何目标的实现，都需要你一点一滴地付出，持之以恒地坚持。富丽堂皇的建筑物都是由一块块独立的石块砌成的；鸿篇巨制需要一个个词语的集合；生机勃勃的春天是每一点绿色的总汇；成功是一次次小成就的累积。铁杵成针，滴水穿石，看似不可能的事情，在坚持不懈面前都变成小菜一碟。

作为一所教育成果丰硕的著名学府，哈佛大学致力于帮助学生们养成做事情有始有终的习惯，更强调其对于现实的重要意义。在哈佛的理念中，将一件工作圆满完成，是对一个人的意志、耐力和综合能力的严峻考验，而这也是每一个即将进入社会，希望未来赢得成功的哈佛学子所必须具备的一种基本技能。如果你确立了一个目标，就要坚持不懈地朝着目标迈进，只有这样你才能看到成功的金碧辉煌。如果你半途而废、见异思迁，在实现目标的过程中，轻易放弃或者转变目标，那你永远都不会到达成功的彼岸。

在通向成功的茫茫大海上，倘若你是一艘油轮，那么，持之以恒就是提供源源不断动力的石油；如果你是一只帆船，那么，持之以恒就是顺风前进的船帆；如果你是一叶小舟，那么，持之以恒就是前行的双桨。失去了持之以恒，就是失去了前进的动力，即使彼岸就在眼前，也只会徘徊于波涛之中。

始终拥有坚持不懈的恒心非常难得，因为，在通往成功的路上总是有各种“障碍物”。有时候，你爬过一座山，前方还有更高的山在等着你，你筋疲力尽、不堪重负；有时候，路旁的花草芬芳艳丽，你留恋徘徊，不愿前行。黑天使会花言巧语劝说你放弃，如果你在此时放弃，你将一败涂地。

黎明前的黑暗总是最难熬，当你感觉不堪重负时，说明成功的香车宝马正系于下一个路口的梨花树。诱惑是成功的天敌，当你留恋徘徊时，你的一只脚已经迈进了失败的门槛。所以，心中始终牢记目标，朝着目标不懈努力，才是成功者应有的品质。

一个小村子坐落在大山脚下，村里人靠山吃饭，生活非常清苦。有一天，一个外来人到村里借宿，好客的村民为他准备了最好的房间和饭菜。外来人其实是一位植物学家，为了表示对村民的感谢，他告诉村民们，在山的深处，老松树的树根周围，长有大大小小的松菇。这种松菇营养价值非常高，到集市上能卖出很好的价钱。

听了植物学家的话，村里的几个青年人决定上山碰碰运气。临走之前，植物学家再三交代他们要到大山深处，因为菌类生长在阴寒潮湿的地方。

几个青年人带着干粮和安全工具就上山了。他们开始沿着山道走，后来就拐进了树林里，一边走，一边用铁锹土铲翻看着、检查着。整整一天过去了，他们什么也没有找到。有的人放弃了，转身下山去。剩下的人继续前行，又是一天过去了。他们已经非常疲倦，却还是一无所获，又有人决定下山回家去。第三天、第四天……山路越来越难走，他们越来越疲倦，不断有人放弃，寻找松菇的队伍一天天缩小。到了第十天，他们已经走到了大山的深处，还是一无所获。这时候，只剩下两个人还在坚持，哈德和维尔。

他们的干粮和水已经不多了，必须马上下山，否则就会葬身山林。维尔劝哈德赶快放弃，哈德想再坚持一下。他们在山中又寻找了一天，还是没有见到松菇的影子。哈德和维尔准备在山里过一夜，第二天就动身回家。这天夜里，森林里下起了大雨，第二天早上天刚亮，哈德和维尔就发现了令他们惊奇的事情：漫山遍野都是松菇！

哈德和维尔满载而归，植物学家说：“松菇遇到充足的雨水才会疯长。我知道最近会下雨，但不确定是哪天，所以就让你们提前动身。是哈德和维尔，让你们找到了松菇。”

哈德和维尔的经历正如中国古代的酿酒技艺。把一坛酒深埋于花树下，十八年后，就是美妙的女儿红。倘若你提前打开，那么，这坛酒依旧是普通的酒酿。所以，是酿酒人的坚持让女儿红香飘千里。

很多人一生总是忙忙碌碌，成果却很少，原因就在于他们做事情往往半途而废，很多努力都成了无用功。现实就是这么残酷，有时候我们做一件事情，哪怕做到了99%，仅仅剩下1%的事情没做，都可能一无所获。但正是这1%，往往最容易被忽视或者成为很多人难以逾越的一道鸿沟。不要为自己找借口，不要为外界所诱惑，更不要急于求成，只要你坚持到底，就一定会摘到成功的硕果。

※哈佛成功心理学※

每个人都渴望成功，但成功似乎总是遥不可及。其实，成功的实现非常容易。它与天分无关，不论你是天资聪颖，还是平淡无奇。只要有了明确的目标，并且向着目标努力前进，你终能叩开成功的大门。正如哈佛教授卡斯兰德·沃斯所说的那样：“我们的意志力就如同车子油箱中的汽油一样……当你抗拒某种诱惑时，便会用掉一些，抗拒越多，油箱空得越快，直到汽油用完。”

中 篇

哈佛公开课

精通心理，走到哪里都是精英

交际心理课:哈佛人的“零压力”社交

职场心理课:热情工作,方能成就最好的自我

管理心理课:管人从管“心”开始

谈判心理课:进与退之间的心灵舞蹈

消费心理课:从今天起,做个精明的消费者

财富心理课:富翁与负翁只在一念之间

思维心理课:思维的力量足以改变整个世界

犯罪心理课:“圣诞老人”也有犯罪可能

第八章

交际心理课

哈佛人的“零压力”社交

交际很容易，

我们随时随地都在与人打交道；

但交际也很难，

因为绝大多数人脉都无法转化为“助力”。

那么来看看哈佛的精英们都是怎样社交的吧！

1. 满足人们“被尊重”的需要

1943 年，美国心理学家马斯洛发表了《人类动机的理论》一书。在这本书中，马斯洛提出了著名的人的需求层次理论。在他看来，人的需求有一个从低到高的发展层次。低层次的需要是生理需要，向上依次是安全、爱与归属、被尊重和自我实现的需要。

对照着这个理论来看，随着社会的发展，我们已经渐渐满足了生理需要与安全的需要，我们这个时代越来越重视个体存在的价值，我们追求的不仅仅是活着，而且要活得有尊严。面子可以说是一种特殊的尊严，它与尊严类似，但是又有微妙的差别。二者有一个共同点，那就是绝不容许受到侵犯。它们就像龙的逆鳞一般，藏在我们内心深处，如果你轻易触动，也许就会有许多的痛苦与麻烦；如果你肯花点心思保护它，你就会收获别人的感激和回报。

比如，作为哈佛大学的校长，他具有管理学校的权力，但同时也承担着相应的责任，接受教职员工的监督，教职员工有权向校长投不信任票，可以把校长赶下台去。因为“反对特权、崇尚平等”是哈佛大学历来所倡导的人文精神，在平等中获得尊重，更是每一位哈佛人毕生追求的目标。那么，我们如何满足人们“被尊重”的需要？

(1) 给他人最想要的赞美

在生活中，要善于借用他人，特别是权威人士的言论来赞美对方，借此达到间接赞美他人的目的。权威人士的评价往往最具说服力，因此引用权威言论来赞美对方是最让对方感到骄傲与自豪的，如果没有权威人士的言论可以借用，借用他人的言论也会收到不错的效果。

⑵ 保持一颗谦虚谨慎的心

人心常忏悔，保持一颗谦虚谨慎的心会让自己更加清楚什么是对的，什么是错的，做事情前也会三思而后行，避免失败，也避免伤害他人。对于一个人来说，在面临着巨大成功的时候，这种态度是很难得的。

⑶ 眼神+笑容，是对他人的一种尊重

人们之间的眼神交流也是社交中的一种有效的沟通方式，通过彼此之间的眼神，流露出对方的内心世界。清澈、明亮的眼神表明一个人性格单纯，平易近人；充满着慈祥和爱意的眼神反映出一个人与人为善；愤怒的眼神则说明此人正在因为某件事或某个人而生气。

面带笑容是对他人的一种尊重，是缓和矛盾的法宝，它是打开对方心门的钥匙，能够使交际双方在情感上产生共鸣，它也是鼓励自己与他人的有效方法。以笑容示人，只是一个小小的微笑，你在对方心中便已经留下了好感。

⑷ 善于聆听对方的心声

人与人交往，要想建立和保持一种有效的沟通，需要我们去聆听对方的心声。只有用心去聆听，我们才能得知对方想要真正表达的内容，感受对方的内心世界。只有用心去聆听，才能让对方感受到我们在和他交谈，感受到我们对他的尊重，而我们的尊重同样也得到了对方的肯定和接纳，迅速给对方留下了一个好印象，赢得了对方的好感。

※哈佛成功心理学※

我们应平等地对待每个人。在与人打交道时，我们绝不能抬高自己、贬低他人，而应对所有的人给予应有的尊重——尊重他人的人格、个性、习惯、喜好和隐私等。

2. 保持距离，关系才能更近

“距离法则”又称“刺猬法则”，它主要强调的是人际交往中的“心理距离效应”。它来自于冬天刺猬相互靠近取暖的实验：刺猬取暖的时候，靠得太近，身上的刺会互相扎到对方；离得太远了，又不暖和。只有保持适中的距离，才能取暖。

上面这个实验生动形象地传达了人际关系的微妙之处，美国精神分析医师布列克称之为“刺猬式”的交往方式，形容现代人际关系的复杂与困难。这说明，作为个人与他人交往，前提必然是自己这个个体的存在。如果与他人相处到失去自我，那交往本身就不成立，而变成了奴役。所以，在人际交往中，一方面要和他人保持亲密关系，另一方面则要掌握分寸，保持一种”亲密有间”的关系，一种不远不近的恰当合作关系。

哈佛大学教授把社交距离分成亲密距离、私人距离、礼貌距离、一般距离四种。每一种社交距离都对应着相应的社交关系。只有在距离合适的情况下，双方之间的关系才能保持融洽，无论是关系的进一步发展还是沟通交流气氛的融洽，都应该用适当的社交距离来维护和推动。

一位女士对这句话就有很深的感触：

刚与男友确立关系那几年，在度过了温馨甜蜜的蜜月期后，她渐渐感到了生活的不如意，先不说日子越过越烦心，原来看不到的男友的许多不好的习惯也常常遭到她的腹诽和诟病，而在男友看来她也褪去了神秘的光环，变得世俗而又平庸，两个人争吵的次数越来越多。

直到有一次，她因为工作上的需要出了一个月的差，才真真实实感受到了“距离”带给她的甜蜜。最初几天并没有什么异常，但是还没出一个星期，她就开始思念起男友在身边的日子来，说起来这还是两人确立亲密关系以来第一次离开男友身边这么久。

随着日子的不断推移，她对男友的思念也日益加深，不仅如此，她还想起了许多平时想不到的男友的优点，甚至以前的抱怨也烟消云散了。工作结束后，她急不可耐地回到家，一开门，就被男友拥进了怀抱——原来在她离开的这段时间里，男友也在思念着她，知道她要回来特意给她准备了惊喜。她也深深体会到了男友在自己生活中的价值和地位。

甜蜜的爱情除了需要情侣双方相互尊重，保持精神上的独立之外，还要努力在感情上有一定的克制能力。如果必要，甚至需要人为地制造一些条件，使得双方保持一定的空间距离和心理距离。如果两个人每天寸步不离断守在一起，每天重复着千篇一律的生活模式，无论多么深厚的感情都会产生审美疲劳的，而且情侣之间相互的新鲜感和神秘感也会消失，爱情热度也会降低。

保持必要的距离并不会对彼此的感情造成损伤，毕竟相爱的两人只有在分离的时候，彼此才更能体会到爱情的不易。这正应了那句歌词：“得不到的永远在骚动，被偏爱的都有恃无恐。”

总之，在人际交往的过程中，人们之间的空间距离并非是固定不变的，它具有一定的伸缩性，这主要依赖于具体情境和交谈双方之间的关系、性格特征、社会地位、心境以及文化背景等。人与人之间的交往，一定要把握好分寸。尽管我们有着良好的愿望，希望自己所拥有的人际关系亲密度越高越好，但还必须记住“亲密并非无间，美好需要距离”。

※哈佛成功心理学※

与他人保持心理距离，可以避免对方的防备和紧张，可以减少相互猜忌、算计等不良行为。这样做既可以获得他人的尊重，又能保证在交往中不丧失原则，真正做到了“疏者密之，密者疏之”，是成功处世的大道理。

3. 互惠效应：再也不会被排挤

在人际交往中，得到对方的恩惠，就一定要有所报答。这是人类社会中根深蒂固的一个行为准则，这就是互惠效应。互惠效应简单来说，就是你给我一件东西或提供了帮助，我就还你一件东西或提供帮助。这绝不是虚伪，而是一种已经上升到为人处世的基本礼仪。哈佛大学的一位著名心理学家曾做过这样一个实验：他在一群素不相识的人中随机抽取出一些人，给这些人寄去了圣诞卡片。不久之后，大部分收到卡片的人都给他寄回了一张卡片以示感谢，而这些人与这位心理学家并不认识。

虽然这位心理学家想到了会有一些回音，但这个结果却是出乎他意料的。给他回赠卡片的人，应该没有去打听过这个陌生的给他寄卡片的人到底是谁。收到卡片后，他们本能地回赠了一张。也许他们在想，可能自己忘了这个人是谁了，或是这个人记错地址或名字了……不管怎样，自己不能欠人家的人情，回寄一张，总是没有错的。

这个实验证明了互惠原则的作用。当从别人那里得到好处时，我们总是在想着能尽快地回报对方。如果一个朋友帮了我们一个忙，我们也会在他需要帮助时帮助他；或者他不需要帮助，我们便会送给他礼品以示感谢，或请他吃顿饭。如果有人记住了我们的生日，并给我们送上了生日礼物，那么，我们则也会在他生日时送上礼物。这种互惠互利便达到了双赢，而这种双赢永远好过自己单方面受益。

我们生活的社会，存在着各种纷繁复杂的关系，在这些关系中，人与人之间的关系是我们最常接触，也最应该去重视的。在社会交往中，朋友间维护友谊需要互惠原则；在爱情中，男女双方的付出也需要互惠原则。世界上没有绝对无私奉献的爱情，爱情也是讲求互惠互利的，双方需要保持一种利益的平衡，如果这种平衡被打破，尤其是被严重打破，便会导致恋爱关系的破裂。

刚刚升入大学，高璐春风得意、志得意满，对自己即将到来的大学生活充满了美好的憧憬。这日，高璐信步校园，欣赏优美的风景，不想却被同在一个寝室的江月喊住，江月将她拉到一旁，对她说：“小璐，你犯了大忌了！”高璐大惊，心想自己做错了什么？江月高深莫测地对她一笑，指着离她们不远的几个人说道：“那几个是咱们的师姐，你刚刚怎么没有和人家打招呼？”高璐用疑惑的眼神看着江月，说道：“我知道她们是师姐呀，可是那又怎么了？不就是没有打招呼么！”江月对她说：“这个你就不懂了吧！进大学，师哥师姐是一定要打招呼的，这是处好关系的第一步。”高璐在心里撇撇嘴，说了一句：“就不叫！她们能把我怎么样？”

江月看到她那拽拽的小模样，凉凉开口：“那你就别叫吧，是不能把你怎么样，最多也就是师姐多给你上几堂教育课，把你拉进黑名单，反正你无所谓，吃点亏也不在乎呗！不过你也得想想，咱们专业要靠什么出头？拼爹？咱没资本。所以，咱就只能拼师哥师姐了。师姐毕业工作了，有活儿不还是得叫上学妹么！师姐自然也不是白叫的，师妹靠师姐，师姐帮师妹，每一届都是这样，这是良性的循环互动。”

高璐越听越觉得有道理，认同了下来。从此，高璐尊师重道，对师哥师姐也是礼貌周到。就这样，还没毕业，师姐们就为她介绍了好几份兼职。这样的“优待”自然不是凭空来的，高璐不仅仅是见面叫上一声师哥师姐打招呼，更是在师哥师姐们需要的时候无条件地为她们提供自己力所能及的帮助。所以在高璐遇到问题的时候，师姐们自然不会袖手旁观的。

最初的高璐不懂得尊重他人的重要性，忘记了这个社会其实就是一张复杂的人际关系网。人和人之间的交往，彼此尊重，则是互惠互利；反之，彼此敌对，则是伤人伤己。见面喊一声师姐，就为自己建立了一个和谐的生存环境。真正细究起来，无论是个人还是国家，都遵循的是这个道理。

通过大学的历练，高璐深刻地了解到了人与人之间交往的原则。在现实生活中，我们推崇的法律只是规定了人和人之间相处所要遵守的底线，而底线之上，就只能靠人情去模糊地衡量。互惠互利，各有所得绝对不等于“相互利用”。透过高璐的故事我们看到，大学就如同一个社会，在这个社会里的生存法则是：“师妹靠师姐，师姐帮师妹，师妹再帮师姐。”这个法则不仅让学生学会在大学生存，也让学生的人际交往技能得以不断提升，使其在即将步入的大社会里，能经得起风雨的洗礼。

现实生活中，常听到人们说："如果你想让别人怎样对待你，你就要怎样对待别人。"这个道理尤其适用于家长与孩子之间，也同样适用于朋友之间。从某种意义上来说，这句话是在要求我们尊重别人，平等地对待别人。用心理学上的一句话来解释就是：你想要别人喜欢你，你得让对方明白你喜欢他。这样，关系才会确定。所以，你尊重别人，别人自然也不会看低你。

※哈佛成功心理学※

人与人之间的交往，就像坐跷跷板一样，要高低交替，不能永远固定某一端低，某一端高，一个永远不肯吃亏、不肯让步的人，即使得到了好处，也是暂时性的；只想得到不想付出的人迟早要被别人讨厌和疏远。

4. "零压力"社交的心理学秘密

很多年轻人在与人相处中，总是希望能够建立一种融洽和谐的关系。为此，他们在人际关系上下了一番苦功夫，但是最终却收效甚微。纽约的一家电话公司曾做过一个调查，研究人们在打电话时最常用的是什么字。结果并不意外，"我"字在500多次电话中被使用了多达3000次。人真是自私的动物，只关心自己。

哈佛大学除了培养学术精英之外，还十分注重培养社交精英。"零压力"社交，是打造良好的社交环境的重要保障。正因为如此，在哈佛大学的理念中，要成为一名社会精英，首先就应该成为一名社交过程中的绅士。一个不争的事实是，很多人一生都在对别人谄媚逢迎，搔首弄姿，目的就是为了获得对方的注意，但是结果只是白费力气，无形中带来很大的社交压力。面对这样的虚情假意，又有多少人会在意呢？如果我们只是为了引起对方的注意，想给别人留下一点印象，而去与人交往，那绝对交不到真心朋友。

很多时候，人们总是以自我为中心，只考虑自己的感受，而忽视他人的想法，这实在不是明智之举。比如，看集体照片的时候，你是不是总是急于寻找人群中的自己？所以，如果想与人相处融洽，找到真正的知己，必须付出你的真心，真诚地关心对方。

霍华德·瑟斯顿是美国著名的魔术大师，几十年来他的脚步几乎遍及天下，制造了令人啧啧称赞的各种幻境，所到之处场场爆满。据统计，全美有超过 6000 万人欣赏过他的精湛表演，而其收入更是超过了 250 万美元。霍华德从小就离家出走，到处流浪，也因此从未接受过一天的学校教育。流浪的日子里，霍华德睡过草堆，吃过别人好心施舍的食物，有时为了搭乘免费的便车，不得不偷偷地藏在货车的车厢中。

就是在这样的艰苦条件中，霍华德逐渐掌握了令人惊讶的魔术手艺。在他身上有两种其他人不具备的制胜法宝。第一，他能在舞台上表现出自己的个性。霍华德是一位表演大师，他对人性的掌握可谓十分娴熟。在舞台上，他的每一个手势、每一个动作，甚至每一个微笑都是事先认真演练过的。第二，也是其最大的成功之处，在于他能够真诚地关心别人。

其实，许多魔术师面对观众的时候，总是把他们当成土包子、笨蛋，认为自己的小伎俩能把他们耍得团团转。但是霍华德却从不这样，每次上台时，他总是对自己说：“是这些人使我有了今天的成就，让我如此愉快，我一定要拿出绝活来让大家欣赏，以此来感谢他们。”他宣称，当自己走向舞台的时候，心里总是在默念：“我爱我的观众。”

霍华德之所以能成为一位成功的表演大师，关键在于他能真正地关心他人，并且尽自己最大的努力来让观众在欣赏表演时感到开心。由此，人们都喜欢上了他。

除了霍华德知道这一秘诀，美国总统罗斯福也深知真诚地关心他人产生的巨大效应。在塔夫脱总统任职期间，有一天罗斯福来到白宫。恰巧那天总统和总统夫人都外出了，罗斯福来到厨房，热情地叫着每一个老仆人的名字，和他们热情地打招呼，连洗盘子的女仆也不例外。就这样，罗斯福真实地流露出关切他人的情感。

随后，看到厨房里烘焙玉米面包的艾莉丝，罗斯福好奇地走上前。艾莉丝说，她有时会准备一些面包给仆人吃，但楼上的人并不吃。罗斯福大声说："他们真是没有品位，我见到总统一定要告诉他。"艾莉丝递过来一块面包，罗斯福拿起来边走边吃，并且一路和周围的人打招呼。在白宫工作了四十多年的老仆人胡佛含着热泪说道："这是我这么多年来最快乐的日子。"

通常，真诚地关心他人，很容易获得对方积极的回应，这就营造了一种和谐的人际关系。那些不关心他人的人，大多会在有生之年遇到重大的困难，而那时他们总是束手无策，因为得不到来自外界的关照和帮助。可见，结交真正的朋友，首先必须学会真正地关心他人。如果你此时还在为糟糕的人际关系而烦恼，想提升自己的社交能力，请记住——学会真诚地关心别人是制胜的第一步。哈佛教授建议"零压力"社交应做好以下几点：

⑴ 同情并理解他人

在我们所遇到的人当中，有75%渴望得到同情，他们或许经历了亲人的离世，或遭遇了人生的重大挫折，或承受着感情的创伤。无论何种原因，当面对潦倒不堪的人时，大方地给予应有的同情之心吧！给予他们一点爱，我们会获得相应的回报和尊敬，从而在人际交往中赢得更多理解和支持。

⑵ 学会及时化解糟糕的心理状态

很多冷漠的表情源于自己糟糕的心理状态。要让自己保持微笑，不能仅靠脸上强装，一定要及时化解那些不良的心理状态。只有自己的心情变好了，微笑才会具有发自内心的真挚。

⑶ 让人喜欢你、接受你

让人喜欢你、接受你，就要先赞美对方，迎合对方的口味和兴趣，让自己的兴趣和爱好暂时退避，佯装成和对方兴趣一致，你就能成为一个受欢迎的人。人都有一个特点，总是在喜欢的人身上发现一切优点，而在不喜欢的人身上鸡蛋里挑骨头，到处找毛病。

※哈佛成功心理学※

生活快乐与否，完全决定于你对人、事、物的看法。因为，快乐的生活是由思想造成的。在人际交往中，忧虑、胆怯、自卑、猜疑并不解决任何问题，如果我们迈过心里那道坎儿，学会建设性地解决问题，就能赢得更多的朋友和支持，获得友谊与幸福。

第九章

职场心理课

热情工作，方能成就最好的自我

“热情”“激情”的力量真的超乎想象，
它不仅能够挖掘我们的工作潜能，
还能让我们工作得更快乐、更轻松。

1. 一定要有“好胜心”

“这件事情，我肯定完成不了！”

“我不行！我肯定不行！”

“这么重大的任务让我一个人怎么能完成得了！我怎么能担此重任！”

“不行，我坚持不下去了，这件事情对我来说太难了，我准备放弃了！”

……

你是否有过这样的抱怨，觉得自己能力不行，面对困难心生胆怯，举步不前？而为什么有些人无论是面对顺境还是逆境都能够有非凡的成就？其实真正原因在于我们对自己不够自信，没有“好胜心”。我们时常对自己说不行，觉得自己能力不足，不能担当重任，不能出色地完成一项任务和工作。

在哈佛人看来，无论是一件简单的事情还是一件复杂的事情，我们首先要做到的是相信自己，保持一颗好胜的心态。所谓好胜心，是指我们时刻要给自己加油鼓劲。世上无难事，只怕有心人。面对轻松简单的任务，他们充满自信，应对自如；面对难度高的事情，他们也能够保持积极的心态。在他们看来，如果成功了必然是件好事，也是对自己能力的一种肯定；如果失败了，他们也会从中汲取教训，再接再厉。

任何一个人都不要小看了“好胜心”的优势。同样能力的人，同样的工作和任务，有“好胜心”的人比起怯懦的人更容易获得成功。

但是，这并不是说我们可以自负、自傲、自大。每一个人在相信自己可以取得成功的基础上，一定要继续努力，不断拼搏奋斗，胜不骄、败不馁，取得本属于自己的辉煌。

拒绝对自己说不行的办法就是保持一颗“好胜心”，相信自己，百折不挠，迎接困难和挑战。那么，哈佛人是怎样保持自己的“好胜心”，拒绝说不行的呢？

(1) 保持自信，积极乐观

自信是成功的一半。无论我们做任何事情，一定要相信自己。面对半杯水，一个乐观的人就能最大限度地利用它的价值；而悲观的人觉得什么事情也做不了，沉浸在绝望中。任何事情都有其有利和不利的一面。当我们身处逆境时，不如换个角度想问题，或许就能取得很好的效果。

(2) 多与他人沟通，得到更多的表扬和鼓励

每个人都有自己的优势和劣势，每个阶段都有自己的进步。多与他们沟通，适当地接受来自外界的鼓励和肯定。虽然这些在外人看来是一些微不足道的小事，但是对你来说却可能像是一针强心剂，让你更加努力，追寻自己的方向。

(3) 多与他人竞争，参加竞争性的活动

这个世界是一个充满竞争和挑战的世界，没有竞争就没有压力，也就没有动力。很多时候我们懦弱的原因在于我们局限于自己的生活和工作圈子。尝试走出去，多参加一些竞争性的活动，结交一些比自己能力强的人，长此以往，你肯定会有所收获。

(4) 超越自己，超越他人，切忌自负，骄傲自大

每个阶段我们都应该为自己设定一些目标，先超越自己，再超越他人。但是，一定要保持一颗健康的“好胜心”，把握一个很好的尺度。否则，我们就会走入一些误区，通过一些不正当手段达到目的。

也许你还在抱怨自己什么事情也做不了，也许你还在羡慕别人的成功，哈佛人告诉我们，保持一颗好胜心是成功最好的钥匙。当你渺茫时，看看你周围的成功人士，保持一颗好胜心，做最棒的自己！

开始努力吧，为了更好的生活！

※哈佛成功心理学※

每个人都应该有好胜心，保持一颗健康的好胜心，可以使我们在正确认知自己的基础上，在不同阶段取得进步和突破。有好胜心并不代表自傲自大，而是对自己有一个中肯的评价。从今天开始，拒绝说“不行”，开始努力奋斗吧！

2. 哈佛人的激情工作法

我们通常有这样的现象，每天按部就班地上下班，有条不紊地做着一样的工作。当我们长时间从事一份工作后，便会厌倦了这样的工作，但却又不想再折腾，换一份新的工作。究其根源，主要是因为我们对工作缺乏“激情”，不能秉持一颗热情的心来对待一份工作。如果你观察过哈佛大学的学生们，你就会发现他们每天也做着同样的事情，却乐此不疲，这主要是因为他们对工作保持着激情。

其实，任何一个人从事某种职业久了都会出现厌倦的状态，而这样的厌倦则会影响我们的工作效率，那么保持我们对工作的热忱则非常重要。美国著名企业家、微软工程师、慈善家以及美国微软公司董事长比尔·盖茨，就善于在工作中激发员工对工作的热情。

在创业初期，他发现自己的员工工作效率低下，整日懈怠，无所事事。基于这样的状况，比尔·盖茨发现主要原因是员工每天都做着同样的事情，每月拿着同样的工资，久而久之他们觉得既然不管怎样他们都能拿到同样的工资，因此他们选择了无所事事。鉴于此，为了激发员工的工作激情，比尔·盖茨设立了奖惩机制和员工综合考评制度，对表现优异的员工加薪升职，相反则降职降薪。员工在这种制度的激励下，每个人都充分发挥自己的潜能和优势，员工懈怠现象逐渐减少。现在你可以看到比尔·盖茨的员工们每天你追我赶，时刻保持一颗对工作热忱的心。也正因为这样，微软才有了今天的成就和辉煌。

激情是我们工作的不竭动力，它能激发我们对工作的热情，在促进自我成长和进步的同时，也使我们可以得到领导的青睐和重用。那么，我们应该怎样才能保持对工作的激情呢？哈佛大学教授们给了我们一些参考意见，不妨可以尝试一下。

首先，保持自信，在不同阶段给自己设立一个明确的目标。我们首先要相信自己，对自己的能力有一个中肯的评价。切忌目标过高或过低，这两者都不能使我们保持对工作的激情，更不能激励我们认真努力地去工作。有目标才有动力，这样在工作中才能自然而然地保持高昂的激情。

其次，保持乐观，善于调整自己的心态。每个人在工作中都会遇到挫折，都会遇到困难。但是最重要的是我们要保持乐观、积极向上的心态。身处逆境的人更应该坚信，所有的努力和付出都是值得的，现在的努力只会让我们以后更加优秀。面对困难，我们要锲而不舍，迅速调整自己的心态，保持对工作的激情，走出困境。

再者，学会给自己解压，适当放松自己。在竞争不断激烈的时代，每个人的压力也随之增加。但是，我们要学会在压力中适当放松自己，每天坚持运动，工作之余给自己放个假，看场电影、与好友喝下午茶、与朋友互相沟通都是不错的选择。通过这些，逐渐恢复你对工作的热情，继续努力工作。

最后，持续不断地学习新知识。当今的时代是一个知识迅速发展的时代，因此，我们每个人要学会给自己充电。知识是永无止境的。学习新的知识，不断进步，为自己提出更高的目标，保持对工作的热情。

当我们完成一个目标时，要对这个阶段的成功予以肯定，在此基础上，保持对工作的激情，继续下阶段的努力。与此同时，我们要相信自己能够取得成功，保持一颗好胜心。只有这样，我们才能更加努力地去工作。

※哈佛成功心理学※

激情需要激发。在工作中保持激情，才能使得我们在不厌倦工作、获得快乐的同时，更好地工作并实现目标。从现在起，保持自信、乐观，不断学习，自我肯定，保持对自己、对工作的热情，对过去的那个你说再见，迎接一个崭新的你吧！

3. 精英都是怎样脱颖而出的

在现代市场经济环境下，竞争越来越激烈，压力也越来越大。如何在竞争激烈化的市场中脱颖而出成为行业的精英，成为舞台上的翘楚，这是一件很艰难的事情。怎样在职场中受到老板的赏识及重用，怎样在激烈化的竞争中从容面对压力和挑战，怎样在团队中发挥自己的潜能，都是一门重要的学问。

大量成功与失败的事例表明，成功与失败也许只在一念之间。成功人士大都果敢决断、敢于表现自己，他们胸襟宽广、知识丰富、为人豁达、充满激情、做事有条理有计划；而失败的人面对困难畏惧不前、做事拖拖拉拉、怨天尤人、不能够很好地利用自己的才能。

在职场中如何脱颖而出，对你的工作前景和职业进展起着至关重要的作用，而那些哈佛精英是如何脱颖而出的呢？他们又具备哪些特质呢？

特质一：敢于决断，克服犹豫不决的习惯。在职场中，有这样一群人，他们工作了很多年，却始终一事无成。这些人缺乏敢于决断的勇气，遇事瞻前顾后，从而错失成功的最佳时机。而那些精英在预见到事情的成功到来之前，勇于决断，抓住了成功的最佳先机。

特质二：充分发挥自己的优势，勇于挑战自己的弱点。成大事者，个体的优势很明显，他们能够充分彰显自己的优势和长处。他们或者勤奋，或者善于沟通，或者善于领导他人，等等。金无足赤，人无完人。他们在发扬自己优势的同时，也勇于挑战自己的弱点，在自己的弱点上下功夫，尽最大力量减少自己弱点在工作中的失误，使自己成为一个更加优秀的人。

特质三：脚踏实地，重视团队的力量。成功是没有捷径可以走的。

那些精英在工作之初，必然是做完一件事情，再接着做另一件事情。他们能够脚踏实地、循序渐进地完成自己的本职工作。与此同时，他们注重团队在工作中的作用。在他们看来，个体融入团队，才能获得更大的成功，并逐渐在团队中脱颖而出。

特质四：敢于突破困境，越挫越勇。我们的人生总会遇到各种各样的挑战和困境，而这些正是考验我们毅力和勇气的试验石。面对困境，成功者将其视为迈向成功的有力跳板。他们认为失败和困境是人生必经的阶段，因此他们能够勇敢地面对困境和失败，而不是一蹶不振，临阵脱逃，越挫越勇，成为舞台上最闪亮的那颗星。

特质五：不断学习，为自己充电。知识时代，成功者永远不会忘记知识在工作中的重要性。他们会涉猎经济、管理、心理、营销等多方面的书籍，扩充自己的知识面。无论他们身为一名领导者还是一名职工，他们都能够将知识内化为自己的财富。你一定会发现无论是在办公室还是在书房中，他们都有很多书籍。

此外，哈佛的精英们能够很好地处理人际关系，无论在何时，他们都能够利用自己的人际关系网络来帮助自己；他们充满自信，做任何一件事情都相信自己能够成功，即使失败也会坦然地面对，从失败中汲取教训再接再厉；他们做事不拖沓，不懈怠，乐观地面对生活中的人和事情，充满激情，也用自己的激情感染其周边的人和同事。正是这些特质使得他们成为职场中的精英，得到领导的重用、同事和他人的敬佩和尊重。

诚然，他们的特质还有很多，在这里就不一一列举了。虽然我们现在不是精英，但是终有一天在我们的努力之下，我们总会有属于自己的精彩。

※哈佛成功心理学※

在竞争激烈的时代，从职场中脱颖而出需要我们每个人不断努力，培养自己的特质。面对竞争和压力，我们应该坦然地面对，不断调整自己，看看身边的精英们是如何做的，向他们学习。相信有一天你也会成为精英的，加油！

4. 工作节奏的“心理”调节术

我们一直在为自己的工作而努力奋斗，期间会遇到各种各样的事情，或因为生活的琐事苦闷、焦躁；或因为工作的磕磕绊绊混乱、失落，这些都牵绊着我们成功的脚步。如何突破这些“心理”的障碍，顺利地走向成功？这就需要我们运用“心理”调节术，使我们的工作有序地进行和发展。

在哈佛人看来，成功人士的心理更加成熟，他们能够很好地调节和控制自己的心理，从容地面对各种磕磕绊绊。同等智力的人，优秀的人必定是善于管理情绪、调节心理的人。

著名的微软公司在公司内部会设置一些“心理调节室”，里面有一些娱乐设施，或者树立着一些公司负责人的橡皮塑像。员工在觉得困倦的时候可以通过娱乐设施来放松自己，释放压力；也可以对塑像拳打脚踢，来发泄自己对工作的不满。这样的做法不仅仅使得员工将不痛快的心情宣泄出来，而且也使得其高效率地工作；在促进公司业绩发展和进步的情况下，也使得公司内部上下和谐、团结一致。

学会管理自己的情绪，调节心理，适应不断变化的工作节奏，在职场中成为佼佼者，是每一个奋斗的人所期盼和希望的。当然，并不是所有的人都会从容地调节自己的心理，而那些哈佛的成功人士是怎样在不断变化的工作节奏中，适应环境，成就辉煌的呢？

⑴ 控制负面情绪，不要让负面情绪影响自己的工作

面对工作中的磕磕绊绊，哈佛人时常开朗乐观地面对压力和挑战，所有这些都会成为未来的积淀。同样，我们也要学会赶走悲观，直面工作中的挑战，将其视为前进的动力，放下肩上的包袱，迎接一个崭新的自己。

⑵ 合理宣泄，适当减压

压力人人都有，但最重要的是你如何看待它。在哈佛人看来，不

管压力有多大，都要学会宣泄自己的情绪，为自己减压。他们或者通过运动，或者通过倾听音乐，或者通过看一场电影等等来释放自己的压力。他们认为，学会放松的人，才能学会工作。

(3) 肯定自己，激励自己

时时刻刻给自己一个掌声，给自己一个微笑。每一天的工作结束之后，成功人士都会选择回想一下今天自己做了什么，对于自己的成就给予肯定，做的不足的地方再接再厉，不断反思自己，为第二天的工作打下良好的基础。

(4) 控制平淡的情绪，突破情绪障碍

在哈佛人看来，每个人都会有懒惰、犹豫、浮躁等情绪，但是我们要学会控制这些情绪。在工作中，突破这些情绪带给你的障碍，增强勇气、果断决策、自主自强是非常重要的。他们提醒我们千万不要让这些障碍成为你工作的绊脚石。

哈佛人强调，不论你是员工还是领导，都要学会运用自己的心理智慧。这不仅仅包括我们要学会错位思考、以心换心，而且也包括用心来说话，战胜自己的竞争对手。这样，你才可以在竞技场上成为赢家。

无论你是职场奋斗的人，还是正在苦读诗书的人，都要学会控制和调节自己的心理，使其成为人生的助推力，而不是阻碍和牵绊。

※哈佛成功心理学※

每个人在工作中都会遇到各种压力，面对不断变化的工作节奏，我们要学会调节自己的心理，管理自己的情绪。只有学会管理自己的情绪，调节自己的心理，才能成就更好的自己。从今天起，学会调节自己的心理，做心理的主人吧！

5. 做事的态度决定事业的高度

态度是我们做事的前提，态度决定一切，积极的态度能够使得我们在做事、面对挫折时更加从容。哈佛大学的这句“态度决定一切”的名言，告诉我们没有什么事情是做不好的，关键是你的态度。在事情还没有开始之前，你就认为它不可能成功，那么它当然也不会成功；或者你做事情时三心二意，马马虎虎，那么事情也不会有很好的结果。

在哈佛人看来，态度是决定事业高度的前提。如果你对待事情不端正、不积极，那么事情的结果就可想而知了。

英国首相玛格丽特·撒切尔夫人就是一位态度非常积极的人。这与她从小受到父亲“残酷”的教育有关。

玛格丽特·撒切尔出生在英国一个不起眼的小镇上，而父亲对她的教育却非常严格。她的父亲告诉她，无论做什么事情，你都要尝试着争当第一，永远都要跑在其他人前面，不要输在起跑线上，不能落后于他人，就连坐公交车都要坐在前排。在父亲严厉的教导下，玛格丽特从小就拥有积极向上的决心和勇气。在以后的学习和生活中，她谨记父亲的教诲，事事争当一流。

她上大学时，成绩非常出色，用一年的时间学完了五年的课程。与此同时，她还兼修体育、音乐、舞蹈等其他课程。正是因为她积极的态度和努力，1979 年她出任英国首相，成为政坛上耀眼的一颗星。她的成就令人惊叹，正是她积极向上的态度铸就了其人生的辉煌。

人生因为积极向上而变得更加多姿多彩。上帝在关上一扇门的同时，也会为你打开一扇窗。也许是因为命运的捉弄，贝多芬无法听到外面的世界，但是却能创作出绝世佳曲。伟大的物理学家霍金，全身瘫痪，但他拥有坚强的毅力，最终创作出《时间简史》，奠定了其在物理界的地位。正是因为他们的积极执着，从而成就了人生的辉煌。

那么，我们应该树立怎样的人生态度呢？

态度一：树立明确的目标，积极向上。积极向上的人生态度是成功的根源。无论成功与否，一定要有积极的态度。做一件事情之前，要对自己和所做的工作有清晰的认知。态度很可能是决定你成功与否的关键。目标是前进的动力，因此，无论你做什么事情一定要有明确的目标。在目标的指引下，树立积极向上的态度，不断努力，获得成功。

态度二：敢于正视自己，正视失败与成功。世界上没有完美无瑕的人，因此，我们要学会敢于正视自己的优势和弱势，端正自己的态度，不要过高或过低地估计了自己。此外，失败与成功都是在所难免的。因此，我们要做到胜不骄，败不馁，切勿在成功时得意忘形，失败时一蹶不振。

态度三：学会交际，学会管理。世界是普遍联系的，任何一个个体都与世界有着千丝万缕的联系。所以，交际是人生的必需品，要学会交朋友，建立自己的朋友圈和关系网。此外，管理是成功的舞台。学会管理自己的时间，学会管理人生的每一个阶段，让其成为你人生的财富。

态度四：坚强乐观。快乐是生活的源泉，人生最大的意义在于快乐，当你遇到挫折时，学会坚强乐观地面对一切。忧伤和困难总会过去，一切的阴霾终将过去，并会成为你永生难忘的一段记忆。当你遇到困难，不妨换个角度，换条路来走，也许会有不一样的结局。

那些哈佛的成功人士，都有一个共同的特点，即积极乐观地面对人生，面对一切。正是由于他们的人生态度，才有了今天的人生成就。

从此刻起，不要再羡慕他人的成就，正视自己，端正人生态度，为明天，为自己，奋斗出属于自己的一片蓝天！

※哈佛成功心理学※

态度决定事业的高度，成大事者，必然积极向上，坚韧不屈。从现在开始，积极乐观地面对你的人生吧！加油！相信你会有不一样的收获！

6. 确立目标、制定计划很重要

目标是我们一生或者每个阶段想要达到的境界或标准。如果说我们的人生像一艘轮船，那么目标就是船的舵，没有了舵，我们的人生将会无法掌握，随波追流，最终消沉在绝望的大海上。而计划则像是指引我们前行的灯塔，它引领我们起航，为我们顺利到达彼岸做好前提和准备。因此，确立目标、制定计划对我们的工作和人生非常重要。

在哈佛人看来，确立正确的目标是人生成功的前提，它对我们的人生有着导向作用，因为目标，有的人可能一辈子平庸，或者一辈子平凡，或者有非凡的成就。目标对成功有巨大的推动力，有助于发挥人们内心的潜质，也有利于人们找到工作的方式和方法。

为此，哈佛大学曾经对该校的学生们进行了一项跟踪调查。该项调查以 100 人为对象，调查数据显示 27%的人没有目标，60%的人目标模糊，10%的人有清晰但较短期的目标，只有 3%的人有清晰且长期的目标。25 年之后，27%没有目标的人成了平庸的人，生活不如意，每天抱怨；60%的人成了平淡的人，处于社会中下层；10%的人成为专业人士，为白领阶层；3%的人成为行业领袖、社会精英。

这些数据和调查状况说明，他们之所以有着不同的现状，其根源在于 25 年之前有没有自己的目标。没有目标，就更不用说自己的计划了。

查德克是一位 34 岁的妇女，是一名游泳健将，她曾经想横渡卡塔琳纳海峡，如果她能成功地横渡海峡，那么她就是有史以来第一位横渡海峡的妇女。可惜，她横渡海峡的当天，恰巧有大雾，导致她看不见对岸。在仅仅离岸边 50 米的地方她放弃了。这个故事告诉我们，一定要有可以认知的目标，才能鼓足干劲，完成任务，否则就会功亏一篑。

那么，我们应该怎样树立目标、制定计划呢？

（1）确立一个清晰的长期的目标之后，细化到中目标、小目标。比如，你的梦想是做一名老师，这就是一个长期的目标；你在大学期间学习相应的理论知识和专业知识就是你的专业目标；每个月、每周、甚至每天你应该做什么，这是你的小目标。

（2）在树立人生目标和制定计划时，以高标准要求自己，但是切勿目标过高，不符合实际。目标和计划要尽量符合你的兴趣、能力，如果目标过高、计划太过苛刻，当你完全完成不了目标和计划时，就会毫无动力，甚至放弃希望。

(3) 制定目标时，可用详细的计划或表格形式贴在墙上，每天鼓励自己，为自己加油鼓劲。必须清楚的是，每天、每周、每月或者每年完成的目标或计划一定要予以反思，时刻总结自己，要求自己，发挥自己的潜能。

(4) 给自己一个清晰的时间界限，不断地激励自己，切勿拖拖拉拉，导致计划和任务难以进行。如果一个计划完不成，很可能推迟后来的计划。长此以往，最终的目标则无法实现。

在制定清晰的目标和计划后，我们就要付诸行动、予以实现了。这就要求我们行动力要强，不断地努力付出，而不是纸上谈兵，空穴来风。

我们完成自己的目标时，一定要有自己的动力，不断督促和激励自己奋斗。与此同时，多跟那些成功人士沟通交流，借鉴他们的人生经验，看看他们是如何设定目标计划并成功的实例也是非常重要的。另外，你也需要具备自信、勇气、坚持到底等素质。只有这样，我们的目标才能更好地完成和实现。

※哈佛成功心理学※

每个人都在奋斗，但结果不同。没有目标的人给有目标的人打工。二者的本质差异在于前者没有人生的目标或目标模糊。目标是人生成功的前提和基础。从现在起，开始设立自己人生的目标，并制定计划吧！也许下一个成功者就是你！

7. 激发工作潜能的五大策略

潜能是指人类原本具备却没有被使用的能力，也称作潜力。它埋藏于人的潜意识之中，因为个人或外在的条件所限而没有得到发挥和运用。而每个人只有充分发挥自己的潜能，才能最大限度地利用自己的聪明才智，实现人生的理想和抱负。

日本的《朝日新闻》上有这样的一则报道，这个报道曾经震惊了日本乃至全世界。年轻的妈妈因为与丈夫关系不和，离婚后，与9岁的小女儿相依为命。母女生活虽然清苦，但每天的日子都过得很快乐，很幸福。小女儿每天早上起来都会给母亲一个甜甜的微笑、一个大大的拥抱。

有一天，按照往常的习惯，妈妈九点出去超市买菜，这样赶在女儿醒来之前就可以回来。没想到女儿9点半就起床了，睁开眼见不到妈妈的女儿非常着急，她哭喊着找自己的妈妈……最后，女儿跑到阳台上去找妈妈，正好妈妈买菜回来。女儿看见妈妈，欢呼雀跃，大声地叫着自己的妈妈。

妈妈看到女儿，怕女儿一不小心受伤害，掉下来，就对她喊：千万不能往下跳。而9岁的女儿完全没听到妈妈说什么，也没看懂妈妈的手势，错误地认为妈妈让她跳下来，结果就跳了下来。大家以为悲剧要发生了，没想到，妈妈在一两秒之内跑了100多米，接住了自己的女儿。

事情发生后，震惊了整个日本，很多新闻界的媒体记者都来采访她们，但是，所有的记者又都不相信。妈妈说，这是因为母爱的力量，上面是我的女儿，她是我的全部，我必须要接住她，否则我会后悔一辈子的。在危机关头，外在的条件激发了身为母亲的潜能，挽救了一个生命，避免了悲剧的发生。

就工作而言，潜能是指员工在工作中以极高的热情和积极性发挥最大限度的能力，为企业发展做出重大的贡献。员工的工作潜能能否被激发，对企业的发展起着关键性的作用。那么，在哈佛人看来，应该如何激发员工的工作潜能呢？

策略一：知人善任，尊重员工的工作兴趣。兴趣是最好的老师。每个员工有权利根据自己的兴趣爱好来选择自己喜欢的职业。一份有意义的工作、员工喜欢的工作，可以充分调动员工的主动性、积极性和创造性，使其更加努力地去工作。否则他们只会整日懈怠、无所事事。

策略二：欣赏员工，激发员工的工作热情，培养他们的主动性和创造性。管理者对员工的赞扬和欣赏在工作中非常重要，每个员工都渴望上司的赞扬和鼓励。在领导的鼓励下，他们会心甘情愿、全力以赴地去工作。这不仅仅包括一些口头上的表扬措施，还包括一些物质上的奖励，如升职加薪等等。

策略三：以企业文化为核心和基础，培养员工的认知感和荣辱观。每个企业都有自己的特色，企业文化是企业赖以生存的前提和基础。优秀的管理者懂得把企业文化融入每个员工的价值观中，使其认知到企业文化也是以员工为本的文化。在发展企业文化时，增强员工的认知和融入，使企业更好、更快地发展。

策略四：责任到人，明确员工的岗位职责，培养其敬业的态度。用人者可以建立相应的员工责任制度和考核机制，每季度对员工的综合素质予以评价，优秀者予以鼓励，反之则予以鞭策。每个人的职位在工作中都起着至关重要的作用，完成自己的本职工作，才能更好地走在其他人的前面。

策略五：坚持教育培训，促进员工的成长和进步。领导在管理公司、管理员工时，要定期地对员工进行职业培训。企业需要什么，需要员工怎么做，就应当给员工提供相应的理论和技术知识培训。领导要时刻关心他们，搭建企业和员工沟通的桥梁，尊重知识，尊重人才，促进企业和员工的共同成长和进步。

经济的发展和社会的进步，对我们每个人提出了更高的要求。对于管理者而言，激发员工潜在的素质和能力，对企业的发展至关重要。

好的员工也需要伯乐的引导，好马配好鞍。一个优秀的企业需要精明的管理者，激发员工的潜能，为企业谋取更大的福利。

※哈佛成功心理学※

哈佛人告诉我们，每个人的潜力都是无限的，没有做不到，只有想不到。学会用科学的方法激励自己的员工，相信你的企业会蒸蒸日上，有不一样的收获。

第十章

管理心理课

管人从管“心”开始

作为世界上最顶级的学府，
哈佛大学培养了一大批成功企业家，
他们都是怎样管理企业的呢？
其实最好的管理不是管人，而是管“心”。

1. 管理者怎样放权、授权

管理者在管理企业的过程中，经常会遇到这样的困惑：事必躬亲吧，工作任务太过繁重，不放心交给手下的员工来做，每天自己废寝忘食，却只得到员工的冷言冷语；交给员工去做吧，又担心他们出什么差错，影响了公司任务的进度。面对这样的情况，管理者如何妥当地处理，反映了管理者个人的才能和素质，更关系到公司的发展前景和空间。

实际上，这样的困惑就牵涉到一个实质性问题，即公司要想成为世界知名企业，成为行业的顶尖者，管理者必须要学会合理、适当地放权、授权，在管理过程中也必须要放权、授权。如果一个管理者没有这样的眼光，没有这样的胸怀和境界，那么他只能开一个小小的公司，几年之后也不会有很大的成就，他一生拥有的只能是类似于“夫妻店”一样的公司。

纳达尔是美国新泽西州一家宣传品生产企业的董事长，聪明能干，敢于担当，是个优秀的企业家。他曾经因患小肠疝气，不得不住院接受治疗。为了不耽误公司业务的进展和工作，他在医院也夜以继日地工作。为了交付厂家的订单，不使公司遭受毁约的风险，他竟然要求在手术台上，通过手机指挥自己的员工工作。这个要求着实让所有的人都感到诧异，觉得他太过事必躬亲了。

纳达尔这样的做法既影响了自己的身体健康，也导致了员工错误的一些想法，认为老板不信任他们。有关人员认为，这种大权不放手的现象在中小企业屡见不鲜，也是其不能更好地发展的重要原因。美国的《公司管理》杂志曾发表这样的评论，聪明的企业家不必事事亲历亲为，适当地放权对企业的长远发展会有好处。那么，那些成功的企业家是如何在管理过程中授权、放权的呢?

首先，建立一套健全的约束制度。管理者在做好放权和授权之前，会对员工的能力和素质进行综合的考评，对于其能力有全面的了解。在授权之前，管理者会考虑这样的问题：他能否完成这样的任务?他适不适合管理他人?适不适合做这样的工作?在授权开始前，对于被授权的员工和任务能够完全掌控，否则，在授权之后，不仅不能提高公司的效益，反而会推迟任务的进度，并对公司造成一定的损害。

其次，根据任务的轻重以及员工的能力合理地授权。管理者在放权、授权前，要清晰地认知任务的轻重，要准确地识别自己的员工。有些员工能力高，要多授权；能力低的员工要少授权。在职场，并不是任何一个人都会管理人，都能领导人。此外，管理者还需培养员工的认知能力，清楚哪些事情要汇报后才可以做，哪些事情能够自己做主，哪些事情可以不必汇报，但必须反馈。

最后，放权并不代表完全放手。管理者要定期对员工完成任务的进展予以询问，定期地听取汇报。避免出现过度放权而导致的僭越权力等行为，必须让员工清楚地认知该项任务的权限和完成期限。只有适当地放权、授权，才能成为一名优秀的管理者，不断地引领公司走在行业的前列。

放权、授权的核心在于人的问题，其关键在于管理者的信任和受权人的能力。管理者只有在确信员工的能力之后，才能做到充分地放权。否则，即使放权，也不会给公司带来效益。

每一个想要成为优秀企业家的管理者，都必须学会放权、授权。适当地放权、授权可以使管理者赢得员工的信任，公司内部上下和谐团结，也更加有利于公司更好、更快地发展。

每一个管理者，在放权、授权前，应该对员工的素质和能力有综合的评价和检测，建立一套健全的约束制度，适当地放权，但并不是完全放手。否则，就会给公司带来一些不利的影响。

※哈佛成功心理学※

还在为事必躬亲而觉得烦恼吗？还在为不放心自己的手下而踌躇不前吗？哈佛人告诉我们，适当地放权、授权可以更好地促进企业的长远发展。从今天起，学会放权、授权吧！

2. 为什么金钱激励不是万能的

金钱不是万能的，但没有金钱又是万万不行的。在当今这个物质财富急剧增长的时代，人们对工资的要求也越来越高。一些企业为了促使员工更好地为公司服务，激发员工的潜能，采取加薪的方式来激励自己的员工。有些管理者更是认为，只要我能够满足员工对薪资的要求，就能招揽更多有才能的员工，鼓励其为公司的发展做出贡献。事实果真如此吗？

1997年，全球金融危机席卷诸多行业，全球经济处于瘫痪状态。股市下跌、就业困难、经济疲软，各个行业都处于不景气的状态。身为世界五百强的微软公司也没有幸免。微软公司的股票急剧下降。而在这之前，微软公司的股票比起其他公司都要增长很多。很多人当初进入微软就是为了其股票增值速度而来，在这里干上几年，可以成为百万抑或亿万富翁。在公司危机期间，有些没有实现发财梦想的人选择了离开公司，因为他们认为公司股票不可能再像以前一样大幅度增值。而另外一些人不为薪资，也不为成为百万富翁，坚定地选择了留在微软，辛勤努力地工作。

这个例子告诉我们，并不是金钱可以解决所有的问题，在金钱的背后还有理想等东西。我们的人生除了金钱，还有其他更多的东西值得我们追求。在哈佛人看来，金钱激励并不是万能的。这是为什么呢？

第一，哈佛人认为，我们必须清楚地认知激励的概念和内在涵义。所谓激励员工，是指通过发掘员工的内在心理需要，激发员工的行为意识，使其个体的发展更加符合企业的需求。所以说，金钱只能满足我们最低的生理需求，不能满足员工更高层次的需求。

第二，金钱只是维持员工积极性的一个最低的保险因素。赫兹伯格认为，员工在工作薪资得以满足的情况下，工作的积极性会得以维持；相反，如果不能满足员工对薪资的要求，那么员工则每日懈怠，终日无所事事，积极性大大下降。因此，企业并不能把金钱作为激励员工的唯一手段。管理者如果一味采取金钱激励的措施来激励自己的员工，只会投入更多的成本，而不能得到应有的回报。

第三，伴随着社会的发展和文明的进步，员工在追求物质财富的同时，也开始追求个人的发展空间和前景，诸如10年之后仍是小职员，还是成为公司的领导人。他们也开始追求独特的企业文化和内涵，该企业能给自己带来多大的影响？能否提升自己个人的能力和素养？伴随着精神文明的快速发展，金钱一定不会成为企业家激励员工的主要手段。

第四，从公司长远发展的空间来讲，在金钱的背后还有更多的理想的奠基与支持。历来，享誉世界的企业家，诸如苹果创始人乔布斯，阿玛尼创始人乔治·阿玛尼，他们在成功之后拥有亿万身家，却仍然停留在原有的职位上。期间有过金钱的诱惑，但是，在他们看来，理想更为重要。他们看重的是公司的发展对改变世界、改变人类生活的意义，而那些金钱的诱惑都只是暂时的，不具有长远的意义。

总之，金钱并不是万能的，它不能成为激励当今大多数员工的手段。企业家如果一贯地采取金钱手段激励自己的员工，不仅不能有效地激励员工服务于公司，而且公司的投入成本也会不断增加，对公司的发展反而造成不利影响。

在哈佛人看来，一个优秀的企业管理者，在员工入职之初就会对员工的各方面予以认知，在给予员工适当的金钱激励的同时，也不断地提升企业的文化素质和特色，使员工的各方面需求得以满足，而不仅仅停留在物质层面。

※哈佛成功心理学※

金钱可以成为激励员工的手段，但金钱激励并不是万能的。一个优秀的企业家，在认可金钱激励手段的同时，也深知并不能一味地采取这一手段。因此，了解员工的需求对一个企业家就显得尤为重要。切忌采取单纯的金钱手段激励自己的员工。

3. 激励下属的“心理学”妙招

管理者在管理员工时，不仅仅要学会洞察员工本身的内在需要，而且要学会激励员工，调动员工的积极性。伴随着时代的进步和发展，企业对管理者提出了更高层次的要求。它要求管理者在管理企业时，不仅仅要学会适当地用物质手段来激励自己的员工，更要求管理者通过一些“心理学”的技巧和手段来激励下属，调动员工的积极性，使员工的能力和素质更加符合本企业的特色。

赫兹伯格的“双因素理论”认为，激励人的因素包括两类，内在满足和外在满足，即内在激励和外在激励。内在激励是满足人需求的内在保健因素，例如我们通常所说的五险一金，以满足自己的生活需要。外在激励是指员工在工作之后得到的精神和心理上的满足。诸如，完成一项工作后的成就感，受到领导和上级的认可和赞扬，获得某些荣誉以及个人在公司的发展前景等等。

在哈佛人看来，外在的激励才能达到真正的激励效果。内在激励是前提和基础，外在激励才是根本。只有员工自己将外在激励化为内在激励，才能起到更好的效果。身为一名管理者，运用一些“心理学”上的妙招来激励自己的员工，则能起到事半功倍的作用和效果。那么，可以运用哪些“心理学”妙招呢？下面的几个方法不妨可以尝试一下。

（1）尊重式激励法

尊重式激励法是指管理者不拿架子，公平地对待任何一名员工。一个优秀的管理者不会将自己的情绪随便带到工作中。他们尊重每一名员工，不会因为一件小事责罚自己的员工，不会嘲笑自己的员工的缺点和不足，更不会拿员工的人格开玩笑。赏罚分明，对员工的进步予以表扬，对员工的懈怠也会私下交谈、沟通。

(2) 关爱式激励法

关爱激励法是指管理者不仅仅关心员工的工作，而且也关心员工的感情生活。管理者对员工的关怀主要体现在一些平常微不足道的小事上。一个优秀的管理者在员工眼中既是上司，更是朋友。他们善于与自己的员工进行沟通，用真诚、真心来对待每一个人。对于家庭困难的员工予以帮助，伸出援手，让他们更好地工作。

(3) 竞争式激励法

竞争式激励法是指管理者在认可员工能力的基础和前提下，设立的一种内部竞争机制。此种方法意在激发员工的潜质和能力，从而挖掘更加优秀的员工。但是，运用这种方法要注意竞争的公平、公开，切勿出现徇私舞弊的现象，而且最后也要给出一个公正的判决结果。

(4) 工作式激励法

工作式激励法是指管理者通过分配恰当的工作，从而激发员工的内在激情，这就需要管理者对员工的兴趣和爱好有充分的了解。在一些情况下，可以适当地提高任务的挑战性。与此同时，注意树立和培养员工的主人翁意识，在这种方法中就显得非常重要。

其他方法例如前景式激励法，即绘制企业蓝图等等都是不错的激励方法。这些激励方法更多地体现了管理者对员工的一种人文关怀。著名的林肯电气公司拥有 2400 名员工，其设置了一套独特的激励方法，年终奖制度和职业保障制度。其激励方法在保障员工内在满足的同时，给予他们一种人文关怀，真诚地对待每一位员工，使员工能够更好地工作。

管理者的“心理学”激励方法，既可以使员工身心愉悦地去工作，也能够使公司内部更加团结。公司内部团结，才能使管理者在推动企业发展时，更好地创建属于本企业的企业特色，从而使企业跻身于行业的前列。

※哈佛成功心理学※

要想成为一名优秀的管理者，就要学会善于运用“心理学”上的妙招，调动员工的积极性和创造性，使其发挥最大的能力。这样，员工在完成公司任务的同时，也能得到更高层次的心灵上的满足和需求。

4. 利用“心理合同”管理下属

管理者在招聘员工时，必须要与员工签署一份劳动合同，规定工作时间、工资等内容，是一种双方必须签署的经济契约，任何一方违约都要承担相应的法律责任。管理者用“劳动合同”来约束双方的劳动关系。事实上，管理者与员工的关系并非如此简单。管理者和员工彼此间对对方都有一系列不成文的期望，我们将这一期望称为“心理契约”，即心理合同。

John 是哈佛大学的一名高材生，毕业后进入一家通讯公司任职，从事市场策划工作。工资待遇不错，但整体薪资浮动不大。两年后，John 因不满意现在的工作跳槽进入一家私营企业，上司开出的条件是可以获得较高的年薪，甚至有可能成为公司的股东。但是刚就职不到一个月，John 不但没觉得快乐，反而却陷入无限的纠结和郁闷之中。

首先，这家私营企业规模较小，在行业处于较弱的地位，办公地方狭小，与之前的通讯公司简直不能相比；其次，企业内部员工学历整体较低，管理制度不完善。John 的专业是市场分析和营销，精通外语，而其性格内向，不善于处理复杂的人际关系。他之前的工作充分地发挥了自己的优势，而现在则完全相反，工作业绩不理想。

虽然董事长非常器重他，可是他找不到之前的成就感。John 跟这家公司签了三年的合同，如果他现在离开又不甘心，恐怕遭到同事的嘲讽；如果他继续留在这里工作，向老板和同事证明自己的能力，他能够觉得快乐吗？这是他自己想要的吗？答案是否定的。John 的案例告诉我们，他当初在签订劳动合同时，忽略了“心理合同”，不懂“心理合同”使得John不能在工作中找到自己的快乐。

由此可见，员工懂得“心理合同”能使其能力得到最大限度地发挥，进而实现自己的人生价值。而管理者懂得“心理合同”，巧妙地运用心理合同来管理自己的下属，则能够凝聚员工的向心力，招聘到自己需要的员工，使公司内部上下一致，促进员工与管理者长远合作的构成。身为一名管理者，如何与员工达成一定的“心理合同”呢？

首先，了解心理合同的内容。一般情况下，心理合同包括良好的工作环境氛围与上下级领导关系、工作任务与安排职业的吻合度、工作福利和收入报酬的合理增加、员工培训与长期合作的机会、尊重员工等等。

其次，公司应对员工的工作能力、职业定向、工作经验、职业规划等进行多方面的考察与衡量，以便于在员工入职后根据员工的工作表现给予考核，以给予职业升迁安排、定期培训等工作。

再次，提升企业的文化价值，从长远角度为企业建立发展前景，建立企业文化内涵，完善和提升企业的文化制度、人力资源开发等多方面。

21世纪是个信息急速发展的时代，在这个网络时代，管理者可以利用多种渠道和途径考核员工的能力，提升企业的内涵价值和前景。这其中包括员工的学历、能力、性格、智商、情商、价值观和人生观等多方面内容。管理者与员工达成一定的心理契约，才能更好地促进企业的发展。

心理合同作为一种隐性的契约关系，是使管理者与员工保持良好关系的一种纽带。这一无形的契约使得员工个体充分融入企业发展的同时，也更加有利于企业创造特色的企业价值文化。管理者利用“心理合同”管理下属，才能创造一个有益于企业和员工共享的未来。

※哈佛成功心理学※

对于管理者而言，与员工拟定“心理合同”，可以帮助管理者选择更有利于企业发展的员工，促进企业高层次、高平台发展。

5. 映射：一眼看穿下属意图

在这个充满竞争的时代，人与人的接触繁多又缺乏足够的真诚，为了保护自己的利益，每个人都隐藏着自己的内心。由于人性格的弱点，人们在职场中因为升职、加薪利益的影响，为了更容易与同事和上司交往，员工会通过各种途径和方式伪装自己，把自己真实的意图隐藏起来。面对极其复杂的职场，管理者想要了解员工并且完成自己的意图，洞察员工内心，看穿下属的意图是很有必要的。

哈佛大学的教授们认为，管理者在管理员工时，了解社交心理、法则，可以解释职场中的诸多现象，熟悉世事。管理者了解这些理论，能够指导其更好地建立人际关系；指导其更好地揣摩员工的心理，让员工更喜欢自己；帮助其抢占先机，在困境时，员工也会团结一致帮助自己。用人者掌握这些心理、法则，能够帮助其更好地领导自己的员工，看穿下属意图，在职场中如鱼得水，创造辉煌！

眼神是心灵的窗口。管理者在与员工对话时，应善于通过眼神了解对方所想，了解其内心活动。员工若有欺骗上司的现象，眼睛闪躲，不敢直视对方；眼睛的转动也会出卖其真实意图；谈话间有意无意地捕捉对方的视线，洞察下属的内心。

肢体语言诉说人的真实内心。人的站姿、坐姿、走路姿势透露一个人的内心。畏惧领导的人恭恭敬敬，站姿、坐姿、走路都规规矩矩，不喜欢领导的人坐姿半躺半斜、站姿歪歪扭扭、走路左摇右摆，尽显诸多不雅的姿势。不雅的站姿、坐姿、走路姿势既有失风度，也破坏了上级与下属的和谐关系。

言语表露人的真实情感。说话的方式表现员工的意图。聪明的管理者在与员工交谈时，能够从谈话间倾听“弦外之音”，明白其真实想法。有些员工有加薪、升职的期望，但其不明说，而是通过婉转的方式，管理者要学会聆听，挖掘其真实性格。

著名的心理学家弗洛伊德曾说过这样的一句话：“任何人都无法保

守他内心的秘密。即使他的嘴巴保持沉默，但他的指尖却喋喋不休，甚至他的每一个毛孔都会背叛他！”他告诉我们，每个人的内心都是有迹可循的，一个人的心理会通过微不足道的细节表露出来。管理者必须深入了解下属的行为习惯，对员工有全面的了解和认识，知晓下属的行为方式和真正意图。长此以往，任何下属的行为你都会一眼看穿。

日本一位著名的绘画家曾经画过一幅当时显赫一时的小泽一郎的肖像，肖像中小泽一郎是一张不折不扣令人畏惧的害怕脸。当时，小泽一郎拥有绝对的权威，操作无数黑幕，是政治界无数人畏惧的资深人士。绘画描绘出了小泽一郎当时的情况，令人害怕。这幅绘画巧妙地洞察了人的心理，让人们一眼就能看穿其意图。

在优秀的管理者看来，管理员工要学会一些心理学，学会洞察对方的心理，这样在职场中可以尽量避免一些员工隐藏自己真实想法的行为，一眼看穿下属的意图，懂得员工的内心，并善于读懂其心理活动，为员工安排工作，使员工的能力更加符合公司的发展。

看穿下属的心理意图不仅有利于处理良好的上司和下属的关系，也有利于员工的能力得到更好地发挥和发展，同时也使管理者更好地在职场中驾驭自己的员工，促进自己和下属的共同成长进步！

※哈佛成功心理学※

眼神、肢体语言、言谈举止等行为方式是一名优秀的管理者了解员工必须学会的心理准则，懂了这些，不仅仅有利于提升自己，也更有利于看穿下属意图，处理好自己与员工的人际关系，促进企业又好又快地发展！

6. 管人要让对方心服口服

在美国纽约帝国大厦的一间大会议室里，为期三周培训的经理们终于可以松一口气了，参加培训的人员再填写一份个人改进计划就完工了。经理们不到 10 分钟就完成了个人改进计划，就等着执行董事

Kevin 结束讲话就完成了。

Kevin 的讲话还没有结束，不少经理就急着上交改进计划。从当时交上的计划来看，30 份改进计划，总共 90 条改进行为，其中只有 10%符合公司的“可操作”和“可执行”的要求，其他的要不敷衍了事，要不迷糊不清。鉴于大家三周的疲惫，Kevin 却说：这段时间大家辛苦了，这份计划不着急上交，回去后认真填好后上交即可。

之后的一个月内，每位参加培训的经理将其计划进行了一番认真的修改，30 位经理的计划共增加了 100 条改进行为，其中 90%的改进行为符合要求，其他计划也勉强能够操作。

Kevin 虽然对大家上交的计划不满意，但并没有发泄自己的不满，而是以身作则、就事论事，让大家自我检查，自我反省，最后每个人都心甘情愿地交上了满意的计划。

试想一下，如果 Kevin 看到下属草草了事，不是和颜悦色，而是大声训斥他们，说各种不好听的话，结果大家肯定也会重新上交计划，但是大家的心情一定都是灰暗的，在这样的情况下上交的计划且不说比之前好不好，有多少计划又是可以执行的呢？

答案我们无从判定，也无从知晓。Kevin 在做这一工作时，以身作则，要求大家自己监督自己，也没有发脾气，而是给下属提出整改意见，并体谅大家辛苦，让大家重新写好上交就可以了。

在管理下属的过程中，我们经常会遇到这样的事情，有时大家会有抵触情绪，那怎样让大家做到心服口服，对管理者是非常重要的。当管理者面临下属的抵制时，你不是要改变他的行为，而是要改变他的意念，有时换一种说法和做法就会令员工心悦诚服，而不是会使其有逆反心理。

在哈佛的成功人士看来，管理者如何才能让员工心服口服呢？

第一，多赞美员工。管理者应将员工看作自己的家人，时常与员工谈心，谈谈自己与对方相似的家庭背景和经历，拉近你们之间的距离；对于下属的优点，真诚地赞美，多多鼓励自己的下属。心理学家发现，管理者对员工品格的赞美，可以使得员工对管理者产生好感，心甘情愿地按照管理者的旨意行事。

第二，给予他人，他人也会给予对方。以身作则是非常重要的，管理者要给员工做表率，这样下属也会照做；发布一项任务和工作时，先告知对方好处，抓住员工趋利的本能；多加赞赏和认可对方，管理者所希冀的行为就会再次发生。

第三，“身边人”效应。优秀的管理者在执行一项政策时，善于利用身边的人谈及政策对公司、大家的好处，而不是利用自己的命令和威严来说服自己的员工，可以取得双倍的效果。

第四，言行一致，说到做到。管理者在做出承诺时，不要仅仅停留在简单的口头承诺上，而是书面承诺，切勿出现出尔反尔的现象。

第五，树立权威，分享自己成功的经验，或者借用他人榜样的力量。在企业，管理者要善于分享自己成功的履历、经验，以激励自己的员工，但切勿出现太过吹捧的现象。

管理者不可能用自己的行为来指挥任何人，必须要学会用心管人，以德服人，否则在管理的过程中则会出现各种逆反的心理，也会出现公司上下不一致的现象。

优秀的管理者会善于抓住员工的心理，用心管人，以德服人，使员工心甘情愿地听从老板的指挥，为公司服务，做到心服口服。

※哈佛成功心理学※

管理者在管理员工时，要做到的不仅仅是用行为来管理自己的员工，更重要的是用心来管理员工，使其做到心服口服。只有这样，才能使员工更好地听从管理者，为企业服务。

7. 玩转上下级之间的心理博弈

管理者与员工交往的过程，实际上也是一种心理博弈的过程。无论你是一名管理者还是一名员工，无论你是一名普通的管理者还是一名高级的管理者……无论你在职场中扮演什么样的角色，你都时刻与外界发生着信息交换，任何人都无法阻止每个人心与心的碰撞，无法避开人与人之间的心理博弈。

在领导体系中，上下级之间是指领导和被领导的关系，二者构成领导体系的主体。上下级之间是完成领导目标的最能动的因素。上下级之间的关系好坏，以及上下级之间矛盾解决的成功与否，影响着领导目标的实现，以及整个企业绩效的高低。那么，哈佛大学的成功人士，是如何把握上级与下级之间的关系，如何玩转上下级的心理博弈的呢?

(1) 了解下级

作为上级要了解下级的性格、智商、情商、特长、爱好、家庭等基本情况，这是上下级相处的基本前提和基础。不了解下级的基本情况，就不能做到用其所长。按照马斯洛的“需要层次理论”，每个人都有不同的需要。管理者了解了员工的需求，在其家庭困难时帮他们一把，在其需要心理安慰时，及时给予安慰，使对方有一个好的心态工作；了解其发展需求，给员工一个施展才华的舞台。

许多知名的五百强企业在招聘员工时，都会对员工的性格、智商、情商予以测试，以充分了解员工。

(2) 礼遇下级

首先，上级要得到下级的拥护和支持，就必须尊重自己的下级。下级和上级是平等的，应该相互尊重。其次，真诚相待。上级在对待自己的下级时，政治上支持，工作中配合，生活上关心，让下级有安全感。当下级因为工作失误时，要给予下级改正的机会，正视其错误，勇敢纠正。再次，赏罚公正，处事公平。上级要对下级一视同仁，赏罚分明，营造公平公正的工作环境。最后，疑人不用，用人不疑。大胆地招聘有志之士，安排任务。

(3) 相对宽容，但并不是无原则地忍让

对于下级的错误，要学会网开一面，给予下级改正的机会，这样既可以体现领导的睿智，又可以不失尊严，维护上级和下级的关系。这样，下级也会因为上级的行为而感恩，更加努力地工作。

(4) 做事留有余地

水至清则无鱼，人至察则无徒。上下级相处时，凡事都要留有余地，给下级留出适度的空间，使下级有面子，这样下级在感激上级的同时，也体现了上级的人文关怀和素养。

上级和下级在相处过程中，如果能够运用心理学的知识，看穿对方，了解真实目的，就能够化不利为有利，进而掌握对方的心理，玩转上下级之间的心理博弈。

上下级之间的关系对于管理者是一种非常重要的关系。玩转上下级之间的心理博弈，可以从本质上建立起强大的心理防御体系，规避人际关系中的缺陷和风险，解决工作中遇到的各种问题，在职场中应付自如，占据领导地位。

※哈佛成功心理学※

上下级作为一种领导和被领导的关系，对于企业的成败与否有着至关重要的作用。玩转上下级的心理博弈，可以更好地了解员工，了解自己，为企业的发展创建一个更美更好的蓝天。

第十一章

谈判心理课

进与退之间的心灵舞蹈

现代社会，
不管是洽谈合作，
还是面试找工作，
处处都需要“谈判”，
不懂“谈判心理学”，
如何发展事业？

1. 如何在谈判中保持“心理优势”

日本一家公司到美国去采购成套设备，没想到当天日本的谈判小组成员因为上街购物而耽误了谈判时间。当他们到达双方预定的谈判地点时，比双方规定的时间迟到了将近一个小时。美国公司对此表示了极大的不满，花了将近半个小时的时间指责对方谈判代表不遵守时间，不遵守信用。长此以往，以后很多合作恐怕难以达成，并指责对方代表浪费金钱和生命。对此，日本代表觉得理亏，并不停地向对方道歉。

谈判开始后，美方代表一直对日方迟到一事耿耿于怀，使得日方代表手足无措，谈判处处被动，以致无心与对方讨价还价，对合同中的诸多条款也没有仔细斟酌考量，急匆匆就签完了合同。等到合同签订后，日方代表冷静下来再一次看合同条款，才发现自己吃了大亏，上了美方的当，但为时已晚，只能吃了哑巴亏。

双方在进行谈判时，美方代表抓住了日方理亏这一点，挑剔对方，营造了一种极其微妙的谈判氛围，在心理上给予对方压力，巧妙地利用心理上的优势，使得对方心理上处于弱势。日本代表觉得理亏才会匆忙签下条约，而当发现时懊悔已经来不及了。

哈佛大学的教授们认为，保持心理优势在谈判中是非常重要的。心理上的优势是相对而言的，弱者有可能成为强者，在谈判中更胜一筹，而强者则相对较弱，在谈判中处于较弱的地位。这样的优势彰显了谈判者的才能和智慧，也使得对方心服口服。

在谈判中，谈判双方的经济实力、能力是非常重要的，但是心理上的优势更能彰显谈判者的实力。那么谈判者应该怎样在谈判时保持心理优势呢?

第一，知己知彼，百战不殆。所谓知己知彼，不仅仅是了解自己和对方的经济实力和基础，了解双方的谈判目的、意图，而且要了解对方的性格、谈判手段、言谈技巧等方方面面。这样，才可以在谈判中如鱼得水，掌握主动权。

第二，保持决心和耐心，建立熟练的谈判技巧。熟练的谈判技巧包括谈判态度，端正态度，保持决心和耐心，不要迟到；建立融洽的谈判氛围，尽量和谐；准备多套谈判方案，切勿谈判出现怯场的现象；设立好谈判的禁区，哪些该说，哪些不该说等等。

第三，设立自己独特的谈判风格。独特的谈判风格不仅仅能给对方留下深刻的印象，而且也更加能使对方折服。

第四，谈判中要保持道德认同，保持道德力量。在谈判中，谈判者要保持道德认同，如果出现道德的问题，一定要站在道德力量的一方，运用道理使对方得到认同。

第五，无论你的经济力量是否雄厚，一定要充满自信，着装得体。自信可以营造一个有力的谈判气场，给对方留下很好的印象，无论谈判结果如何，都能使得双方有下一次合作的可能。

合作谈判时，经常提醒对方你的优势，让其觉得与你合作是非常明智的抉择；使用优势去影响和说服对方，在心理上打败他；无论你处于优势还是弱势的一方，态度不能太过随意，一定要让对方觉得你们的合作会变得利益最大化，而不是征服或者输给对方。

谈判就像一场无硝烟的战争，也是一场没有兵器的战役，要在其中占据优势地位并在最后取得胜利，不仅仅要有才能和智慧，还要懂得心理上的谈判和技巧，从而控制局面，在谈判中处于主动地位。

※哈佛成功心理学※

谈判时保持心理优势，可以在谈判中掌握主动权，进而使得谈判如鱼得水，在心理上战胜对方，更胜一筹。

2. 摸清对方底线

1923 年，苏联国内自然灾害严重，国内食品严重短缺，苏联驻挪威代表柯伦泰奉命与挪威商人洽谈生意，购买鲱鱼。当时，挪威商人非常熟知苏联的情况，想借此牟取暴利，于是开始了漫天要价。柯伦泰诚挚地与其进行谈判，结果挪威代表提出的价格仍居高不下，谈判陷入了僵局。

身负重任的柯伦泰思前想后，怎样才能使得双方达成一致，以都可以接受的价格成交呢？终于，她发挥自己的聪明才智想了一个令其让步的办法。当双方再次进行谈判时，她很自信地说："我们国家现在非常需要这些食品，就按你提出的价格成交，如果我们国家不批准这个价格，那就用我的工资来支付，不过我的工资有限，可能要分期付款，这样的话可能就要还一辈子。"

挪威代表顿时哑口无言，对柯伦泰的一番话感到震惊，也被她深深地感动。挪威代表也感受到了柯伦泰一番话的强硬意味，觉察到似乎没有讨价还价的余地。在经过一番深思熟虑后，最终挪威代表还是降低了价格，签订了协议，并高度赞扬了柯伦泰的品格。

像上述谈判中的僵局，这样的现象已经屡见不鲜。在谈判中，采用温柔的语气说话，一味地低三下四、客气地退让，有时不会让对方觉得你是一个可以合作的对方，而是让对方觉得你很软弱，欲从你身上获得更大的利益。

相反，如果一开始就以强硬的态度出现，从外在风貌到言谈举止，都表现出傲娇、步步逼人的姿态，不仅仅留给对方不好的印象，还会让对方对你不信任。那么在谈判中我们应该怎样做呢？

柯伦泰的谈判告诉了我们答案，即"软硬兼施"，摸清对方底线。所谓"软硬兼施"，是指当谈判陷入僵局，双方争执不下时，要想让对方继续合作，谈判的任何一方就会做出让步。当然，必须指出的是，这里的让步并不是代表着退缩，而是有更好的计划，为了双方互利共赢而做出的明智的决策。

柯伦泰在双方争执不下时，诚挚地跟对方交流和交谈，首先告诉对方答应其价格，后来又说垫付自己的工资，而且是一辈子。柯伦泰先软后硬，让对方骑虎难下，她看透了对方的心理，摸清了对方的底线，在谈判中化被动为主动，最后以较低价格签订了合约。

摸清对方底线，是谈判中非常重要的一种手段。摸清了对方的底牌之后，就会更加自信，而不是谈判时畏畏缩缩，处于被动地位，无法扭转局面。

任何一方都有自己的底牌和底线，而所谓的了解谈判对方，不仅仅是了解对方的经济实力、了解对方的谈判目的和意图，而且是要了解对方的底线。这就需要谈判者懂得从言谈举止间判定谈判者的目的，可以采取多种方式，软硬兼施。真诚在谈判中是非常重要的，切不可硬碰硬，使得谈判不欢而散。

无论你从事何种职业，都要学点心理学，每个人都有自己行为做事的底线，清楚对方的底线后，才能更好地了解对方，了解对方的心理状况，成为谈判场的主人，在谈判时才会百战百胜，而不是成为谈判的俘虏。

※哈佛成功心理学※

谈判时，要想对对方知根知底，就要懂得一点心理学，摸清对方的底线，在谈判中掌握主动权，占上风。

3. 哈佛人在谈判时这样报价

所谓报价，是指谈判双方各自向对方提出全部交易条件的过程，其内容不仅仅包括价格问题，还包括贸易过程中的交货条件、品质规格、数量质量、支付方式、运输条款等内容。怎样报价体现了谈判者的智慧和能力，哈佛学子们在大学期间就学会了如何报价。

哈佛教授们告诉他们，谈判中报价需要你有高远的战略眼光、宏观的决策能力和科学的管理能力。这就告诉决策者在进行谈判时，清楚地了解双方，了解对方谈判时的心理，对于进行谈判都有很大的益处。

哈佛人认为在我们进行谈判时，特别是关于报价的问题，一定要沉着冷静，充分考虑你与双方的真实需求，做出相对理智的答案，给自己和双方一个合理的报价。谈判中，哈佛人常见的报价方式是有意或者无意地制造某些混乱，隐藏自己的真实报价，以达到自己所期许的价格。

甲厂革新设备、技术改造后，为使不造成资源的浪费，欲处理留下来的生产设备。乙厂在得知消息后，派遣设备材料组的人员上门求购。双方就材料的价格问题进行了一次艰难的磋商。甲方认为，设备有七、八成新，报价 10 万元。乙方认为，他来之前做了充分的调研和考核，这些材料加上安装的费用，总共也就 4 万元左右。双方在交涉长达两个小时后，做出让步，甲方说鉴于乙方的准备和需求，报价 8 万元，但是并不承担运输、安装的费用。而乙方则不以为然，他认为加上甲方给予其运输、安装的费用，总共 5 万元。双方仍然僵持不下。

第二天，双方又紧接着进行谈判，但是依然停留在第一天的水平上，下午总算有了一些进展。甲方首先做出让步，最终双方以 6 万元的价格成交。甲乙两方都很满意，因为甲方内部定的价格是不能低于 5. 5 万元，而乙方内部定的价格是 6. 5 万元以内可成交。

从上面的案例可以看出，双方的报价都很凶，甲方高喊 10 万元，乙方狠杀为 4 万元。这种报价方法被哈佛大学的教授们作为经典案例来教授。哈佛大学的教授们认为，双方都远远偏离自己的真实要价，二者的用意都是为了混淆视听，遮掩自己的真实报价。之后，当甲方做出让步时，乙方也开始让步，双方以自己能够接受的最低价格进行谈判，最终双方达成一致。

在竞争激烈的国际谈判中，精明的报价既需要胆识，也需要谋略，知己知彼，百战不殆。商务谈判中的报价方法更是如此。哈佛大学的教授们认为，买方要想得到一个自己满意的报价，就需要先对卖方的产品进行一番调研，在经过仔细的斟酌和考量之后，给对方一个接近临界点的报价。之后，双方再进行进一步的磋商和谈判，在对方觉得条件成熟的时候，一锤定音，这样你才会得到一个相对合理的价格。

※哈佛成功心理学※

报价考查的不仅仅是双方的智慧和能力，更需要对对方进行一番考查。智者在报价时，审时度势，稳扎稳打，步步为营，为自己和他人留有余地，从而得到自己满意的报价。反过来，这样的报价又彰显了自己的优势。

4. 以退为进，巧妙运用妥协策略

以退为进，是指以退让的姿态作为进步的阶梯，表面上是退让，使得对方在心理上存在戒备，实际上只是一种暂时的妥协，先顺从对方，然后争取主动，反守为攻。这是一种谈判中常见的策略。

在比利时一个著名的艺术长廊就发生过这样一个故事：一位颇具学识的美国画商看中了印度人带来的三幅艺术作品。印度人千里迢迢带到比利时，又肩负着委托人的意愿，因此标价 250 美元一幅，但美国人觉得这个画并不值这个价，因此不愿意交付那么多美金，而印度人也不愿意低价出售作品，谈判陷入了僵局。

当时，印度人非常生气，当着美国人的面烧了其中一幅画。美国人看到印度人的此举后，问他们剩下的两幅画是否还是 250 美元？印度人毫不犹豫地说是。美国人又拒绝了。印度人听到他们的言谈后，气冲冲地又烧了其中的一幅画。美国人这时犹豫了，当他再次询问印度人时，印度人说道，最后一幅画与其他两幅画必须是一样的价钱。美国人无奈，最终以 600 美元的价钱买下了最后一幅画。

印度人带来的画虽然出自名家之手，但是市场价格也就在 100 到 150 美元之间，而最后印度人却以 600 美元的高价成交，这是为什么呢？究其根源在于，当谈判陷入僵局的时候，印度人烧掉其中的两幅画以吸引美国人，采取以退为进、暂时妥协的策略。这三幅画都是非常珍贵的作品，其他两幅没有了，剩下的这幅显得尤为珍贵，印度人巧妙地利用了“物以稀为贵”，取得了胜利，掌握了主动权。

在我们谈判的过程中，由于双方要维护各自的利益，会因为利益问题出现分歧、僵局。要想打破僵局，减少双方之间的分歧，使谈判顺利进行，双方必须有一方做出适当的退步，以退为进，暂时地妥协。一个小小的让步可以以小局部的利益换取整体的利益，“牵一发而动全身”的作用和效果是常有的事情。谈判双方促使谈判顺利完成，从而达成双方共同期许的结果，这才是谈判起到的最终作用。但是让步并不是完全地让步，而是适当地让步，不能无下限。

那么在谈判时，采取以退为进的妥协策略时应该注意哪些问题呢？

第一，学会适当地隐藏自己，让对方先提出自己的要求。知晓对方的要求之后，才能更好地走好下一步棋。

第二，不要做无所谓地让步。在向对方做出让步时，不能无所谓地全部让步，每次让步都要使得对方有一些机会。

第三，学会吊胃口，人们总是珍惜得不到的东西，越是想得到的东西，越会努力争取，因此一定要让对方先争取一会。

第四，让对方在重要的问题上先让步。你可以尝试在一些小的问题上让步，这样对方就会心存感恩，在一些重要问题上就会先让步。总之，让步都是相互的。

第五，学会说一些模棱两可的话，诸如，我再考虑一下等等。

以退为进，暂时地妥协，是谈判的最高境界。谈判追求的是双方的满意和结果的圆满。对于谈判者而言，只要大的利益没有发生改变，有时候选择以退为进的策略是一种明智的抉择。谈判的过程复杂多变，我们经常会遇到各种各样的争议和困境，在这种情况下，不妨换个角度，以退为进，做出暂时的让步，也许就会有不同的结果和效果。

当我们遭遇谈判困境时，不要生气，不要发怒，忍一时风平浪静，退一步海阔天空。这个时候试着冷静下来，做出暂时的让步。这样一方面既可以彰显你的大度，也可以使谈判按照你所期望的方向发展。

※哈佛成功心理学※

以退为进，不是退让，而是暂时地妥协，在妥协中不断进步，在谈判中取得胜利！

5. 谈判不是杀敌，请放下敌意

意大利C公司因缺乏技术研究的后续准备和资金，所以在全国招募合作伙伴。年初，公司的技术人员就带着他们开发的软件和先进的设备来到D公司寻求合作者，并在D公司进行了试点，效果显著。

D公司在这之后也派遣部门人员对C公司进行了全面的考察，考察结果是对该公司的技术设备很满意，因此双方就技术引进事宜进行正式谈判。

谈判开始，D公司的目标是购买这项技术，因为假如引进这项技术，就会给公司带来巨大的经济效益，也符合公司未来的发展需求。但C公司坚持只给对方技术使用权，允许D公司为其提供后续的资金，但是技术专利仍然掌握在自己手中。他们不同意将自己苦心经营的核心技术卖掉，谈判一开始双方就陷入了僵局。

在经过为期一周的谈判之后，双方仍然谈判无果，二者都不愿意退一步。一方面如果双方放弃，两者都不会找到合适的发展企业的机会，另一方面，如果就这样草率地放弃，就意味着之前所消耗的资金和精力全部都被浪费了。双方的僵持让两个公司负责人心烦意乱，争执不下，剑拔弩张，甚至开始互相怀有敌意。这样的情况让双方都骑虎难下，直到某大型企业的管理人员在中间做了调节，二者的谈判才得以顺利进行，双方也达成了最初的目标和结果。

案例中的C公司和D公司都将对方当成了敌人，认为对方不怀好意，然而实际上情况并不像双方想象的那样困难。他们误以为这样的僵局是对方造成的，但是大型企业的管理人员在中间疏导时，双方才明白了对方的目的，谈判才得以顺利进行了，达成了双方都比较满意的结果。

在上面的案例中，双方对对方存在敌意的根本原因在于对对方不够了解，错误地认为谈判中对方对自己存有敌意，而要化解这种矛盾应该注意哪些原则呢？

首先，坚定，这是化解敌意的前提和基础。所谓坚定，是指在谈判时必须坚守自己的立场，有些利益和底线是不能触碰的。但是这并不代表我们没有商量的余地，我们可以进行适当地让步，但让步是有准则和底线的。

其次，温和，这是化解敌意的一剂良药。所谓温和，是指在谈判过程中，无论出现什么情况，无论对方有什么情绪，都必须注意自己的情绪。在谈判桌上足够淡定才能使对方觉得理亏。无论怎样，你都不会有敌意产生。

最后，牢记一个原则，即谈判不是杀敌，请放下心中的敌意。我们能和他人坐到谈判桌上谈判，就说明我们是足够信任对方的，即使有敌意，也是因为利益的牵绊。所以，无论是在谈判开始还是在谈判过程中，抑或者谈判结尾，我们都必须把我们的对手当作朋友，这样才能有继续合作的机会，也能为自己赢得一个好名声。

别人对你友善，你也要学会对他人友善。谈判虽然是一场无硝烟的战争，但是这并不代表对手就是敌人。我们之所以谈判，是为了双方都能实现自己的目标，互利共赢，而不是鱼死网破，占尽了风头。双方都没有敌意，谈判才能顺利进行，才能取得效果，促进双方的共同进步。

谈判中尽管有利益的冲突和对抗，但是智者学会了用一颗友善的心来对待对手。所谓赠人玫瑰，手有余香。这句俗语告诉我们，你对他人友善，他人也会对你友善。双方都秉持一颗友善的心，谈判才能互利共赢。

※哈佛成功心理学※

谈判不是杀敌，放下心中的敌意，友善地对待你的谈判对手，做一个优秀的谈判高手！

6. 换位思考才能促双赢

换位思考，是指设身处地为他人着想，即想他人所想，是人们处理人际关系的一种思考方式。当前时代，人与人之间最缺乏的是理解和信任，而换位思考恰好解决了这个问题。换位思考是人与人之间交往的基础，是人们互相宽容、理解的渠道。当然，换位思考的优势不仅仅表现在人与人之间的交流中，在谈判中换位思考更能促进共赢。

第二次世界大战期间，美国空军降落伞的合格率为 99. 9%，这就意味着从概率上来讲，每一千个跳伞的士兵中都会有一个因为降落伞的质量不合格而丢失生命。这对于美方来说，是一场巨大的损失。战争中本来就缺少士兵，这样会给美方带来一些不利的影响。因此，军方要求厂家必须使降落伞的合格率达到百分之百，否则就对厂家不利。

但是厂家负责人使出浑身解数，无论怎样努力，也无法使降落伞的合格率达到 100%。厂家负责人对军方表态，99. 9%的合格率已经是我们的极限，如果您觉得达不到您的要求，即使您伤害我，我也无能为力了，或者您也可以另请高明。

军方在思考再三后，站在厂家的角度来思考这个问题。军方负责人在苦思冥想之后，终于找到了解决的办法。负责人在验收降落伞时，一改以往的检查制度，每次交货前都从降落伞中挑选几个，让厂家亲自跳伞检测。结果，令众人都大吃一惊的是，降落伞的合格率达到了 100%。

军方的换位思考，一方面减少了因降落伞质量不合格而造成的人员伤亡的事故，另一方面也提升了厂家降落伞的合格率，为厂家带来更大的经济效益。试想，双方如果一直处于僵持状态，结果会不堪设想，而换位思考给双方都带来了效益，促进了双方的共赢。

在谈判时，更应该注意学会换位思考。那么，在谈判时，我们应该怎样才能学会换位思考呢？哈佛人教给学子们的高招我们不妨可以学习一下，也许会有出其不意的效果。

高招一：己所不欲，勿施于人。这是指在谈判中我们不能接受的条件和价格，千万不要施加给对方。我们必须明白一个道理，人与人之间的关系都是相互的，你照顾对方的感觉和利益，那么对方也会照顾你的利益，在纷繁复杂的环境中建立平等的关系，促进双方进一步的合作和共赢。

高招二：谈判准备伊始，站在对方的角度思考可能存在的问题，准备相应的材料，以应万变。谈判准备期间的换位思考，可以使我们恰如其分地分析自身和他人的利益，使得自己的谈判技巧和谈判目标更加灵活，这是完成双方互赢所必须的一步。在此期间，你可以将自己的任务和目标具体化，整理一个大家可以接受的最高和最低的底线，以此来做到在谈判时游刃有余。

高招三：谈判中，站在对方角度思考问题，巧妙化解僵局，促进谈判顺利进行。在谈判的过程中，双方可能因为各种利益和目标的争执而陷入僵局，破坏氛围。而对于谈判双方来说，最重要的一点是，双方彼此都冷静下来，站在对方的角度，比较自己和对方的利益冲突，了解出现僵局的关键。双方只有平心静气，谈判方可继续进行，最终完成双方都期许的目标。

哈佛人认为，谈判是一门重要的学问。谈判固有的目标就是达成双方彼此都想要的结果，既然这样，那就应该也必须尝试换位思考，在换位思考中实现双方的利益和目标，促进共赢。

※哈佛成功心理学※

换位思考不仅仅是人与人之间交往的一种方式，同时也是合作企业之间谈判的一种重要谋略。谈判双方只有站在对方的角度，学会换位思考，才能互利共赢，实现更大的价值。

7. 关键时刻，如何掌控全局

多年来，谈判桌上运用的策略或是“彼此互赢”，或是一拍两散，达不到自己的利益就散伙的作风。但是，谈判并不是总像我们期望的那样一帆风顺，总会有一些突发情况，使得谈判陷入僵局，陷入双方都无力化解尴尬的谈判气氛。对于谈判者而言，在这样的关键时刻，审时度势，随机应变，使你的计划顺应谈判的进展，掌控全局是很重要的。

迈克·惠勒是哈佛商学院的一名知名教授，他曾教授学子们关于谈判的一系列课程。他的学子们遍及美国知名企业以及其他国家的公司，他们毕业后都非常感谢教授教给他们的谈判谋略。迈克·惠勒教授认为，谈判是一个不断学习、变化及相互影响的过程。任何一件事情都不可能完全按照原本我们所预想的那样发展，而我们能够做的则是充分准备，以不变应万变，掌握谈判中的关键信息，以此为筹码，掌握全局。

迈克·惠勒教授以纽约曼哈顿中城的花旗集团中心为例，看房屋中介如何耗时五年时间，凭着4000万美元，在地主、银行及其他觊觎这一大盘的人之间周旋，掌握全局，完成了20世纪70年代纽约史上金额最高的土地收购案。这个案例被教授作为经典案例来教授，他强调，在谈判中随时应变，在谈判中改变策略，转换方向，但又不压低自己能够接受的最低底线是非常重要的。

迈克·惠勒指出，谈判并没有剧本可彩排，不是定性的思考，而是一场自导自演的演出。你只清楚你自己想要呈现的舞蹈效果，却又不知道怎样才能赢得观众的阵阵喝彩。与此同时，你和谈判对手都不清楚对方会如何演绎，彼此双方也都不了解对方的演技水平。而你应该做的就是在知晓对方、了解对方的前提下，灵活应变，压轴出场，博得掌声和对方的信服。

那么，迈克·惠勒所谈及的掌控全局的要点包括哪些呢?

第一步，知己知彼。在为谈判做准备时，一定要尽可能地了解对方，做好应变的万全准备。这样做是为了使自己在谈判中有长远的战略眼光，有俯视全局的气场，这样你就可以处在舞台的最佳位置，做舞台中央最闪亮的那颗星。当然，这一步你必须清楚你所期许的结果，以及一招获胜的最佳时机，抑或你为此应该付出的努力和代价。

第二步，变化。谈判是一个不断发展变化的过程，而并非一成不变的。为了应对谈判中出现的各种情况，你必须沉着冷静，有足够的心理准备，既不慌不忙积极面对，也能够发挥自己的创造力，认真务实地完成谈判，然后调整自己的策略，采取行动应对对手的谈判。

第三步，关键时刻，谨慎处理，临危不乱。每一次谈判都会有一个临界点，为了化解双方谈判的尴尬氛围和僵局，你需要做的是谨慎地处理这些僵局。在面对僵局时，你可以选择暂时的休会，做一些令人身心愉悦的事情，你也可以与对方谈一些与谈判无关的事情，谈一些对方感兴趣的事情。等到双方彼此冷静下来后，再进行做下一步的计划和打算。

最后一步，在谈判中不断学习，不断进步，在谈判中掌握谈判的技巧和谋略，在循序渐进中掌握全局，做一个优秀的谈判高手。一个优秀的谈判高手不仅能够掌握全局，还能够在谈判中不断汲取经验教训，获得自己的目标和成就。

哈佛人告诉我们，如果我们想在关键时刻，掌控全局，就要学会做一个优秀的谈判高手。而一个优秀的谈判高手，能够客观地看待和处理谈判中出现的各种情况，并找出解决问题的办法。他们善于打破僵局，寻求继续前进的可行之法。他们也不仅仅执着地停留在谈判桌上的这些东西，而是在谈判中进步，在谈判中成长。

※哈佛成功心理学※

一个人要想在关键时刻掌握全局，就要学会审时度势，学会在谈判中变通，学会在谈判中学习，做一名优秀的谈判高手。

第十二章

消费心理课

从今天起，做个精明的消费者

每个人都需要买东西，
但你是一个精明理智的消费者吗？
冲动消费、过度消费、攀比消费……
其实你的消费行为真的没有那么合理。

1. “购物狂”背后的心理症结

纽约是享誉世界的购物天堂，每年这里都吸引来自全世界各地的人来购物消费，这里的商品琳琅满目，让人眼花缭乱，爱不释手。Celia是一位20岁的年轻姑娘，家住华盛顿，她非常喜欢购物，每次来到纽约，都要把大大小小的商店逛个遍，回家往往满载而归，家里的衣柜、鞋柜更是堆满了当前最流行的时尚品和奢侈品。但是Celia每次逛街回来对自己买的东西并不满意，非常纠结，觉得这些东西不应该买，但是不买的话又会觉得后悔，陷入了无限的纠结和自责中。

多数人都喜欢购物，像Celia这一类女生，购物满载而归，但是却对自己买回来的东西一时满意，事后就觉得很后悔，她们经常陷入了一种买和不买的矛盾中。如果不买的话自己又觉得不甘心，买的话带回家又会觉得后悔。这类人我们称之为购物狂。

从心理学的角度来看，购物狂同暴食症一样，她们购物的内在原因来自对商品的占有欲。占有欲越强，购买的东西越多，Celia对商品的占有欲就特别强，每次看到那些琳琅满目的商品，都会买很多。即使不买，也会在橱窗前驻足很久。Celia这样的情况很典型，也不奇怪。

购物狂过度购物，内在原因也受到外在压力的影响。伴随着社会文明的进步和发展，现代社会对人的要求越来越高，女性也不例外。这不仅仅彰显了时代的发展和进步，也对人们提出了更高的要求。

现代社会要求女性要上得厅堂，下得厨房；不仅仅要有事业，还要相夫教子。职场和生活的压力使得诸多女性无处发泄，而女性又具有天生爱购物的习惯，因此购物就成为她们宣泄压力和不满的渠道之一。

在工作中，很多女性都是以员工的身份出现的，而女强人是很少的，她们不能很好地把握工作时间和工作量，没有能力宣泄领导给她们带来的压力，再加上生活中很多事情让她们身不由己，这无形之中都给了她们很大压力。她们通过购物来表达自己的压力和无助，通过购物的方式来宣泄自己的压抑。

购物这一方式很好地符合了女性自身的心理需求，但像Celia这样过度购物则是一种错误的发泄方式，这是一种缺乏自制力和安全感的表现。Celia曾说，生活的不如意让我无处宣泄，购物消费可以让我的生活变得美好，但是购物之后生活还得继续，所以我只有一直购物，通过购物排解压抑。

快节奏的生活和与时俱进的购物，使得近年来购物狂越来越多，他们在购物中减轻压力，寻找快乐，获得满足。其实，这种消费方式映射出人心理上的一种纠结，需要疏导治疗。

首先，减轻压力，这是第一步也是非常重要的一步。每个人都要学会重新审视自己，学会探究和追寻压力的来源，只有认识了压力的源头，才能从根本上解决和减少这个问题。在认识了压力的来源之后，增进与亲朋好友之间的沟通，与他们谈心，及时地排解心中的忧愁和困惑，这样你在商场血拼的机会就会大大减少。

其次，购物者要尽量少带钱和银行卡出门，或者结伴出行，让身边的人督促自己。这样，你在商场就会只饱眼福，而不是疯狂购物。

最后，改变自己宣泄压力的方式。宣泄压力的方式不只购物一种，购物只是暂时宣泄压力的一种方式，要想真正解决这个问题，必须重新寻找一条治愈的道路。唱歌、看电影、与好友聚餐、玩一些刺激运动等等都是宣泄压力的方式。

购物本身虽然是一种促进社会发展的重要行为，但是过度消费不仅仅会给社会带来严重的负担，而且也是消费者自我内心症结的一种表现。因此，我们一定要合理消费，不做购物狂。

※哈佛成功心理学※

“购物狂”有着来自工作和生活的多重压力，从心理学的角度来看，是一种心理疾病。我们要合理消费，做消费的主人。

2. 爱买名牌的人，缺少自我认同

伴随着生活水平的提高，人们对商品的品牌越来越看重，一些消费者越来越爱买名牌，他们越来越看重该商品给自己带来的附加值，觉得名牌能使自己感到心情愉悦，同时也能向周围的人展示自己，认为这是一种炫富的方式。

所谓的通过名牌向他人展示自己，指的是他们希望购买的衣服、包包等事物能够彰显自己的自我观念。例如，有些男士钟情于“阿玛尼”，他们希望自己的气质能表现出阿玛尼的优雅、随意、简单；有些男士钟爱“劳力士”的手表，他们希望自己能够彰显与众不同的气质，鹤立鸡群；有些女士喜欢“香奈儿”，认为“香奈儿”是一种高雅、简洁的象征；有些女士偏爱“路易威登”，认为其让人有舒适的感觉。

哈佛人认为，购买名牌既满足了人们通过名牌展示自己的需求，而且在一定程度上也得到了他人的认可和肯定。名牌消费也反映了人们的一些心理因素，如虚荣心。就一般意义而言，人们购买名牌也受到外在条件的影响，诸如经济的发展、广告、互联网等因素。

值得一提的是，任何“名牌”都有其文化内涵和历史沉淀。世界名牌产品圣大保罗则有其深刻的文化渊源。它起源于 1910 年美国加州圣塔芭芭拉马球俱乐部，以该俱乐部发展的“圣大保罗”标志系列产品，成为显示身份的服装品牌。它是一个纯美国风格的服装品牌，设计师以马球运动为主要的灵感来源，并融入了令人深感亲切和温暖的浪漫色彩，加上各种令人愉悦的色彩，用舒适的面料带给人一种轻松自在的感觉。

从男装、女装、童装，一直到家饰品，无一不彰显一股自由、舒适的美国气息，受到人们的青睐和喜爱。随着文明的进步和发展，圣大保罗不断引领潮流，却每每给人营造舒适的感觉，与此同时也兼有美国中产阶级的品位。

但是，这并不代表我们就可以过度消费，购买名牌，对于那些过度崇拜名牌的人来说，实际上这是一种缺乏自我认同的体现。在他们看来，支撑其购买名牌的主要来源是虚荣心和自尊心在作祟。从某种角度上来说，太偏爱名牌，盲目地购买名牌，跟从他人，自己没有主见和认同，买下名牌之后又会觉得后悔。

在社会不断发展、与时俱进的今天，名牌产品已然成为个体追求自我满足的物质标签，也逐渐成为社会来往的必需品。这也有一些深层次的社会根源，如人们注重人与人之间的联系往来，更加重视他人对自己的外在评估等等。

哈佛人认为，在消费经济时代，名牌意味着高品质的生活、高端的生活状态。追求高品质的生活状态是一种大众的心理需求，但是这万万不能成为你与他人之间攀比的筹码。人人都渴望高品质的生活，但是购买名牌产品并不是唯一的方式。

这个世界是个追求个性发展的世界，这个世界需要我们自身寻求真正的自我，寻找真正的自我认同。如果大家都去购买名牌，那结果是无法估量的，合理消费才是正确的消费观。

※哈佛成功心理学※

名牌作为一种彰显高端生活品质的物品，成为大家追寻的对象。哈佛人提醒我们，应该理性地对待名牌，合理消费。

3. 我们为什么会被广告影响

广告作为一种信息传播活动，其最大的特点就是广而告之。在我们的生活中，随时随地都可以看到广告。无论你在哪里，你都会见到琳琅满目的广告。

有些广告带有幽默感和娱乐性，能扫除人们一天的疲劳，使人身心愉快，人们在接受广告的同时，也接受了广告所宣传的产品；有些广告令人深思，给人以启迪，人们在观看广告的同时，也在反思自己，这类广告大多宣传的是传统美德，诸如尊老爱幼、关爱疾病、保护环境等等；有些广告采取名人效应，消费者会认为他们所做的事情是正确的，因此会购买名人所代言的产品，等等。广告无处不在，一直并且正在不断地影响着我们的生活。

那么，在哈佛人看来，我们为什么会受到广告的影响呢？

首先，人们的认知受到各种外在因素的影响，而在电视、电脑、手机以及街头随处可见的广告正是利用了这一点，在一定程度上影响了人们的认知。这里所谓的认知，主要指的是基于相关事实而形成的态度。

诸如保时捷的广告宣传语“每一款车都是不一样的，唯保时捷才能胜保时捷”，其广告宣传片更是令人叹为观止。兰蔻的广告中，各种唯美的画面，令人倾心的美女，无人不被其吸引。大家目睹了这些广告后，自然而然地形成了一种认知，即这些东西跟其他的东西不一样，能给自己带来不一样的感受。

其次，人的情感、态度及价值观也会不断发生变化，广告在无形之中影响了人们的情感态度。这里所谓的情感态度是指人们对某些产品的信赖，这一态度成为人们偏爱某类产品的原因。

TOTO的马桶广告则以诙谐、幽默让人对其信赖。广告中的男主人公为了邂逅美女，不断地往马桶里投放东西，想堵住马桶然后请美女帮助修理，但没想到，马桶功能越来越强大，直到他的妻子出现……广告令人身心愉悦、捧腹大笑的同时，也让人更加信赖马桶的质量。这就是所谓的改变了消费者的情感态度。

最后，人们购买产品的行为受到外界的影响，广告则直接影响了人们的行为方式。广告以有趣、刺激等方式向人们传递着产品的信息。在最好的时机和场所，广告影响着人们的销售。此外，广告以生动形象的方式直观地向人们展示着自己所宣传的产品，说服消费者，刺激人们的消费心理。当然，广告所宣传的产品大多是大家可以信赖的产品，这一点能够帮助人们更好地做决策，从而影响消费者的消费行为。

总之，广告以一种人们随处可见的方式影响着人们。作为一种宣传媒介，通过影响人们的认知、情感、行为来影响人们。世界本身就是普遍联系的世界，人的行为方式会受到各种外在因素的影响，而广告则通过大家看得见、听得见的方式来影响人们，影响大家的消费行为，启迪人们的心灵，引发人们思考。

哈佛人告诉我们，广告诱发消费者的动机，引起购买欲望，从而促进购买和消费的构成。有些广告则兼具有传达某种信息内涵的功能，引领更加真善美的生活，传扬美德。但是，我们应该理性地面对广告，而不是盲目地跟从广告，要学会判断。虽然我们每个人很容易受到外在因素的影响，但是我们要学会冷静客观地面对外在的东西，有自己的见解和判断，形成独特的价值观和理念。

※哈佛成功心理学※

当今社会，广告随处可见。面对广告对我们的影响，哈佛人告诉我们，要学会理性地辨别广告，树立自己的主观辨别意识。

4. 从明天起，不再“冲动消费”

你是否有过冲动消费的现象？所谓冲动消费，是指人们在外界条件的影响下，事先没有计划的购买行为。每逢节假日，买赠、打折、抽奖等各种促销方式导致人们“冲动消费”，但是，这种毫无目标的消费其实并不能使我们从中受惠。哈佛人告诉我们，只有明确消费目标才能得到真正的实惠。

诱发冲动消费的因素有很多。第一，情绪。人们兴奋或者遭受到压力、挫折时，就会以消费的方式表现出来，而逛街则成为人们宣泄情绪的一种方式。消费时买了很多无用的东西，心情也就会暂时得到平复。第二，广告、促销等外在因素。每到过年，商场都会有各种促销，其意在吸引消费者，但实际上买回家之后才发现产品并没用，或者并不值。第三，价格。多数人的消费是奔着“打折”“降价”而去的，对商品的质量以及对商品的需求并没有多加考虑。第四，从众心理。这是指人们在社会大环境下与大多数人保持一致的一种情况，也就是我们通常所说的跟风。现在流行什么东西，也跟着大家一起买，是一种感染性消费。

心理学家表示，冲动消费虽然暂时能够宣泄压抑的情绪，但是实际上并不能解决我们生活中的根本问题。从明天起，学会合理消费，而不是被内心和外在牵着鼻子走，杜绝“冲动消费”！在哈佛的人看来，怎样才能够不再“冲动消费”呢？下面的方法不妨尝试一下，也许你会有意想不到的收获。

妙招一：交给时间。看到一件自己喜欢的东西，不妨先等待一下，如果过段时间你不想买的话，就管住了自己的钱包；如果你还想买的话就果断地去买！

妙招二：管好自己的钱包，不带银行卡出门或者带够自己刚好需要的现金。如果你的钱包里有银行卡等，可能会比没带钱时更爱买东西。

妙招三：管理自己的情绪，别在心情不好时购物。当你焦虑、压抑时，要告诉自己，购物并不能解决问题，约上亲朋好友一块逛街、唱歌，来一场说走就走的旅行等等都是不错的方式。

妙招四：别和错误的人一起逛街。逛街时，切忌找跟你一样都有冲动消费习惯的人，这会加深你冲动消费的欲望。如果你想有人陪你逛街的话，记得找那些勤俭节约的人，让他们督促你，慢慢帮你改掉这些坏习惯。

妙招五：规划自己的工资，记录日常开支。每隔一段时间看看哪些钱是必须花的，哪些钱是没有必要花的。学会合理规划自己的资金，可以适当地购买一些理财产品。

妙招六：保持自信和主见，切勿看到打折、促销等就去购买。大减价等活动是很容易造成冲动消费的，如果是生活必需品，那就买；如果不必要，记住不买总是最省钱的。

妙招七：改变你购物的方式。伴随着互联网的普及，网上购物现在成为越来越流行的购物方式。如果你需要什么，就在网页上直接搜索就可以了，它可以帮你忽略掉一些你不想要的东西。

冲动消费作为一种纯冲动型的购物方式，具有无意识、无计划的特征，它容易受到外在条件的影响，是一种不太适当的购物行为。哈佛人提醒我们，在购物时，每当你有冲动想购买一件东西时，记得多想，多考虑，否则你买回去的东西可能都是一堆无用品，你也会觉得后悔。

※哈佛成功心理学※

从明天起，学会合理消费，改变自己的消费习惯，杜绝“冲动消费”！

5. 攀比消费只会让你的钱包更瘪

一般来说，人们的消费内容主要包括四个方面，基本生活消费、学习消费、娱乐消费和人际交往消费四个方面。每个人的出身不同，家庭背景也不尽相同，我们每个人的消费应该量力而行，而不是盲目攀比消费。有些消费者有这样的心理意识，即“你有，我也得有”。这种心理导致出现了诸多高消费的现象，其结果是消费水平超过了自己的实际支付能力。

女性的攀比内容大多是化妆品、衣服和包包等。追求美是人的天性，女性都希望通过昂贵的化妆品和名牌衣服或者包包，来表现自己的气质，彰显自己的美丽。许多女性盲目追求名牌，不顾自己的薪资水平和购买能力，一味购买高级化妆品和服装，这些东西少则上千多则上万。她们觉得自己的伙伴有，自己没有就会很丢面子。长此以往，则形成了大手大脚的坏毛病。

相对而言，男生的攀比消费很多时候用在人际交往消费上。朋友间的相互请客是很大的一笔支出，他们忙于各种交际应酬，有时不考虑自己的实际能力和水平。未婚男性谈恋爱也是一笔较大的支出，攀比心理严重，什么都想给女方最好的，有时候容易失去理智，不能很好地把握适度消费的原则。

诚然，如今我们的消费水平有了很大的提高，物质财富也极大增加，但这并不代表我们就可以盲目消费，随意攀比。有些人认为，会花才会挣，消费完了之后自己才有更大的动力去挣更多的钱。实际上，盲目地攀比消费虽然暂时满足了我们当下对物质的虚荣，而实际上你会付出更多的辛劳，你的理财资金会一塌糊涂，经常入不敷出。每个月你的工资一到账，你就会成为月光族，你的钱包就会越来越瘪。

无论从短期还是长远来看，攀比消费带来的影响都极其严重，尽最大努力减少盲目攀比消费的现象意义深远。哈佛大学的教授们建议我们，要从自身做起，科学健康消费。

第一，必须克服攀比情绪，给自己一个合理、理性的定位，树立正确的、科学的消费价值观。不可否认的是，这个时代需要竞争，但是消费并不是我们竞争的唯一渠道。生活和穿着上次于他人并不是一件不光彩的事情。很多时候，我们在注重物质财富的同时，更应该注重精神财富的积累和增加。提高自身综合素质是非常重要的，千万不要不考虑自己的实际情况，盲目跟从他人，追求时尚。

第二，树立勤俭节约的消费意识。消费者要学会规划自己的消费水平，使消费水平和标准与个人情况相适应。无论是父母给予自己的零花钱还是我们自己挣的钱，都要珍惜，这些劳动成果都是来之不易的。切勿每次都只享受着金钱带给我们的满足感。

第三，学会管钱，正确认识和运用钱财，以管理自己的钱财为中心，控制好自己的消费状况，合理消费，让自己的生活过得更加有规律。培养良好的理财意识，不仅仅可以帮助我们树立正确的人生观和消费观，也能够使得我们的钱财更多，而不是一直出现入不敷出的现象。

勤俭节约、理性消费是一种科学的生活方式。只有人人树立勤俭节约的思想意识，杜绝盲目攀比消费，才能引导更好的社会风尚。

攀比消费是一种不合理也不科学的消费方式。作为消费者，应该杜绝这种攀比消费的现象，培养自己科学合理的消费行为和方式。

※哈佛成功心理学※

你还在攀比消费吗？从现在开始，学会理财，杜绝攀比消费，否则你的钱包只会更瘪。

6. 你是一个理智的消费者吗

生活中我们随时随地都在消费，你是一个理智的消费者吗？怎样判断我们的消费行为是否合理呢？

现在有五家商场正在促销，但促销方式不同，请根据自己的判断选择你会去的商场。第一个商场的促销是全场 7 折起，第二个商场是全场 7 折，第三个商场是满多少返多少，第四个商场是买就送，第五个商场是双倍积分。你会选择哪一家商场呢？

选择第一个商场的人在购物时就会发现，你几乎找不到标价为 7 折的商品，即便有，也就是自己并不想要的东西，这时你才会注意到商场的“起”字；选择第二个商场的人相比第一个商品而言确实都是全场 7 折，但是你却发现你所需要的东西或者很多新款商品都不参与活动；选择第三个商场的人购物后，你也许会窃喜商场送给你的礼券，但是你之后再去换购的话就发现你想买的东西要么需要一部分礼券，要么就需要再加点钱；选择第四个商场的人，在购物之后就会发现商家所送的东西或者很便宜或者并不值那么多钱；对于选择第五个商场的人来说，双倍积分其实并没有多大的用处。

当然，这只是测试的一种。生活中，我们会因为商场的促销而去购买很多东西，但是当我们真的将东西买回家之后，却发现它并没有商场里所说的那样质量好，我们并不能得到真正的实惠。因此，我们应该树立正确的消费观念，做一个理智的消费者。那在哈佛人看来，怎样才能做一个理智的消费者呢？

(1) 合理规划自己的钱财，给自己一个长期的理财计划

你可以每月为自己买件新衣服，每个月去看场电影，跟好友聚餐，每个月为自己买一本新书，充实自己的大脑，每个季度跟身边的人来一场旅行，放松自己。此外，购买适当的理财产品也是必要的。合理规划自己的钱财既可以使我们的生活更加有规律，也能够使我们轻松自在地生活。

(2) 理性面对打折促销

当商家欺骗自己的权益时，要学会用法律手段来保护自己。有些商场的打折促销看似是给消费者实惠，实际上却是在欺骗消费者。因此，消费者懂得一些与自身权益相关的法律是非常必要的。当商家欺骗了消费者时，消费者要学会用法律手段为自己争取应有的权益，切勿忍气吞声。

(3) 安全消费

在当前社会市场经济发展环境下，竞争不断加强，与此同时也充满着欺骗，因此消费者要学会安全消费。例如，在购买商品的时候，查看食物的保质期，购买正规厂家生产的产品，千万不要贪图便宜，因小失大。

(4) 绿色消费，培养自己的环保意识

所谓绿色消费是指生命、节能、环保三个方面，是消费者对绿色产品的购买和消费活动。它从满足生态环境发展需求出发，符合人的健康和保护生态环境的消费行为。随着气候的不断演变，绿色消费已逐渐成为人们购物的一种趋势。

※哈佛成功心理学※

从今天开始，重新审视自己，看看自己是否是一个理智的消费者，并下决心做一个理智的消费者吧！

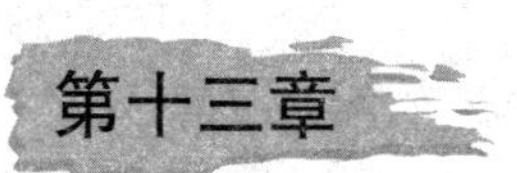

财富心理课

富翁与负翁只在一念之间

哈佛简直是一个“富翁”生产商，
培养了一大批亿万富翁，
其背后究竟有怎样不为人知的秘密呢？

1. 测试：你有机会成为富人吗

每个人都想成为富翁，渴望拥有上百万、上千万乃至上亿的资产。人一生下来都在为赚钱而努力奋斗，梦想成为舞台上顶尖的翘楚，拥有令人欣羡的财富。但实际上，并非每个人都能成为富翁，也许你正在成为富人的道路上努力奋斗，也许你还在起点徘徊，也许你还在畅想成为富人的喜悦和激动，那你有没有机会成为富人呢？不妨我们先做下面的测试，测试看看自己是否有机会成为富人。当然，这个测试只是一个参考。

在做测试的时候，请你不要考虑任何外界因素，通过自己的主观判断来选择答案，赶紧来测试一下自己吧！

你行走在琳琅满目的商品街上，突然有一个身穿奇装异服的男子吸引了你的眼球，其驾驶的豪车更是令人惊叹。突然，他在你面前停车了，好像要对你说些什么，凭你的直觉判断下这位男子的身份是什么？

A. 劫匪

B. 艺术家

C. 高官

D. 刚刚失恋的人

E. 富翁

F. 魔术师

选择 A 劫匪的人，你有着强烈的赚钱欲望，而正是这一欲望使得你为了钱而不择手段，经常做一些不靠谱并且危险的事情。有时太过急功近利导致你失去了很多东西，比如快乐。这样的你长此以往则成为了金钱的奴隶。用“轻微的拜金主义倾向”来形容你对金钱的观念再恰当不过。你必须清楚的是，很多时候金钱并不能衡量一切，取之有道、用之有度才是正确的金钱观。

选择 B 艺术家的人，你对钱的欲望并不是很强，对你来说自由自在的生活才是最重要的，因此你会花很长时间追寻自己想要的自在生活。对你而言，艺术是一种精神食粮，钱财乃身外之物。你宁愿把大把时间花费在艺术创作上，而不愿每天匆匆忙忙地为了钱而生活。你认为快乐是最重要的，钱财对你来说只要够花就可以了，该有的东西都会有。因此，你成为富人的几率并不是很大，你在进行艺术创作的时候，太过重视精神财富，而忽略了物质财富。

选择 C 高官的人，你是一个低调、不喜欢张扬个性的人，并且兼有现实的人。你喜欢隐藏自己，不向他人表露自己对金钱的欲望。与炫耀自己多么有钱相比，你更喜欢在背后默默操纵着金钱。在亲朋好友的眼中，你是一个诚实并且可信赖的伙伴，但实际上，你非常在意钱财和权力。

选择 D 刚刚失恋的人，你对金钱的欲望并不高。你认为爱情高于一切，你喜欢平淡朴实的生活，不喜欢打拼奋斗。即使有一大，成为富翁的机会摆在你面前，你也不想、不愿意去尝试，去奋斗。你成为富人的机会并不大，但是你所追求的生活与你的现实是符合的，你会花很多的时间去享受爱情带给你的快乐。你认为享受生活和人生更重要。

选择 E 富翁的人，你是一个对金钱欲望特别强烈的人。你的生活中，时时刻刻都是发财和赚钱，把金钱当成了你生活的全部。你对未来很憧憬，希望有一天过着更好、更富的生活。你很擅长理财，也是赚钱的能手，因此，你成为富人的可能性很大。但是，你必须注意的是，千万不要太过刻意地追求财富，否则你会把健康和快乐都赔上。

选择 F 魔术师的人，你是一个喜欢花钱的人，你成为富翁的可能性也很小。你认为赚下的钱就应该花掉。你不愿意做自己不喜欢的事情。对你而言，应该学会理财和攒钱，钱花在该花的地方，以免日后成为负翁。

每个人都期望成为富人，不用为生计而奔波，不用为衣食住行而担忧。但是实际生活中，并非所有人都能成为富人。有时太过追求财富，反而会使自己成为金钱的奴隶。金钱并不是我们生命的全部，千万不要为了金钱而忽略了健康和快乐，找到属于自己的生活最重要。

※哈佛成功心理学※

你有机会成为富人吗？我们每个人都在为金钱而努力奋斗，不管我们能否成为富人，都要记得追寻自己真正想要的生活，千万不要为了金钱而牺牲了一切。

2. 喜欢冒险的人更容易成功

玫琳凯·艾施是玫琳凯化妆品公司的创始人，在创业之初她四处碰壁。起初，为宣传其产品，她举办了化妆品销售展，其目的在于让更多顾客购买他们公司的产品，并通过销售展达到宣传其公司的目的。但是令她感到伤心和郁闷的是，她苦苦经营了很久的销售展上却并没有卖出多少产品。

玫琳凯有过伤心，她也怀疑过自己，觉得自己是不是太过马虎？是不是准备得不够充分？她不知哭泣过多少个日日夜夜，非常担心，因为她把所有的积蓄全部投入到了产品的研发中。后来，当玫琳凯静下心来，反思自己的时候，才找出了问题的根源。原来她只是等着别人去买她的东西，却从来没有请人订过货。

玫琳凯曾经也失败过，有过崩溃，有过沮丧，但是她能够从失败中汲取教训。每个进入其公司的员工都知道玫琳凯的故事，员工都以她为榜样。她告诫员工，失败并不可怕，重要的是失败之后还能勇于尝试，敢于奋斗。人的一生有很多次机会，重要的是要不断尝试，敢于冒险。

世上无难事，只要肯攀登。玫琳凯的事例告诉我们，如果我们能够不断尝试，敢于冒险，我们就会发现，其实再困难的事情对我们而言都只是小菜一碟。上帝对每个人都是公平的，没有哪个人一下子就能成功。设想如果玫琳凯在沮丧之后，没有反思，而是放弃了，那玫琳凯也就不可能有今天这样辉煌的成就。

在实际的生活中，我们起初发现这条路对我们来说太艰难，但当我们真正行走的时候却并不如我们想象中的那么困难。当你离成功越来越近，你才会发现，原来所谓的艰难都只是纸老虎，真正的困难在于自己的内心。有时我们无法战胜自己的内心，不敢尝试任何事情，因此错过了本应该属于我们的成功。当挫折和困难来临时，勇敢地往前走，战胜自己，敢于尝试，才能成为真正的强者。

心理学家研究表明，人人都是天生的冒险家。每个人从呱呱坠地到牙牙学语，再到蹒跚学步，都是一次又一次的冒险。这些都是每个人成长的必经阶段，小时候的我们无所畏惧，觉得这些都是我们应该学会的。也正是因为如此，我们才能学会很多知识，茁壮成长。但是，伴随着年龄的增长，有些时候我们却不敢冒险，不敢尝试。

从根源上看，我们之所以不敢冒险的原因在于没有安全感，很多时候我们安于现状，不敢去做自己不熟悉的事情，我们厌恶改变，期望简简单单、轻松自在的生活。内心的恐惧和害怕使得我们不敢冒险，始终追寻不到自己所期望的东西，而我们又希望自己能够成功。但是，成功并不是轻而易举的，它需要我们不断地努力，需要我们敢于冒险。

哈佛大学的教授告诉我们，冒险属于人们的正常活动范畴。敢于尝试，敢于冒险的人，更加积极乐观，健康活力，承受压力的能力也较强；相反，不从事冒险的人，总是郁郁寡欢，承受压力的能力较低。

诚然，我们害怕冒险是因为担心自己的能力不足。但是，恰恰相反的是，当我们勇于接受挑战、敢于冒险之后却发现，自己拥有的能力远远超出自己和他人的想象。

因此，哈佛大学的教授们建议我们，做一个敢于冒险的人，敢于尝试，敢于冒险，才更容易获得成功！

※哈佛成功心理学※

冒险是我们人生活动的一部分，也许你还在犹豫，还在冒险的边缘徘徊。从今天起，相信自己，改变自己，勇于冒险吧！也许下一个成功者就是你！

3. 想做富翁，先塑造富翁形象

不想做将军的士兵不是好士兵。我们都想成为富翁，在悠闲的时光里品着咖啡，静静地享受时光带给我们的安好。成为富翁的道路并非一帆风顺，期间定会有失败，有迷茫，有徘徊，光鲜亮丽的形象背后定会有着不为人知的故事。而要想成为富翁，就要先学会塑造富翁形象。

所谓富翁，不仅仅是指拥有物质财富，能够不为生计而发愁的代表，而且也包括精神财富，用自己的资产来做慈善，去帮助更多需要帮助的人。那些挥霍大把钱财的人并不是真正的富翁，而是典型的拜金主义者。所谓的富翁形象，是智慧与能力的双重化身，他们敢想敢做，敢于冒险，勇于尝试，不怕艰难险阻，最终成为令人羡慕的富翁。

哈佛大学培养了很多的富翁，而其之所以能培养这么多的富翁，就在于哈佛教给他们先要树立富翁形象。究竟富翁形象包括哪些呢？

形象一：敢于冒险，不断尝试。每个人都有冒险的能力，每个人最不应该放弃的就是冒险和尝试。上天对每个人都是公平的，它给予了每个人相同的时间和机会，就看你能否把握住机遇，创造属于自己的辉煌。

形象二：不畏困难，越挫越勇。成功并非一帆风顺，在成功的道路上有跌倒，有挫折和失败，智者面对困难和失败会从中汲取教训，将失败视为奋斗的不竭动力。在他们看来，失败并不可拍，可怕的是自己不敢面对失败。

形象三：保持自信，奋斗不息。自信是生活的一剂良药，保持自信能使我们变得更加阳光、快乐。生活本来就是一个不断奋斗的过程，越努力越开心，越能造就奇迹。

形象四：不忘初心，方能始终。他们通常利用自己的智慧成为业界的精英，但与此同时也不会忘记当初自己奋斗的初心，更不会随便挥霍自己的钱财。

正是这些特质成就了万人瞩目的富翁。电影《当幸福来敲门》的男主人公克里斯·加德纳便成功地诠释了成为富人的道路。当克里斯丢了工作，妻子也离他而去，他面临着自出生以来最大的困境。他曾经流离失所，与他的儿子住过公共卫生间。有过沮丧，有过难过，但是难能可贵的是，他能够在困难时刻乐观地面对一切，快快乐乐地生活。

命运会眷顾每一个努力的人，他不想再过这样穷困潦倒的生活。偶然的机会他遇见了一个开着高级跑车的男士，并从他那里得知了他的身份——股票经纪人。成为一名成功的股票经纪人的道路是艰辛的，不懂知识他就不断学习，敢于冒险，敢于尝试，最后终于开了属于自己的股票经纪公司，成为了百万富翁。

与其他人一样，克里斯也是一个平凡的人，没有背景，但是他成为富翁的原因在于其不断尝试。命运并没有打败他，反而使他更加坚强地面对每一天的生活。最终，在儿子的鼓励下，他成为了真正的富翁。

人生难免曲折，难免坎坷，勇者敢于奋斗，敢于拼搏，最终完成了梦想，收获了自己的幸福。相反，有些人却不能够坚强勇敢地面对一切，也不愿意去尝试，不愿意去奋斗，最终与富人的距离只会越来越远。

想成为富人，必须先清楚成为富人的道路并不是一帆风顺的，先学会树立起富翁形象，不断努力，不断超越，这样你离富翁的距离也许只在一步之间。

※哈佛成功心理学※

你想成为富翁吗？那就学会先树立起富翁形象吧！

4. 控制金钱，而不是被金钱控制

每个人为了生计，为了我们的生活变得更好，都在为赚钱而努力奋斗，有些人赚的钱够多，但是却不能很好地控制金钱，反而被金钱控制，成为了金钱的奴隶。

每个人都希望自己能攒钱，但事与愿违，并不能攒住钱，原本应该是富翁，却成为负翁。那为什么我们不能控制金钱呢？

一方面，我们不能攒钱的主要原因在于不能好好地规划我们的收入，按照收入的比例来进行一定的支出；另一方面，我们对自己的收入和支出不能很好地了解，自己的收入和支出就是一笔糊涂账，根本记不清楚自己做了些什么事情。这些坏习惯的养成导致我们不能很好地掌握自己的钱财。

怎样控制好自己的金钱，是一门重要的学问，下面的技巧也许能帮助到你，让你成为金钱的掌控者。

(1) 认知攒钱的原因

每个人攒钱都有各种各样的原因，比如上学、买房、旅行、买车，也有可能你是一个热心肠，想帮助你身边的人。你必须清楚是什么原因让你攒钱，在清楚了原因之后，牢记心中以便其成为激励自己的目的。

(2) 清楚收入来源

清楚自己每个月除去五险一金和福利之后剩下的纯收入。我们必须有这样一个意识，即不要觉得每个月自己就应该有这么多钱，这样会给你造成一种错觉，觉得这样的生活就很不错。

(3) 记录自己的支出账单

详细记录自己的支出账单，观察自己一年每个月的平均支出是多少。

⑷ 计算每月的净收入或亏损

用你每个月的纯收入减去每个月的花费，就是你每个月的余额，剩下的钱可以存入银行；如果亏损了，就记得反思自己，看看是什么支出比较多。

⑸ 给自己一个开支预算

每个月做一个详细的预算，分配你的工资，给自己一个上限和下限，便于更好地管理自己的钱财。

⑹ 缩减开支

每过段时间就看看自己的账单明细，看看哪些钱是不应该花的，不断缩减自己的开支，过段时间你会发现你攒下了不少钱。

⑺ 先还清信用卡

如果你在消费时使用的是信用卡，那就记得定期还钱，如果不能全部还清，最起码还清最低限额。如果你依旧不能很好地控制你的消费额度，那就请好友帮你保管信用卡，或者直接销户。

⑻ 增加自己的收入

如果你平时不是很忙的话，可以选择一些你喜欢或者擅长的事情为你的第二职业，可以给杂志社写文章，撰稿，做自由撰稿人等等，获得额外的收入。

如果你还在为不能很好地控制金钱，而是受金钱摆布而烦恼的话，上面的八个小技巧不妨可以尝试一下。每个人都是在不断成长中学会攒钱，不断学会理财，控制自己的金钱的。也许你只有在跌倒过后才能更好地学会把握自己的钱财。

每个人的理财理念不尽相同，每个人赚钱的数量也不一样，但是我们唯一能做的就是学会理财，学会控制钱财，理财自由，而不是被钱财摆布。否则，轻则衣食住行困难，重则因债务危机而引发生活的动荡。

哈佛大学教授告诉我们，赚钱只是理财的结果，对于我们而言，钱最重要的功能是使我们人生变得更加快乐，学会理财、学会控制钱财对我们的人生很重要。

※哈佛成功心理学※

只有控制钱财，而不是被钱财所控制，我们的人生才会变得更好，我们才能更快乐、更自在地生活下去。

5. 快速积累财富的“秘密”

所谓条条大路通罗马，成为富豪的道路有千万条，但条条道路都有着惊人的相似之处。诚然，我们都是平凡人，渴望成为像盖茨那样的富豪。当我们仰望他们时，我们也许在想，如果我这么有钱该多好，抑或者我们怎样成为富豪呢？

的确，我们都是平凡人，也许我们成为不了像他们一样的富豪，复制富豪的情节和故事，但是我们可以借鉴他们成为富豪的经验和技巧，从而成就独一无二的自己。

没有天才般的智商、固定的工作、固定的薪水，成为富豪的道路必定坎坷艰辛。对于一个不甘愿平庸的人而言，如何快速积累财富成为人生的一门必修课。你也许羡慕别人也是工薪族，也只有简单的工作收入，但是却拥有优越的物质财富，这是因为他们会理财。他们在很早就开始了自己的理财生活，有机会选择跟他人不一样的生活方式，能够很早地过上安逸的退休生活，有了第一个十万，便会积累诸多十万，成为积累财富的能者。

哈佛大学的学子们在上学期间都要学会理财，积累财富，教授们会教给他们独一无二的理财方法。从哈佛大学毕业的詹姆森的亲身实例就告诉了我们如何快速积累财富。

他告诉我们一个人要想快速积累财富就要学会理财。50%的底钱+25%的稳定投资+25%的风险性投资=财富。

所谓50%的底钱是指你要把你每个月除去花销之外剩下的一半积蓄用于银行存款或者国债上。这些钱的作用不是让你的钱增加多少，而是保留本钱，减少让你的财富用来花在不必要的花销等不可控制的风险之上。当然，你也可以投资一些安全性较高、风险低的产品，比如基金等，但是切忌不要把全部的资金都投入进去；同时切忌不要买一些风险性较高的产品，否则你得到的资金只会更少。这 50%的本钱是根本，就恰似房子的根基，根基必须坚固牢实，否则再好的上层建筑也都只是昙花一现，成为哗众取宠的笑柄。

25%的稳定性投资是钱生钱的一种，这需要投资者学习一些投资概念，只有对投资概念融会贯通，才能做到游刃有余。稳定性投资需选择一些波动幅度较小，报酬表现比较稳健的理财产品，你所追求的年收益大概也就在 5%~10%之间。你可以选择自己做一些理财的功课或者咨询你身边懂金融投资的朋友。但是切勿鸡蛋只放在一个篮子里，一定要学会分散投资来规避风险。

至于 25%的风险性投资，是指一种挑战性比较高的投资，这需要投资者拥有足够的智慧和勇气。正如股票、期货等风险性投资，有可能让你一个月之内赚到本金的 10%，也有可能一个月就赔掉本金的 10%。詹姆森告诉我们，这种投资对于不懂投资的工薪族来说是一个巨大的挑战。对于他们而言，最好先做稳定性投资，等对投资和理财比较擅长之后，再做风险性投资，追求较高的收益。

最后，詹姆森强调工薪族在努力增加理财收入的同时，必须要减少你的生活开支，将你每个月的工作收入积累下来。还有，当你攒下第一个 10 万元的时候，千万不要放弃，一定要坚持储蓄，坚持投资理财，拥有下一个 10 万元对你来说就轻而易举了。

当然，不能否认的是，这个公式的比例是比较灵活的，取决于个人的喜好和偏爱。稳定性投资和风险性投资的比例都是可以适当更改的，学会灵活地理财才是王者之道。

也许你只是一名平凡的工薪族，但是你也可以坐在高档的写字楼里悠闲地品着下午茶，拥有不一样的人生。因此，学会理财，学会快速积累财富对你而言是非常重要的。

※哈佛成功心理学※

没有人是天生会投资，天生会理财的。只要你学会投资理财，你也能够快速积累财富，拥有像哈佛人一样的人生财富！

6. 赚钱要靠“脑子”而非“蛮力”

天下熙熙皆为名来，天下攘攘皆为利往。在这个社会不断发展的财富时代，一定要学会用脑子赚钱。那些用蛮力赚钱的时代已经过去了，用脑子赚钱既可以节省不少力气，也能够事半功倍，而且不至于那么辛苦。

你可能在想世界著名的运动员赚钱不菲，他们是在用自己的四肢和体力来赚钱，才成为体坛的巨星。迈克尔·乔丹曾说过一句话，我不是在用四肢打球，而是在用脑子打球，倘若我只用四肢而不用脑子就只会成为别人赚钱的工具，而我也只会成为他人大脑的奴隶，我也不会拥有今天的成就。

人与动物最大的区别是人拥有独一无二的大脑，并具有能动作用。人的能动性可以改变客观世界，创造更大的价值。人的想象力和创造力远高于其他物种，没有想象力的人类就如同没有进化的猿猴和黑猩猩。

许多富翁之所以能够成为富翁，就在于他们当初赚钱的想法。比尔·盖茨之所以现在成为微软的顶尖者，就是因为他当初的想法和创意，他拥有独特的智慧和想法，投资软件，因此成为首富。很多人创业之前，都会先做一番打算和规划，才慢慢着手，不断努力，最终取得出乎意料的结果。

世界上所有的富翁都是会用脑子赚钱的人。倘若有一天他们变得一贫如洗，他们也会通过自己的智慧再次成为富翁。因为，在这些人看来，智慧是财富的源泉和动力。

石油大王“洛克菲勒”就是一个善于动脑子赚钱的人。他是美孚石油公司的创始人，在创业之初，凭借自己的聪慧，革新了石油工业，

1870年创立标准石油，在全盛时期垄断了美国90%的石油市场，成为美国历史上第一位百万富豪和全球首富。他的标新立异令业界惊叹，虽然受到其他人和舆论的非议，但是他凭借自己的聪颖为自己赢得了好评。

在他后半生的40年中，他致力于慈善和医药行业，广设学校，赢得了大家的尊重和赞扬。在洛克菲勒看来，聪慧是打开财富的钥匙。他曾经说："如果有人把我所有财产都抢走，并且把我一个人放置在荒漠中，只要有一支驼队经过，我会立马富裕起来，再一次成为你欣羡的对象。"

诸如洛克菲勒这样的富豪，对他们来说，失败并不可怕，成为穷光蛋也不可怕。只要把脑子用活，赚钱并不是问题。想好了再开始行动，必然会有出乎意料的收获和成就。

当然，我们也许不可能成为像洛克菲勒这样的顶级富豪，但是我们可以向这些富人学习，学习他们用智慧如何赚钱。

每个人并不是从生下来就会赚钱的，有些富人也并不是从一开始就会赚钱的。但是，他们的身上有一个共同点，一是强烈的赚钱心，二是奋力学习如何赚钱。正是由于他们的勤奋努力和学习，才能够超越常人，登上财富的巅峰。

聪明并不等于智慧，靠智慧赚钱并不代表人一定要聪明，而是要善于动脑用脑。人既然拥有比动物聪慧的大脑，就需要充分发挥大脑的能动性，而并非一直使用蛮力来赚钱。靠蛮力不仅仅不能使自己赚到钱，长此以往也会对自己的身体造成一些不必要的伤害和麻烦。

哈佛人告诉我们，虽然我们不能跟其他富人一样拥有非凡的智慧，但是我们可以借鉴并学习他们的智慧和经历，成就一个不一样的自己。我们不期望如盖茨那样聪颖，但是我们可以向他学习，学习如何赚钱。只要我们肯努力，我们也可以拥有自己的蓝天和未来。

※哈佛成功心理学※

从今天起，开始行动吧，用"脑子"而不是"蛮力"！

7. 哈佛人的正确“金钱观”

金钱观是人对金钱的根本看法和态度，其与人生观有着密不可分的联系。所谓金钱观通俗来讲即“如何看待钱”“如何花钱”。

一直以来有两种错误的金钱观。一是认为“金钱至上”，持有这种金钱观的人，为了获得更多的金钱，会选择不择手段地做事情，甚至误入歧途，走上犯罪的道路；二是“金钱万能”，认为钱是万能的，拥有钱就可以拥有一切，钱可以决定任何事情。

这两种错误的金钱观在哈佛人看来歪曲了物质财富在我们人生中的地位和作用。的确，没有金钱我们什么都不能做，但是并不是金钱能买到所有的东西，比如快乐和幸福。那么，哈佛人是如何看待金钱，又是如何花钱的呢？他们又树立了怎样的金钱观呢？他们认为金钱作为物质财富是人创造的，人应当是金钱的主人，而不是金钱的奴隶，受到金钱的摆布。

获得诺贝尔奖的居里夫人就是一个秉持正确金钱观的人。在研究了放射性元素镭之后，她毅然放弃了“镭专利”的巨额财富，将其公布于众，并把价值 100 万法郎的镭捐献给治疗癌病的研究所。她对科学事业的献身令人惊叹，她正确的金钱观更是令人折服。

哈佛人之所以能够树立正确的金钱观，主要是因为他们做到了以下几点：

⑴ 珍惜金钱，不挥霍，不浪费

每一分钱都不是凭空而来的，珍惜我们赚的钱。他们所花的钱都花在了该花的地方，而不是过度地挥霍和浪费。

⑵ 认知到金钱并不是万能的

世界上除了金钱，还有比金钱更重要、更宝贵的东西。金钱是幸福生活的基础，但是金钱并不能解决所有的问题。拥有金钱，并不可能买到亲情、爱情、友情、幸福和快乐等东西。有时，金钱买不到这些东西，还会给自己带来麻烦和烦恼。有些人虽然拥有无尽的财富，但是每天的生活却很空虚，他们不能获得真正的快乐和幸福，身边也没有真心朋友们的陪伴。

(3) 花钱要节制有度

花钱是要有节制的，一个人千万不要无视家庭和自身的经济状况，一味地花钱，把理想等东西抛之脑后。能够控制金钱、又淡泊金钱的人才是真正高尚的人，才是真正会用钱和花钱的人。

(4) 取之有度，所赚的钱都是合法的

哈佛人认为，自己的钱都必须是通过合法渠道赚来的，坚决杜绝通过非法渠道赚钱的行为。他们不会为了金钱丢弃自己的理想抱负，不会为了金钱出卖亲情、友情，这是非常不值当的交易。

金钱只能满足人的物质享受，而并不能满足人的精神需求。诚然，人生在世不得不追求一些世俗的物质利益，但是如果刻意地追求金钱，就会忽略精神上的需求，以至于人坠入金钱编织的陷阱和漩涡，而忽略了精神上的追求和发展。

我们的人生除了追求外在，更应该追求一些内在的价值，比如道德、品格、智慧等一切真善美的东西。我们不应该为了追求金钱而放弃我们心灵的追求和高尚的品格。在哈佛，教授最引以为傲的地方是，从哈佛大学毕业的学生都不会把财富和享乐当作自己的人生目标。他们的教授教给他们正确的金钱观，照亮他们人生的道路，给予他们新的勇气正视生活的理想，勇于面对自己的人生。

一个人只有树立正确的金钱观，才能树立更好的人生观和价值观。反之，错误的金钱观只会导致我们不仅成为不了富翁，反而离成为富翁的道路越来越远。

※哈佛成功心理学※

你是否有过错误或不当的金钱观？你是否还在思考怎样处理金钱和人生的关系？哈佛大学的人们已经告诉了我们答案，你需要做的就是向他们学习，做一名智者，树立正确的金钱观和人生观。

第十四章

思维心理课

思维的力量足以改变整个世界

同样是苹果落地，
普通人只看到落下的苹果，
而牛顿却发现了万有引力，
这就是思维的力量。
在哈佛人看来，
思维的力量足以改变整个世界。

1. 思维中的“囚笼”效应

所谓思维中的“囚笼”效应，是指一个人久而久之形成的一种固定的、惯性的思维模式。倘若一个人长期不积极主动地进行创新，这种思维就会逐渐形成一个固定的死角，影响他的学习和工作。

国外一位著名的科学家曾经做出这样一个实验：科学家将六只蜜蜂和六只苍蝇装进一个玻璃瓶中，然后将瓶子平放在桌子上，让瓶底朝向窗户，以此实验来观察昆虫的逃生情况。几分钟后，竟然有意外的发现。

苍蝇在不到一分钟之内，穿过另一端的瓶颈逃离瓶子，而蜜蜂却不停地在瓶底上找出口，结果它们不是筋疲力尽就是饿死了。科学家百思不得其解，后来经过一番苦思冥想之后，终于找到了答案。原来蜜蜂是一种天生喜欢光亮的动物，它们惯性地认为出口一定在光线最明亮的地方，因此就不断地在重复着人们以为很奇怪的行为。而蜜蜂却认为这是合乎情理和逻辑的，正是由于它们的经验误导，蜜蜂最终结束了自己的生命。

相反，苍蝇这个看似愚蠢的生物，却完全不顾忌经验之谈，不顾亮光的吸引，误打误撞，最终逃出了牢笼，获得了新生。相比之下，在一些情况下，头脑简单者更容易取得胜利，因为他们善于打破惯性思维，走出囚笼。

蜜蜂和苍蝇同样是身处困境之中的生物，而在关键时刻苍蝇不拘泥于惯性思维，重新获得自由，蜜蜂却成为了可怜的牺牲品。实际上，在人们的现实生活中，这样的例子也数不胜数，哈佛大学的老师们就给学生们上过这样的一堂课：

老师给学生讲了这样的一个故事：一个哑巴去五金店买钉子，为了使服务员能够明白他想要的东西，他对着服务员左手拿钉子状，右手做握锤状，用右手锤左手。服务员以为他要的是锤子，但哑巴摇摇头，用右手指左手。服务员这时恍然大悟，给了哑巴一枚钉子，哑巴满意地笑了。之后，五金店又来了一位盲人，他想买一把剪刀。

故事讲到这里，老师停下来问学生，这位盲人怎样才能准确无误并且以最快的方式买到剪刀呢。一位学子回答道，他只要用手做剪东西的样子就可以了。有些学生纷纷表示赞成，有些却不以为然。老师笑着回答道，盲人又不哑，他只要开口直接说就可以了。这些学生才恍然大悟，因为他们习惯了用固有的思维来审视问题。

老师接着讲到，伽利略、牛顿之所以能成为伟大的科学家，并受到后人的尊重，就是因为他们敢于打破惯性思维。他们深知内心思维的“囚笼”会禁锢他们的思考方式，要想取得突破性的进展和成就，就要放下自己固有的思维和经验，打破内心的牢笼。否则，我们是不可能有成就的，只会做一名普通人，而成不了科学家。

思维中存在牢笼，一方面在于我们缺乏冒险精神，另一方面在于我们缺乏想象和思考。顺流而下固然是简单易行的，逆流而上虽然需要我们付出更多的努力，但是带给我们的却是不一样的结局和收获。很多著名的人物都敢于付出，善于发挥自己的想象力和创造力，而不拘泥于现有的付出和经验，因此他们成为令人瞩目的智者。

作为一名平凡人，虽然不能拥有天才般的智商，但是却要有敢于冒险、勇于冲破牢笼的信心和勇气。只有这样，我们才能不平庸，才能拥有自己的精彩。

※哈佛成功心理学※

从现在开始，做一个敢于突破的人，打破思维的囚笼，千万不要成为它的牺牲品。

2. 经验为什么会变成“陷阱”

经验是指你在不断实践或学习中得到的知识和技能，包括直接经验和间接经验。直接经验，是指人们从亲身的实践中所获得的知识，而间接经验是指人从课本或他人那里获得的知识和技能。没有直接经验就没有间接经验，任何一种经验都是人们亲身实践所获得的。比如课本告诉你葡萄有酸的，有甜的，那么你就必须亲自去尝试一下。

但是，值得一提的是，我们必须理性地看待经验带给我们的智慧和思考。毕竟任何事情都是一把双刃剑，经验也不例外。对于善于运用经验并加以创新的人，如鱼得水；而对于那些目光短浅，从狭隘的个人经验出发的人来说，经验就会成为他们编织的“陷阱”，从而影响他们事业的前途和发展。下面这个小故事发人深省：

一只蜻蜓飞累了，停靠在路边的石头上休憩，这时它发现不远处有一只蜥蜴正在慢慢靠近自己。按照平常的逻辑和思维，蜻蜓应当火速撤离，离开这个不安全的地方。但是，恰恰相反的是，它却无动于衷，依然悠然自得地停留在石头上。之所以这样，主要是因为以往蜻蜓遇到蜥蜴都能够平安地逃脱。

蜻蜓认为，蜥蜴是爬行动物，抓住它比登天还难。因此，每次遇到蜥蜴它都不慌不忙，等待休息够了才会飞走。但是，这次却并没有得偿所愿。蜥蜴如一条黑影快速地扑了过来，蜻蜓则不幸成为蜥蜴的囊中物。蜻蜓万万没有想到，作为飞行高手的它会栽在这只不会飞的蜥蜴手上。这就是经验带给蜻蜓的血淋淋的教训，蜻蜓认为每次都能逃避蜥蜴的追杀已经成为它的一种生活经验。在蜻蜓看来，遇到蜥蜴也是一件小事，反正蜥蜴不会飞，可是这次它却落入了经验的陷阱。

成功的经历，抑或他人的经验都是我们可以相信的经验，但是，假使我们过分相信这种经验，仅凭经验做事，而忽略了客观现实，那么我们迟早要付出代价，掉进经验的“陷阱”里。

那么经验为什么会变成“陷阱”呢？哈佛人认为主要有以下几个方面的原因：

首先，事情处在不断地变化和发展之中，那些你从课本或他人那里学会的经验并不是完全符合当前的情况的。当然，我们并不否认经验的正确性，只是在此强调我们应该具体问题具体分析。

其次，现在时代科技日新月异，这是一个需要改革和创新的时代。科学技术的不断发展告诉我们，如果我们因循守旧，遵循固有的经验，就会被淘汰，成为胜者取笑弱者的把柄。

最后，经验的形成也是人们通过不断实践和学习中得到的财富和智慧，因此它需要我们每个人根据自己的实际能力进行亲身的学习和改变。如果我们只是相信课本或他人的经验，就很有可能在工作和生活中栽跟头，步入经验所编织的“陷阱”里，失去了方向。

哈佛人认为，经验顾名思义是值得大家借鉴的，但是我们并不能盲目地相信经验带给我们的财富和思考。在现实生活中，一切从实际出发，具体问题具体分析，才能找到属于自己的解决办法。

没有人从一生下来就能学会处理事情、解决问题，而我们要做的就是在不断学习和实践中追求真正的知识和经验，而不是在面对问题时，盲目地相信一切旧有的经验，从而掉入经验的“陷阱”里，阻碍我们工作和生活的发展。

※哈佛成功心理学※

经验是一把双刃剑，智者善于利用经验并勇于创新，而弱者则盲目相信经验，以至于最后落入经验编织的“陷阱”。

3. 你看到的是你想看到的世界

每个人眼中的世界不同，每个人所看到的世界受到教育、家庭及人生阅历等各方面因素的影响。不同状态时看到的世界也不尽相同，你吃饱和饥饿时眼中的世界是不相同的，而你看到的世界只是你想看到的世界。

虽说眼见为实、有图有真相，意思是说人们潜意识地认为眼睛看到的事物一定是客观真实的，但是哈佛大学的心理学教授研究发现，人类所看到的世界并非能够完全还原所看到的外界事务，其伴随着人类的智商、情商等功能而发生一系列变化。

1947 年，美国著名的心理学家、教育学家杰罗姆·布鲁纳和著名的作曲家本尼·古德曼曾经做过一个关于硬币的实验，对象为 5 个来自富人家庭和 5 个来自穷人家庭的儿童。他们让这些儿童通过调整一个光圈的大小来估计硬币的大小。布鲁纳这样做就是为了观察不同孩子们看到的世界是否相同。

实验结果表明，这些孩子们都或多或少地高估了硬币的大小，而且随着硬币面值的增加，高估的程度也相应增加。更令布鲁纳和古德曼感到惊奇的是，穷人家的孩子对硬币的高估程度要远远高于富人家的孩子。对此，布鲁纳起初认为，硬币对于穷人家的孩子来说价值更大，因此直径也更大；而对于富人的孩子来说，硬币的价值相对较小，所以其对直径的判断也相对更小。

后来一些研究者认为，穷人的孩子和富人的孩子之所以看到的硬币大小不同主要是由于穷人接触硬币的机会较少，不太熟悉硬币大小。这种实验方法虽然得到质疑，但是后来经过专家学者们的一系列验证，证明我们所看到的世界受到各种认知动机的影响，这一过程虽然看似简单，但是却受到了诸多因素的影响。

科学家们还发现，给你一副同样不带明显情绪的面孔，我们会特别注意那些有着不道德行为的面孔，而恰巧却忽视了其他的面孔。他们告诉我们，我们的视觉受其他因素的影响，而我们看到的世界只是我们所想看到的世界，眼见不一定为实。

长期以来，我们的内心世界已经被我们自己、他人以及周围世界的假设、形象和故事而深深地影响，我们的感官受到习惯思维、定式思维及所学到知识的局限。

成人和孩子所看到的世界也不相同。我们有时错误地认为孩子一定是做了什么。而当我们静下心来，听孩子告诉我们事情的前因后果后才懊悔自己错怪了孩子。家长常常按照自己过去的经验和记忆，来形容我们看到的部分世界，这种东西在家长的脑子里已经形成了一种思维惯性，构建了一个只属于自己的世界。他们却没有发现，自己和孩子所看到的世界是不一样的，他们所看到的世界只是他们自己想看到的世界而已。

当然，这并不是说，我们不能眼见为实。鉴于我们所看到的世界受到各种因素的影响，这就需要我们打破思维定式和习惯，打破偏见，沉着冷静地去看待周围的人和事物。另外，多读书，多出去走走，看看他人是怎样思考的，多与他人交流谈心是非常有必要的。在生活和工作中，我们要尽量减少因为我们的思维定式而造成的看东西的偏见。只有在这样的情况下，我们才可以随心待人，平心待事。

每一个希望自己看到的世界不受其他因素影响的人，都需要重新审视自己的内心世界，而这一点重点在于打破思维模式，创造属于我们自己的智慧和世界。只有这样，才能避免在生活和工作中因此而造成的偏差，影响我们的前程。

※哈佛成功心理学※

眼见不一定为实。你看到的世界只是你想看到的世界，而我们能够做的则是打破思维定式，改变我们的视觉思维，客观地看待客观世界。

4. 发散思维，才能找到最短路径

在我们的学习和工作中，可能会遇到各种各样的问题，由于受到思维定式的影响，找不到解决的办法和途径。遇到这样的情况，我们不妨发散思维，找到最便捷的方法和途径。

发散思维，又称辐射思维、放散思维、扩散思维，是指人的大脑在思考时呈现的一种扩散状态的思维模式，其特点为视野开阔，思维呈现出发散状。诸如我们通常所说的“一题多解”“物尽其用”等都属于发散思维的范畴。心理学家认为，发散思维是培养人的创造力的有效方式，可以使人在纷繁复杂的问题中找出突破重围的最短路径。

简单来说，发散思维则是由一事想到其他事情，从一个物体想到其他物体，从而整合成一个较大的思维空间，在众多答案中找出通往成功的最佳的方法。作家对同一事物不同角度的描写，工程师和技术人员对同一原理的不同应用，教师对同一问题的不同解释，都属于发散性思维。

无论我们从事何种职业，每个人都必须要有发散思维的能力，并且在工作中不断学习和创新，才能在职场中如鱼得水。而发散性思维的好坏，标志着一个人智商的高低。因此，培养自己的发散思维，提高自己的智商，从而提升自己解决问题的效率，对我们每一个人来说都是重中之重。

心理学家曾做过这样的实验：当时有不同学历和年龄阶段的孩子们参加，有高等学府的大学生，也有刚上幼儿园的小孩子。心理学家在黑板上画了一个圆圈，问在座的学生这是什么东西。在座的大学生异口同声地说这是圆。恰恰相反，幼儿园的孩子们却给出了五花八门的答案，比如太阳、皮球、镜子、鸡蛋、苹果等等。

心理学家们发现年龄小的孩子给出的答案最多，小学生、初高中生次之，大学生的答案则单调呆板。心理学家认为，这并不能说明大学生的智力比不上幼儿园的孩子们，幼儿园的小孩子之所以能想到各种答案，就在于他们敢于发散思维。

对于成人而言，我们可能已经习惯了自己的思考方式，对一件事情不经过认真的斟酌就下定义，从而造成了思维的定式，自己也百思不得其解。哈佛人认为，在一些情况下，克服思维定式和习惯，发散性思维是非常重要的。谁能更好、更快地发散自己的思维，找出最短的途径，谁就是胜利者。

富兰克林冒着生命危险揭开了雷电的奥秘，伽利略在传统理论的压力下证实了“两个铁球同时落地”的定论。他们之所以有如此巨大的成就，关键在于他们敢于打破常人的思维模式，走出囚禁思维的牢笼，用积极的心态来面对自己想要解决的问题，从而获得解决问题的最便捷的方法。

发散性思维不仅仅要求人们充分发挥自己的想象力，突破现有的知识和能力的局限，而且要求我们从点想到面，通过不同知识以及观念的重新分化组合，寻找出多种途径和方法，提高我们解决问题的能力。这对于我们而言是一项巨大的挑战，反过来也会促进我们学习和工作的进步。

当我们在遇到困难时，不必彷徨，不必担忧，冷静下来，运用其他思维模式和方法，对自己所接触到的信息予以加工，循序渐进地提高自己发散思维的速度和效率。我们只有在不断思考中才能不断地突破自己，在创新中不断地超越和改变。

※哈佛成功心理学※

当你遇到问题时，不妨停下脚步，审时度势，发散思维，找出通往成功的最短途径。从今天起，相信自己一定可以做到。

5. 逆向思维：学会反过来想一想

数学老师曾经出过这样的一道趣味题：有四个相同的瓶子，请你运用我们学过的数学原理摆放瓶子，使得其中任意两个瓶口的间隔都相等。学生琢磨了很久都没有找到答案，后来老师告诉他们，画一个正三角形，将三个瓶子放置在正三角形的顶点，然后将第四个瓶子倒置放于正三角形的中心位置，这样，任意两个瓶口的距离都是相等的。

这个有趣的题目首先告诉我们的是要学以致用，但是它教给我们更多的是逆向思维。我们在思考这个问题的时候，潜意识里认为瓶子一定要正着放，却没有想着反过来。由此可见，逆向思维会带给我们很多解决问题的方法。其实，在日常生活中，有很多人都是通过逆向思维取得成功的。

某服装店的经理专门经营一些高档的时装，主要为一些达官贵人服务。有一天一位贵妇在其店里订制了一件高档呢裙，但是在这件衣服将要完工的时候，裁缝在抽烟的时候烟头不小心在裙子上烧了个洞。经理很是着急，一方面这件衣服的价格一落千丈，另一方面如果用其他衣料补救的话，这样也只会欺骗顾客，并对自己店铺的信誉造成一定影响。

正当经理苦恼时，裁缝想到了一个好主意。他干脆在小洞的周围又剪了一些小洞，再用一些饰品小心翼翼地装饰，并给它起了一个很好听的名字——凤尾裙。顾客见了成品后，眼前一亮，并推荐给她的朋友，一时间“凤尾裙”成为人们追求的一种时尚，而该商店也因此获得了好评，并取得了不错的经济效益。

我们试想一下，倘若裁缝没有反过来想这个问题，那么他的这件衣服很可能就成为哗众取宠的笑柄，带给他的服装店的不仅仅有责难，还有负效应。由此可见，逆向思维带给我们的不仅仅是解决问题的途径和方法，更是一笔不错的财富。

心理学家认为，一个经常逆向思考的人必然是一个越活越年轻的人。每个人都会慢慢变老，明年会比今年大一岁，但是我们应该这样想，今年比明年年轻一岁，这样的话我们会越活越快乐。对于老年人而言，就会越活越努力；对于年轻人而言，则会珍惜当下，更加努力，过上更好的生活。

不仅仅生活中需要我们进行逆向思维，在创造发明的路上，更需要我们逆向思维，逆向思维可以创造出很多让人意想不到的奇迹。

日本虽然是一个经济强国，但是日本国土面积狭小，资源缺乏，因此他们崇尚节俭的美德。当复印机正风靡全球时，为了避免资源的浪费，日本人将一张白纸正反两面都利用，节约了因反面无法使用而造成的浪费。但是日本人并不满足于此，他们通过逆向思维，发明了一种“反复印机”，已经复印过的纸张放进这个机子后，就会还原成一张白纸，以得到资源的最大利用。

他们这样做不仅仅使得资源得到了很大的节约，创造了巨大的财富，更培养了一种逆向思维的意识。正是这样的逆向思维，为其国家创造了巨大的财富和价值。

在日常生活中，逆向思维可以帮助我们解决很多棘手的问题，也会为我们独辟蹊径，取得比他人更优异的成绩。此外，经常使用逆向思维学习、生活和工作的人会使我们都能高效率地生活，提高我们的办事效率。

逆向思维对于我们而言，是对自己思维的一种挑战，也是对我们认识领域不断深化的一个过程。我们应当自觉地使用逆向思维的方法，创造更多的奇迹和价值。

※哈佛成功心理学※

我们不是缺少思考，而是缺少逆向思维的勇气和方法。做一个会逆向思维的人，相信你的人生会有不一样的收获。

6. 如何改变旧思维模式

也许你正在苦思冥想，找不到解决问题的方法；也许你正在纠结自己为什么就不能换个角度进行思考，但是你却苦于无法改变自己想问题的方式方法。那么，你需要做的是改变自己的旧思维模式，打破原有的禁锢和牢笼，重新审视周围的人和事物。

哈佛人认为，由于受到各种主客观条件以及自我认知的影响，我们会下意识地形成一些肤浅的概念和意识。当然，这并不是说我们的认识就是错误的，因为客观事物有时经常给人以假象，因此给我们带来一种错觉，给我们一种看似正确的虚像。

每个人由于经历和所处的环境不相同，对相同事物的看法不尽相同。每个人都或多或少地受到自己长期以来的习惯性思维和情感的影响，影响我们观察和决断的精确性和准确性。另外，由于受到知识和眼光的局限，从而造成我们思维的定性，觉得事情本应如此，而不应该有其他的办法。这些都是在所难免的。

人们认识和解决问题的办法总是在不断实践中发生变化，在不断寻找途径中分析总结，找出解决问题的最佳路径。一个人只有在实践中不断取得真知，在不断实践中与时俱进，才能突破旧有的思维模式，打破思维的枷锁，取得进展和突破。

现实生活中，我们应该做的则是改变自己的错觉和意识，潜意识中接受外界的帮助和信息，审时度势，根据环境的变化，改变自己固有的僵化和保守的思想。

诚然，要做到这些并不是一蹴而就的，它需要我们循序渐进地改变。每个人都不希望自己固有的思维影响自己对事情的判断能力，我们也深知这带给我们的会是学习和工作举步维艰，我们也不能找到原本最真实的自己，而是一直生活在被思维编制的幻影里，永远看不清梦真正的世界。

苏格拉底说过："没有反省的人生是没有意义的人生。"这就是说，我们应该随着外界的变化转变旧有的观念，寻求新的突破。但是旧有的思维并不会一下就消失，这就需要我们在不断成长中树立新观念。这一过程尽管艰难，但是如果我们成功改变了自己，一定会有意想不到的收获。

那么，哈佛学子们是怎样做到改变旧有的思维模式，不断树立新的思维，从而改变自己的呢?

(1) 不断充实自身的人生观和价值观。多涉猎各个方面的知识，多出去走走，看看外面的世界，看看其他人是如何生活的。借鉴优秀的人的生活和经验，学习他们看待世界的看法，学习他们的价值观，在不断学习和实践中充实自己。

(2) 勇于接受生活的提问。遇到问题和事情时，不妨多问自己几个为什么，在不断提问中找到答案。

(3) 给自己一个安静的空间，经常地反思自己，在反思中获得提升。每个人只有不断思考，才能不断进步。

总之，一个人只有敢于打破旧有的思维，才能走出禁锢的牢笼，重获新生。世界上一些新生的获得都在于纠正固有的观念，树立健康的思想，开拓积极的思维之路。

如果你还在犹豫不决，找不到解决问题的办法，那么请你给自己一个安静的空间，回想自己固有的思维，按照以上提到的步骤来改变旧有的模式，创建属于自己的新模式和新思想。

※哈佛成功心理学※

一个人最难做到的就是改变，而成功永远属于那些敢于改变自己的人。如果你想成功，那么就从今天起，改变自己，改变旧有的思维模式，赢得新生吧！

7. 哈佛人的积极“思维”之道

说起哈佛，你可能想到的首先是学识渊博的老师和苦读诗书的学子。但是，哈佛的老师们在传道授业解惑时，更注重培养学子的思维之路。

与其他院校一样，哈佛起初也只是一所地方性的小学院，在美国内战到第一次世界大战之前，逐渐成长为一所世界性的高等学府，其他学校都无可匹及。哈佛之所以能成长为众人瞩目的院校，不仅仅是因为其有久负盛名的教授学者和勤恳的莘莘学子，更在于哈佛人无时无刻不在思考，培养和训练自己的思维，成就自己独一无二的思维之路。

在哈佛大学 350 周年校庆上，有人问校长，身在哈佛，最令你感到自豪的事情是什么？校长思考片刻，坦然地回答道，我觉得最令我感到自豪的，不是哈佛培养了 36 位总统和 36 位诺贝尔奖获得者，而是我们在教书育人的过程中给予每位学生平等的机会和发展空间，使每位学生都能充分开拓自己的思维道路，让每一位学子都能够发挥自己的最大价值。这也是哈佛人的成功之道。

哈佛教育的成功在于：先让学生去感悟，去思考，然后获取知识，这样的知识是属于你的智慧，也就是我们通常所说的创造力。因为在他们看来，学习就是把感性认识不断上升为理性感悟，再不断转化为知识，而并不是单纯地学习课本中得到的知识。那么，哈佛的教授们教给了学子们哪些积极的思维之路呢？

⑴ 敢于质疑，激发创新思维

学习贵在质疑。爱因斯坦之所以能创造具有划时代意义的相对论，就在于其敢于怀疑。他对经典物理学“牛顿定律”大胆质疑，并不断地探索，才有了如此巨大的成就。

质疑是创新的前提和基础。我们在面对一件事情时，要善于挖掘事情中包含的疑点，在独立思考、解决问题的基础上，从不同角度和方向思考，逐步解疑，在探索知识的过程中发现新的问题并不断创新。

⑵ 放飞思维的灵性，发散思维的火花

哈佛教授们在教学过程中注重培养学生的发散性思维。条条大路通罗马，任何一件事情都有不同的解决办法，当我们遇到困难，应该从多个角度和方向来思考问题。只有发散自己的思维，点燃智慧的火花，才能使我们的头脑更加敏捷，才能使我们的生活焕发无尽的活力和光彩。

⑶ 大胆求异

哈佛的大学教育，重点在于培养学生的思维。在教学中，教授会鼓励学生逆向思维、想象思维和求异思维。他们会引导学生从多角度、多方面去认识问题、分析问题、解决问题，锻炼学生寻求问题多种答案的能力，从而培养学生思维的求异性。他们认为，这样的方法可以鼓励学生们大胆地表达自己的看法，对那些有突破和创新的学生是一种肯定，从而使他们在不断学习中积极地求异创新。

每个人都应树立正确的思维观，做思维的主人，鼓励自己打破思维的藩篱和囚笼，不断培养自己积极思考，敢于突破常规、标新立异的思维之路。长此以往，按照这样的思维道路，我们才能提高自己的创造能力，才能胜任一些高难度的任务，成为职场中的翘楚。

哈佛是一种象征，不仅仅是最高学府的象征，而且也是最高智慧的象征。它之所以能够成为高智慧的代表，关键在于哈佛人的积极思维之道。也正是因为哈佛教授们的精心培养，使得哈佛人能够在职场中标新立异，如鱼得水，取得不错的业绩。

※哈佛成功心理学※

如果你还在因为学习和工作而烦恼，找不到问题的症结，不如看看哈佛人的思维之道。因为只有突破旧有的思维模式，不断创新，才能有所突破。

第十五章

犯罪心理课

"圣诞老人"也有犯罪可能

不要以为"犯罪"离你很远，
其实每个人都是一个潜在的"罪犯"，
一旦被刺激，
就很可能会形象大逆转。

1. 每个人潜意识中都有一个“魔鬼”

所谓魔鬼是指一类怪物，其在任何一个社会都有可能存在，或者是一个惨绝人寰的杀手，抑或者是一个犯下滔天罪行的恶魔。对于魔鬼，谁也不能保证自己所在的地方就充满了和平和幸福，任何人都可能遭遇恶魔。

哈佛大学的教授们认为，从根源上来看，每个人的潜意识里都有一个魔鬼。在社会文明不断进步的情况下，内心的恶魔受到法律、社会规范以及礼仪教化的约束，无法展露其真实的面目和状态。但是，倘若一个人遭遇令其忿忿不平的事情，内心的魔鬼就会冲破思想的牢笼，有些人可能从正常的人成为一个恶魔。

其实，内心的魔鬼只是相对于一个人的常态而言的。在现代社会，每个人的行为准则在不伤害他人前提的情况下，并没有被视为“魔鬼”行为，许多之前被视为不理智和变态的行为得到大家的宽恕。但是，值得一提的是，即便一个人再善良大度，拥有健全的心理，从小就接受礼仪教化、心理教育，也不能完全防止潜意识中的魔鬼逃出思想的枷锁，危机自己和他人。

鞍马八云是日本动漫《火影忍者》原创电视版中的角色。她是木叶村最具幻术潜质的小姑娘，不幸的是却拥有对父母憎恨这一心理魔鬼，并在自己没有意识的情况下召唤出恶魔，杀害了自己的亲生父母。更奇怪的是，她对此却毫不知情，并认为是第三代火影害死了自己的父母。故事的结尾，小鞍马八云终于认识了自己，而鞍马一族的长老也将这一幻术原理解释得很清楚。

不只是鞍马八云这个小姑娘，每个人都有很多负面意识，这些负面意识都被我们锁在潜意识里，并且经常以一种不自觉的形式存在，即我们内心的魔鬼。动漫《火影忍者》的编剧只不过将八云的负面意识更加形象化，使人们更加深入地了解魔鬼这一隐形的东西。

日常生活中，每个人即使没有形象化的负面意识，但有时也会伤害到自己和身边的人。无论是生活还是工作，当我们觉得他人可能会对我们造成威胁和困惑时，内心的魔鬼为了更好地保护我们自己，便会采取各种手段进攻他人，以实现我们的目的。

当八云最后痛下决心斩断心中的恶魔时，小恶魔十分惊讶，又深感委屈，便问八云："我这样做都是为了你，你为什么要杀害我？"这就是告诉我们，我们内心的恶魔在迁就我们行为的同时，也是为了保护我们自己。

魔鬼终究是一把双刃剑，一方面伤害了他人，另一方面也对我们自己造成伤害。无论是在影视作品还是在日常生活中，当我们有痛恨、嫉妒、抱怨等负面情绪时，要先学会管理这些情绪，因为这些情绪不仅仅会让我们内心崩溃、情绪激动、思维混乱，还会给自己和他人带来一些不必要的麻烦。

当然，我们的潜意识里除了魔鬼，还封锁着另外一位天使，它提醒我们什么该做，什么不该做，并引领我们人生的道路。一个人的人生观乃至价值观，在一定程度上受到我们潜意识中天使和魔鬼的较量。当天使的力量大于魔鬼的力量，内心则倾向于正能量；反之，则倾向于负能量。

※哈佛成功心理学※

每个人潜意识中都有一个魔鬼，而我们要做的就是封印魔鬼的力量，解放天使的力量，塑造一个更好的自己！

2. 欲求不满往往会导致犯罪

布莱尼是一名普通的修车工人，日子过得不算富裕，也算是殷实，但却受到金钱和权力的诱惑，走上了犯罪的道路。他受到其他同伴的挑唆，持刀抢劫银行，并劫持了一位员工。经过警方的不断调解，当劫持人质被成功解救后，他和他的同伴也被警方抓获。等待布莱尼的不是财富，而是煎熬，是妻子和儿女们日夜的等待。

他原本可以过上足够幸福的生活，但是却因为欲望而失去了所有。布莱尼的事件告诉我们，欲望太过强大就会使人走上一条不归之路。

在物质生活方式日趋复杂化的今天，诱惑太多，少数群体因为有欲求得不到满足，便走上了一条犯罪之路。他们以为这是捷径，能拥有更多的物质财富，能过上更好的生活，但是却不知道因此而付出的代价。

无论出于什么理由，犯了罪都要受到法律的制裁。每个人都一样，都在为了得到一些东西而努力奋斗。对于正在奋斗的你来说，千万不要因为欲望而迷失了自己，这个世界没有什么人可以不经过努力就享受掌声，享受成功。命运对每个人都是公平的，在你抱怨的时候，不如改变自己，用新的姿态面对新的生活。

在哈佛人看来，犯罪人欲求不满的原因通常有两种，一种是因为个人无能力满足。也许你羡慕别人光鲜的外表，拥有鲜花和掌声，但是他们背后也有着不为人知的故事。每一个成功人士的背后都有着不断努力超越自己的一段历史，正是因为他们的努力才有了今天的成就和辉煌，使他们成为大家欣羡的对象。我们不能成为和他们一样的舞台之星，却可以尽自己最大地努力，获得属于自己的成功和辉煌。

二是社会不允许满足，即个人的需要和社会所能提供之间的矛盾。社会在不断发展，它不可能使每个人都成为富人，因此便有了穷人和富人。也许你羡慕写字楼里的白领，羡慕星巴克的咖啡，但是任何人都有自己的活法，任何人都有自己的烦恼。每一份工作都能塑造一个不平凡的你，不用去羡慕别人有太多的金钱，这个世界还有很多其他的东西，金钱并不是万能的。记住做自己才最重要。

我们生活在物欲横流的世界里，形形色色的人，形形色色的事，太多的诱惑，太多的欲望，如何理智地面对欲望与现实，则显得尤为重要。其实，欲望教会我们一定要学会理智地思考，理性地对待。

对于那些因为欲求不满而走上犯罪之路的人来说，他们明明清楚犯罪行为带给自己的会是惩罚，但却还是执迷不悟，铤而走险，等到最后才能幡然悔悟，但是为时已晚，带给自己的只有无尽的懊悔和自责。

那么当你欲望得不到满足的时候，怎样才能克服自己的犯罪心理，正确对待呢？

第一，转移注意力，与亲朋好友谈心，找出解决的办法。你想要某些东西必然是好事，但是并不只有极端这一条办法。

第二，相信自己，不断努力。上天会眷顾每一个努力的人，努力不一定成功，但是不努力是一定不会成功的。

第三，人生不仅仅只有物质这一样东西，幸福快乐才是最好的生活状态。也许你为了一己之私走上犯罪的道路，但是却失去了幸福和快乐。为了快乐，也要禁锢犯罪心理。

你还在为了欲望而不断纠结烦恼，甚至想要走上犯罪的道路吗？从今天起，做一个努力奋斗的人，为了幸福，为了快乐，做最好的自己，而不是一味地追求物质财富和欲望。

人有欲望是好的，但是过度的贪婪却只会让我们走上犯罪的道路。从今天起，放下太多的欲望，做一个幸福的人，切勿贪婪，切勿走上犯罪之路。

※哈佛成功心理学※

欲求不满只会导致人们通往犯罪之路，学会控制自己的欲望，做一个不只为物质而活的人，因为这个世界除了物质，还有太多值得我们追求的东西。

3. 别让自己成为犯罪“刺激源”

麦莉是一名普通的高中生，有一天在放学回家的路上，有一个陌生人前来搭讪，他问麦莉想不想打工赚取零花钱。已是高中生的麦莉有一些警觉意识，犹豫不决，不知该如何是好。这时，陌生人拿出一个很小的包裹向她表示，只要麦莉将其送到指定地点，交给一个 Abby（艾比）的先生，并且向其收取 30 美元，这样她就可以拿到 5 美元的酬劳。

麦莉思考再三后，觉得这件事情轻而易举，自己也能得到一部分酬劳，便答应了这个陌生人的请求，然后骑着自行车飞速到达指定的地点。到达指定地点后，她正准备和 Abby 先生一手交钱、一手交货时，突然冒出了几名警察，指称其贩卖违禁物品吗啡。

警察当场打开了包裹，里面全是吗啡，麦莉虽然极力说明她只是应他人要求帮忙送货，但是也百口莫辩，警方将其带回警察局审讯处理。

从麦莉的情况来看，贩卖违禁物品吗啡属于刑事犯罪行为，但由于其毫不知情，是受到他人的引诱，而且也没有共谋，只充当了别人利用其犯罪的工具，也就是我们通常所说的“刺激源”。

类似麦莉这样的情况并不少见，像她这样的青少年涉世未深，容易受到各种欲望的诱惑，成为别人诱导或控制其犯罪的工具。不只是青少年，每个人都应该做事谨慎，对陌生人千万不要放下戒备，否则，很容易使自己成为犯罪的“刺激源”。

我们应该有这样一个认知，即犯罪不仅仅是法律问题，同时也是社会问题、教育问题和家庭问题。从某种程度上来看，对待犯罪，社会和家庭应该承担较大的责任，因为是家庭和社会赋予了我们成长的家园。我们更应该从自身做起，以防自己卷入犯罪的漩涡，从根本上避免自己成为别人利用的工具。

那么在哈佛大学的教授们看来，怎样才能不让自己成为犯罪的“刺激源”呢?

首先，正确认识犯罪。犯罪是可耻的，在给他人带来伤害的同时，也会给自己和家人带来伤害。这种害人又害已的事情，我们应该秉持冷静的态度来认识它，并不是觉得理所应当，你之后可以得到很多东西，诸如有生以来你一直期盼的东西。相反，你会失去更多，比如亲情、爱情、友情等等。

其次，请周围的人监督。你的身边应该有很多人，他们或许从事各种职业，比如教师、工人、律师、法官等等。不同职业的人有不同的职业思考习惯，有不同的看法和思想。当你遇到一些比较蹊跷的事情时，不妨停下脚步，问问你身边的这些人，看看他们对这件事情怎么看，他们思考的角度和看法或许能够带给你不一样的改变。

最后，知己知人，杜绝犯罪心理，并且多涉猎一些法律知识，了解犯罪人常用的一些犯罪手段和方法。这样在遇到一些诸如“天下掉馅饼”的事情时，都能够足够理智地面对，找出一些应对方法和手段。每个人学些法律知识是必要的，并不是只有专业人士懂才可以。人人懂法、守法，才能构建一个和谐社会。

被人利用犯罪本身就是一件可怕的事情，自己很有可能因此断送了一生的前途和光景。而我们能做的只有了解法律，了解犯罪的动机和可能性事件，从而尽量避免自己成为别人利用犯罪的工具。

这个世界既充满和谐又充满了不和谐，暴力、犯罪时时有可能发生，我们虽然不会犯罪，但是有时却在毫不知情的情况下受到别人的利用，掉入他们布置的陷阱，最终后悔也来不及了。因此，我们一定要提高自我保护意识，在避免自己犯罪的同时，也谨慎地避免自己成为他人犯罪的“刺激源”。

※哈佛成功心理学※

哈佛人告诉我们，远离犯罪，避免自己成为犯罪的“刺激源”!

4. 童年阴影形成的“不定时炸弹”

每个人的童年都会留有一些回忆，快乐的，悲伤的，那些挥之不去的过往都会留在我们的心中。但是，有些回忆并不是那么美好的，父母不经意间的一句话，一个小小的挫折，都有可能会给我们造成不小的伤害。

心理学上认为，人在童年所经受的一些刺激会给人留下一些心理阴影，在无形之中给我们的生活和工作带来一些不必要的影响。而这些小小的伤痕就像是一颗颗“不定时炸弹”，我们不知道它们什么时候会爆炸，也不知道它们何时就会成为我们人生路上的牵绊。

也许你的童年是在父母的吵架中度过的，也许别人当众辱骂过你，抑或者你当众出过丑，这些都会影响到我们。我们可能会惧怕父母离婚而产生恐婚的心理，我们可能会害怕出丑而没有自信，很多事情都不敢去做，以致影响我们的工作和前程。

查理是一位优秀的歌手，殊不知其在成名之前经历了多少次折磨与困惑。他从小就是个天资聪颖的孩子，对音乐的喜欢已经超越了对生活的热爱，在幼儿园里更是受到老师的褒奖和喜爱。他比其他小孩子能较快地学会一首歌曲，有时候甚至连五线谱这样老师都看不懂的东西都能看懂。这对查理来说是幸运的，大家都认为他未来肯定会成为歌坛上闪亮的新星。但是，童年里的一次意外却让小查理后来不敢上台演出。

一次，学校举行圣诞节的联欢晚会，班里推选其为代表演唱 Merry Christmas 这首歌曲。小查理觉得既兴奋又自豪，因此花费了很长时间来准备这首歌曲。但是谁能想到在表演的那天晚上，由于这是第一次当着这么多的人上台演出，小查理特别紧张，唱到一半竟然忘词了。之后小查理失声痛哭，觉得大家都在嘲笑他，很长时间他都不敢登台唱歌。

这对于查理来说是不幸的，但是他并没有放弃对音乐的追求，每周都买 CD 学习歌曲。当他遇到苏珊时，才解开了心中的心结。在苏珊的帮助下，查理逐渐走出童年的阴影，成为万众瞩目的新星。也是在他人和自身的不断鼓励下，他才有了今天的成就。

像查理这样的故事数不胜数，但他们却能够战胜恐惧和害怕，成就更好的自己。而有些孩子由于童年遭遇了虐待、家庭暴力等情况，这些就时刻像一颗定时炸弹，不知何时就会成为其犯罪的源头，而自己却成为了犯罪的牺牲品。

哈佛大学的心理学家们告诉我们，面对阴影，你应该更多地去选择放下。放下这些对你来说是最好的选择。当然，我们在放下仇恨等负面情绪之前，更需要我们选择勇敢地面对，勇敢地接受，最后我们才能心平气和地放弃。这样的过程对你而言，可能很痛苦，但结局却是令人满意的。

尝试放弃痛苦，忘记过去，一切重新开始。设想一下你在一个空旷的大房间里，你眼前有一个很密封的保险箱，你走到保险箱前，回想过去所有悲伤的、痛苦的、抑郁的经历，将这些不开心的往事都封锁在保险箱里，然后用一把崭新的锁将这些东西封存。之后你转身离开了这个房间的，所有的烦恼都烟消云散。

请记住“面对、接受、处理、放下、忘记”，没有过不去的坎，任何事情都可以通过比较合理和理性的方式来解决。放不下这些痛苦的、悲伤的记忆，带给你的只有更加无尽的痛苦和折磨。试想，倘若你放不下这些痛苦的回忆，长久以往的积累就像一颗不定时炸弹，不断地刺激你的内心，最终你很有可能会误入歧途。

哈佛大学的教授们告诉我们，每个人都会有一些童年的心理阴影，但智者学会了坦然面对和接受，因此成就了更好的自己。从今天起，学会改变，学会接受，学会放下，迎接更好的明天。

※哈佛成功心理学※

那些挥之不去的过往，可能让你纠结，让你悲伤，但是越是这样，越要学会勇敢、坚强地面对，否则它就像一颗不定时炸弹，成为你路途和人生的牵绊。

5. 教你降低自身犯罪风险

伴随着社会文明的不断进步，这个社会既有文明的不断演进和更新，也充满着暴力和犯罪。环顾你周围的人和事物，不知什么时候有些人就走上了犯罪的道路。而对于我们而言，如何降低自身的犯罪风险则显得尤为重要。

哈佛人认为，犯罪只是一时的冲动，可能由于各种原因，或者欲望得不到满足，或者儿时的心理阴影，或者与你相处的朋友有犯罪的冲动，等等。这些都可能成为诱发我们犯罪的基石，让我们走上犯罪的道路。

那么，我们应该如何降低自身的犯罪风险呢？下面这些方法你可以尝试一下，也许可以帮助到你。

⑴ 保持理智，切勿贪婪。除了欲望还有很多值得我们追求的东西。欲求不满只会导致我们通往犯罪的道路。当然，我们追寻物质财富等东西并没有错，但是太过追求这些东西只会使我们陷入犯罪的深渊，走上歧途。

⑵ 放下悲伤，放下痛苦，快乐地生活。阴影这些东西就像是一个潘多拉盒子，打开了就会灾祸无穷，引发一系列连锁反应。对你而言，最重要的就是锁住它，忘记那些悲伤的过往，重拾欢乐的记忆。

⑶ 远离令你感到不舒服的人和事情。犯罪者的思维是异于常人的，即使是偶然性的犯罪，人们也猜不出来他自己心里在想什么，他们可能不会从他人的角度来思考问题，只为自己着想，情商低，对自己的情绪没有感知能力，为达到自己的目的而不择手段。这类人我们应该敬而远之，而不是一直跟他们接触，耳濡目染就学会了一些坏毛病和坏习惯。

⑷ 跟志同道合的人做朋友，遇到不开心的事情经常与他们谈心。三五好友一起旅游、骑车、聚餐等等，这些都是不错的选择。朋友相

聚就是最好的缘分，物以类聚，人以群分，周围的朋友决定了你做事的态度和高度。因此，选择跟谁做朋友是很重要的事情，千万不要跟一些道不同的人交朋友。

（5）少看一些刺激片、恐怖片，降低犯罪风险，从小事做起。诸如，不虐待小动物，爱护花草，做一些乐于助人的事情，帮助那些需要帮助的人。对于那些刺激片、恐怖片，特别是犯罪的电视和电影都应该少看。我们应该从小就培养一些健康的心理意识，而不是不断刺激自己的内心，成为犯罪的牺牲品。

诚然，犯罪是不可避免的，我们厌恶和憎恨那些犯罪的人和事情，我们远离那些人和物，但是我们也应该学会挽救那些犯罪的人。所谓知错能改，善莫大焉。对于那些误入歧途的人，我们要学会用伦理教化和善良的心来感化他们，让其迷途知返，而不是让其一味地犯错。

对于犯罪我们敬而远之，我们有时知道犯罪带给自己和家人的是痛苦和折磨，但有时却身不由己走上了不同寻常的道路。因此，降低自身犯罪风险对我们自身的成长和发展来说是很重要的。千万不要以为犯罪离我们很远，近年来有数据表明，很多犯罪的人都是我们身边和周围的人，所以我们应该客观、冷静地来面对犯罪这一实际情况，而不是冷眼旁观，眼看着自己或者周围的人陷入犯罪的深渊。

哈佛大学培养了诸多优秀的学子，他们在大学不仅仅要学会专业知识，更要学会各种心理学，比如犯罪心理学，他们研究犯罪的心理，从而规避风险，做一个心智更加健全，各方面发展更加美好和健康的人。

他们告诉我们，一个人不仅要有渊博的知识，更应该学会调节自己的心理，学会如何做人，如何做一个心理上更加优秀的人。在哈佛大学成长的他们给自己和自己的朋友上了一次深远意义的心理课。

※哈佛成功心理学※

降低自身犯罪风险，做一个心理更加健全的人，做一个更加优秀的人！

下 篇

人生幸福经

让生活更快乐的哈佛实用心理学

认清真实自我，不做欲望的奴隶

远离灰色情绪，快乐人生始于悦己

保持积极心态：心态好，病就少

情感需要经营，有“爱”才会有“幸福”

给心灵减减压，你的灵魂可以更“轻”一点

活在当下：不因过去而悔，不因未来而惧

第十六章

认清真实自我

不做欲望的奴隶

金钱欲、权利欲、控制欲……
我们处在太多欲望的包围圈里，
如果想更快乐地生活，
那么请控制这些欲望，
不要做它们的奴隶。

1. 你是否在被“欲望”驱使

很多现代人感觉不到幸福，体会不到生活的乐趣，就是因为永远对生活不满足，对生活的不断期望让我们的“胃口”不断扩大，欲望不断膨胀。其实，欲望是一个双面人，正面是天使，背面是魔鬼，一旦失控，人便会被魔鬼引向邪恶的一面。当基本的欲望满足后，当合理的欲望实现后，我们只要细细体会，就会感到幸福，感到有成就感。但如果追求的欲望太大，或者是不合理的，那么最终我们会被欲望伤得遍体鳞伤。

欲望就犹如吹大的气球，吹得越大，就越容易一触即破。人生在世，功名利禄都是身外之物，不要让这些东西迷惑了我们的心智，祸害了我们美好的生活。让欲望的“胃口”小一点，让实在的幸福多一些，我们会拥有一个繁花似锦的人生。

哈佛教授在课堂上给哈佛学子讲了一个这样的故事：渔夫救了一条金鱼，金鱼要报恩，但渔夫的妻子却是个贪得无厌的人，她一次又一次地从金鱼身上索取，木盆、大房子、宫殿、女皇、海上的女霸王……最后，愤怒的金鱼选择了离去，那个贪心的老太婆最后仍然一无所有。

本来，渔夫的妻子可以有更好的木盆，更大的房子，可以有辉煌的宫殿，威严的女皇地位，但她的欲望却吞噬着她的内心，她根本无法控制这种欲望，于是她一次又一次地向金鱼索取。

通过这个故事，哈佛教授旨在告诉他的学生们：欲望是潘多拉的盒子里最为可怕的两个魔鬼之一，稍一松懈，它们便会占据人的主导思想。“人心不足蛇吞象”，试想，蛇吞象的时候该有什么样的感受呢？既咽不进去，又吐不出来，难受无比。所以，人的欲望越多，痛苦也就越多。一个人若是由于私欲而变得贪心，放任个人欲望无限度地膨胀，最终一定会落得和渔夫的妻子一样两手空空。

一位学者曾经这样说过：“一个人的心脏只有拳头大小，可是，若你将整个地球装进去，也装不满，还会有空隙。”我们想得到一样东西，而一旦得到了，我们心中又会产生新的欲望，这样下去，我们的一生便会在永无休止的疯狂追逐中度过，这样的人生怎么会幸福呢？如果我们能经常对欲望进行修剪，学会控制，它便能成为一道赏心悦目的风景。

美国船王哈利在儿子小哈利 23 岁生日时把他带进了赌场，让小哈利熟悉牌桌上的伎俩后，给了小哈利 2000 美元赌资，并反复叮嘱他，无论如何不能把钱输光，一定要剩下 500 美元。小哈利也信誓旦旦地向父亲做了保证。

然而，年轻的小哈利上了牌桌便把父亲的话忘得一干二净，最后输了个精光。回到家里，小哈利向父亲解释：“输到还剩 500 美元时，我手上的牌开始好转，于是我又开始下注，谁知输得更惨。”

老哈利并没有责备儿子，而是再次让儿子进赌场，但这次的赌资需要儿子自己去挣。一个月后，小哈利带着自己打工挣到的 700 美元又进了赌场。在这之前，老哈利又再三地叮嘱儿子，只能输掉一半的钱，到了只剩一半时，一定要离开牌桌。

这一次，小哈利又输得一文不剩。每一次赌输，他都想着下一次一定能赢回来，结果却恰恰相反。失落的小哈利不知怎么去面对父亲，但出乎意料的是，这一次，父亲还是没有责怪他，而是坚持让小哈利再进赌场。小哈利只好再去打工挣钱。

第三次走进赌场，已是半年之后的事了。这一次，小哈利的运气还是不好，连输数局，但这次他吸取了以往的教训，沉稳了许多。当钱输到只剩一半时，他毅然离开了赌场。老哈利很满意儿子的进步，他语重心长地对儿子说："我让你进赌场赌博，并不是想看你能赢多少钱，我想看到的，是你要战胜你自己！控制住你自己，你才能做天下真正的赢家。"

从此以后，小哈利每次进赌场，都会给自己制定一个界限，比如，他规定在输掉10%时，一定要退出牌桌，他做到了。后来，熟悉了赌场的小哈利不但保住了本钱，而且还赢了几百美元。这时，父亲要他马上离开赌桌。小哈利哪里会放过赢钱的机会？几把下来，他赢的钱眼看就要翻倍了，可没有想到的是，就在此时，形势急转直下，只两把，小哈利又输得精光。这时，他想到了父亲的忠告，如果能见好就收，他将会是一个赢家。可惜，他错过了赢的机会，又一次做了输家。

有了一次又一次的失败经历，小哈利终于认识到他的贪欲是导致他失败的始作俑者，他开始像父亲要求的那样，每次进赌场，输赢都控制在10%以内。即使自己运气再好，他也会选择离开。

老哈利终于能够放心地将上百亿的公司交给小哈利了。

老哈利的确很睿智，他知道，喜欢赌博的人有一种惯性：赌输了想把输的钱赢回来，赌赢了想赢得更多。他正是利用赌博人的这种欲望达到了教育小哈利的目的，适时克制住了欲望的火种在小哈利体内的蔓延。

每个人都需要理性地控制欲望，而不要让欲望控制自己。人需要自控，需要不断反省，需要明白哪些东西该要，哪些东西不该要，需要明白哪些欲望是合理的，哪些欲望是贪婪的。要懂得知足，学会放弃，要把握好欲望的尺度，过了这个度，就是贪婪；不及的话，则会缺乏动力。只要我们合理地控制好自己的欲望，便能做到"满而不溢，常守富贵"，就会有足够的时间去欣赏人生的美丽风景。要知道，生活中真正能滋润我们心田的不是钱权名利，而是家人的关心、朋友的问候。一个不被欲望所累的生活，将是一个更快乐的世界。

"非淡泊无以明志，非宁静无以致远。"欲望的诱惑，一不小心我们就会在心里激起波澜，原来澄澈、纯净、安宁的内心就会变得喧哗、浮躁和功利，我们就会迷失方向。只有经得住欲望的诱惑，及时修剪欲望，疏导欲望，我们才能坚守心灵的一方净土，凝神专注，独善其身，才能活得轻松自在。

※哈佛成功心理学※

欲望就像空气一样无时不与我们同在。如果只为欲望活着，人就会成为它的奴隶。面对众多的欲望，要择其善者而从之，其不善者而弃之。我们不能填平欲壑，但可以节制欲望，知足才能常乐。

2. 坦然接纳自己的不完美

每个人的现实生活都不可能完美，非要拿着想象去和现实碰撞，和完美较真，是自寻烦恼。在《波士顿环球报》上曾经刊登过一篇哈佛教授对毕业生的寄语，其中一条是："不要过分追求完美，不要给自己不必要的压力。生活不只是工作、学习，它还有很多很多。"意即不必苛求完美。

歌德曾经说过："十全十美是上天的尺度，而要达到这种十全十美的尺度，则是人类的愿望。"这个世界本来就不是完美的，完美是人自己主观想象出来的，是美好的愿望，但终究不是现实。

在现实生活中，存在着一个很普遍的现象，那就是别人的永远是最好的。我们总是在羡慕别人的生活，喜欢欣赏别人的风景，对自己拥有的东西存在各种不满：或者认为自己长得不够漂亮，或者认为自己不够强壮，或者认为自己缺乏能力，或者认为自己不懂得人情世故……总之，总是不停地在苛责自己。

其实，每个人都不可能是完美的，不管你是多么伟大的人还是做出多么突出贡献的人，十全十美只是一个美丽的童话，生活的美丽正在于它的不完美，所以才会有很多东西等待我们去追求。

著名的雕像维纳斯虽然断了双臂，但她在人们心中却是极致的美神，曾经有很多的艺术家想使这件举世瞩目的艺术作品更加完善，尝试着复原维纳斯的双臂，但最后都不得不放弃了，因为无论他们把那两只手臂放在什么地方，都感觉不如缺失双臂的维纳斯美丽。

在我们的生活中，经常也会看到这样的人，他们追求完美，却始终还是存在缺陷，他们为此失落，为此痛苦。人有悲欢离合，月有阴晴圆缺，我们应该试着去欣赏自己的不完美，悦纳不完美的自己，这往往是我们领略到另一种美丽的契机。对此，一位哲人说过，羡慕别人所得到的，不如珍惜自己所拥有的。

苏格拉底是西方伟大的哲学家，我们都知道他的哲学理论在世界上享有盛名，却不知道他的奇丑长相和他的哲学理论一样在世界上享有盛名。苏格拉底并不介意别人会怎么看自己，并没有因为自己长得丑就躲在家里不敢见人，相反，他总是穿着褴褛的衣服去各种公众场合，甚至光着脚到处去演讲，去推广他的哲学理论，而丝毫没有一点自卑感。事实上，人们也并没有因为他的丑陋而嘲笑他，更不会因为他长得丑而否定他的智慧。他到哪里都可以成为公众的核心。

我们何不像苏格拉底一样试着接纳自己？与自己和解，让自己成为自己的中心，按自己的方式生活，不要刻意追求他人的认可，保持自我本色，我们便可以活得很快乐、很轻松。

俗话说，“人贵有自知之明”。就是说，我们每个人都要对自己的素质、潜能、特长、缺陷和经验等各种要素有一个清楚的认识，对自己在社会工作和生活中所要扮演的角色有一个明确的定位。心理学上将这种有自知之明的能力称为“自觉”，一般包括能察觉自己的情绪对言行的影响，了解并准确评估自己的资质、能力和局限，相信自己的价值与能力等。

我们总是把眼光投到别人的身上，看到别人的优点，看到别人的成功，看到自己的却都是不完美之处。殊不知，我们的每个缺点背后都隐藏着优点，你身上那些连自己都不喜欢的特质，其实是你最宝贵的财富：好出风头是自信的表现；懒散说明你内心自由；胆小能让你躲过飞来横祸；贫穷能让你远离盗贼的魔掌。不完美也是生命的一部分，只有真心拥抱它，接纳它，我们才能活出完整的人生。

※哈佛成功心理学※

每个人都是矛盾的统一体，是各种积极与消极的特质彼此调和的结果，无论少了哪一方面都称不上完整。承认和接纳不完美的自己，意味着平等对待自己的每一项特质，既不刻意彰显，也不刻意压抑，做一个真实的自己。

3. 糖果效应：克服小诱惑，将获得更多

在现实生活中，很多人在追逐眼前的利益时，往往很难顾及日后的长远发展，因此常常会“因小失大”“丢了西瓜捡芝麻”。

如果能把工资存起来理财，等本金足够多的时候，利息想怎么花就怎么花，但大部分人忍不了那么久，工资一发就忍不住会立马花掉；如果不提加薪，下次的升职肯定有我，升职了工资待遇自然会不一样，可谁知道什么时候才有升职机会呢，还是顾着眼前的加薪好……如果我们能抵挡住这些摆在眼前的小诱惑，很可能会因此而获得更多。

美国心理学家瓦特·米迦尔曾专门做过一项关于“自控力”的实验，即心理学界非常知名的糖果实验。

这项心理学实验的对象是斯坦福大学附属幼儿园的 4 岁孩子们，瓦特·米迦尔把孩子们集中在一个房间，每人发放一枚糖果，并告诉他们：“我要出去一会儿，如果谁能等我回来再吃，可以再得到两颗糖。”

糖果对于 4 岁的孩子们来说，实在是太有诱惑力了，有些孩子迫不及待地剥开糖纸，把糖果塞进了自己的嘴巴；有些孩子则面露纠结之色，但很快禁不住诱惑，选择了吃掉糖果；还有一些孩子尽管非常渴望吃掉糖果，但他们还是想尽办法让自己坚持下来，比如趴在桌子上尝试入睡，看图画书转移注意力，低着头玩手指等。20 分钟后，那些没吃掉糖果的孩子，如愿又得到了两颗糖。

瓦特·米迦尔对参加这项实验的孩子进行了长达 14 年的追踪和分析，结果发现那些能够战胜诱惑，坚持到最后才吃糖的孩子适应力更

强，在面对困难和挫折时也更自信，不会轻易被打倒、被诱惑。

成功者无一例外都拥有极强的自控力，他们和普通人一样，也会面对各种各样的诱惑，但他们并没有因“诱惑”而放纵自我，而是用自己强大的自控力打败了它们，从而成为自身的主宰者，并最终实现了目标和理想。

无法抵制诱惑，是人性的通病。其实，人的一生当中会面对许多类似“糖果实验”的境况，站在十字路口，究竟是被眼前的利益俘虏，还是克制自己为长远利益打算，这是一个事关成败的艰难抉择。巴菲特是众所周知的“股神”，他在谈及自己的投资成功之道时，十分坦然地说道，“我在初期投资阶段并不如意，但我面对蝇头小利从不动心，这种克制让我把‘雪球’滚得越来越大。”

人生在世，每个人都会面对数不清的选择，有时候看似轻松光明的岔路却是通向堕落的深渊，有时候看似艰难无比的道路却是通往成功的最短捷径。当你茫然不知所措的时候，当你不知道究竟该如何选择的时候，当你在眼前利益与长远利益之间踌躇不定的时候，不妨仔细想想“糖果效应”的道理——唯有克服小诱惑才能得到更多。

那么，我们究竟怎样做才能有效抵制小诱惑呢?

⑴ 学会舍弃

佛家有云:“舍得舍得，先舍而后得，有所舍才能有所得。”要想做到不为蝇头小利所惑，首先就必须要学会舍弃，舍弃小利是为了大踏步前进，暂时地放弃不仅是真正的勇气，更是真正的睿智之举。

⑵ 要有目标

一个没有远大目标的人，必然会被眼前的“胡萝卜”吸引，如果不想成为井底之蛙，不想被小恩小惠收买，不想成为一个斤斤计较的小市民，那么，从今天开始树立远大目标吧！一个拥有远大目标的人，不会去计较眼前的一点小利，为了实现目标，他们更能够克制自己。

⑶ 顾全大局

正如韩非子所说，“毋见小利，见小利……则大事不成。”一个成就大事的人，必然会顾全大局，在特殊情况下，如果舍不得局部利益，不能及时做出“弃车保帅”的决策，那么必然会导致整体利益的丧失，因此我们必须培养自己的全局观念，不论何时何地，都要以“长远利益”为先，以“全局利益”为重。

※哈佛成功心理学※

贪图蝇头小利的人，往往很难注意到其背后暗含的危机，如果你想有所作为，那就必须克服一时一事的小利带来的诱惑，把目光放长远，只有这样才可能获得更多，成为最后的胜利者。

4. 控制欲望，远离心灵陷阱

“欲望越小，人生就越幸福。”这是托尔斯泰曾经说过的蕴含着深邃人生哲理的一句话。欲望越强，人生就会越不幸福，而欲望越小，越懂得满足，生活就会越幸福。在我们的生活中，有所追求是必须的，这会促使我们不断地进步，超越自己。但是，如果自身的追求不控制在一定限度之内，追求就会变成无休止的欲望，在欲望的逼迫下，我们就会成为欲望的奴隶，牢牢被它所奴役。

人的一生太短暂，但是物欲却是无止境的，过多的欲望，会使我们的心灵变得焦虑，精神上没有一刻的安宁，想要加薪，想要升职，想要大的房子，想要贵的车子，想要更高的地位……这些都激起了我们的贪婪之心，让我们为这些物欲所累，而失去了享受生活的乐趣。

有一个叫迈克的乞丐，虽然他很贫穷，每天以乞讨为生，但是他却过得十分快活，从来不把贫穷当作是一种负担。经常有人问他，为什么你在这种状况下还能过得这么开心呢？迈克回答说：“我为什么不开心呢？每天都会有人给我东西吃，运气好的时候还会有人给我一些肉吃，甚至还有零花钱，我晚上还有地方休息，不用为任何人打工，我是我自己的主人，我有什么理由不快乐呢？”

迈克的这个思想影响了很多人，大家都认为他是一个快乐天使。但是，有一天，他却不快乐了。起因是迈克捡到了一笔巨额财产。刚捡到那些钱的时候，迈克是非常开心的，他想，以后我就不用再整天去乞讨了，可以安逸地度过下半生了。直到当天晚上，迈克都不敢相信这是真的，总觉得自己是在做梦，觉都没睡好。

第二天，他没有出去乞讨，他非常轻闲地度过了一天。后来，他慢慢想到，我现在拥有了这么多的钱，我还可以拥有更多。就这样，他又开始了乞讨的生活，并且比之前更加勤快，不过，现在的迈克只想要钱，不想要食物，他一心只想让他的钱变得更多。就这样，他天天为他的攒钱计划而操心，如果某天没有讨到钱，他就会坐卧不安，觉得自己浪费了时间。就这样，之前那个快乐的迈克不见了，他的生活越来越苦闷，心情也越来越郁闷，精神也越来越差。这样又过了许久，迈克病倒了，在他病倒的日子里，他还在为他的钱而担忧。最终，迈克抑郁而死。

没有金钱的迈克可以活得潇洒快乐，但拥有了金钱之后的迈克却没有变得更加快乐，反而变得忧虑。这说明，人的欲望一旦被激发出来，那么在它的支配下，人就会变得急功近利，舍本逐末，这样，之前的快乐也会弃之不顾，盲目前行。

新闻上经常看到某个贪官贪了多少钱，拥有多少处房产、多少辆豪车，被查出来之后，身败名裂。这些贪官所做出的行为就是被无休止的欲望所驱使的，他们已经被欲望蒙住了双眼，被它所控制，以至于做出那些让人发指的事情来。过多的欲望是恶魔，会让我们失去原来的快乐生活，会降低我们的生活质量，让我们身心俱疲。

控制欲望，是一种人生态度，是一种处世方法，是一种做人的智慧，掌控好就会让我们懂得知足，懂得满足。

控制欲望，遇事不要太功利，抱有太大的目的性，要顺其自然，心态平和，心胸开阔，这样才能够活得洒脱、快活。

控制欲望，我们要以一颗平常心看待物质的享受，得之我幸，失之我命，不要患得患失，杞人忧天。

控制欲望，过分贪婪的人，最后可能会人财两空，什么也得不到。一个富有的人，必定是能平淡对待自己生活的人。

控制欲望，要知道“身外之物，不眷恋”，这是通晓哲理后的通达。只有这样，才可以拥有一个轻松、愉快的生活。

※哈佛成功心理学※

贪婪是人的本性，但是聪明的人会懂得克制自己的欲望，不被它所左右，愚蠢的人却会被它所控制，成为它的俘虏。因此，我们要控制自己的欲望，把眼光放得远一点，把自己的心事放得轻一点，对一些身边的人或者物要看得淡一点，不要斤斤计较，不要因为一点点的欲望而丧失我们做人的原则，只有这样，我们才会拥有一种超脱的心境，不会为欲望所烦恼。

5. 将一切看淡，反而收获更多

我们在面对各式各样的困难与挫折的时候，总会因为自身处在漩涡中心，而产生“旁观者清，当局者迷”的感觉。

被不同的事情牵绊着，每每向前行走，我们就会不经意间回首往事。一些人、一些事，总让我们难以释怀；除此之外，我们追求着本来单纯的梦想，却经常脱离初始的轨道，开始追名逐利，去争夺一些虚无缥缈的东西。我们把一切看得都重，却收获得最少，最终郁郁不得安。其实，如果我们面对一切时都能看淡，作一个潇洒的旁观者，也许，我们就不会为心所绊，以至于头脑中生出错误的决定。这样我们就会少一些后悔，少一些遗憾，多一些自信，多一些骄傲。

青春年少的我们，认为轰轰烈烈的人生才是一种精彩，幻想着电影剧情般的生活，罗曼蒂克的爱情，一帆风顺的工作。然而，当我们慢慢变得成熟后，却发现原来平淡的生活才是自己的追求，风平浪静的人生才是最好的。

有时候要得太多，反而会得不到，倘若凡事看淡，静下心来，反而会收获更多。常言道，谋事在人，成事在天。对人力不能左右的事情，不需要有太多的想法，也不需要缜密的规划，太过公式化的生活会让人失去原本的活力，顺其自然反而会有意想不到的收获。经历过很多事情后，我们就会明白，许多正确的决定，往往是在看淡了之后，才能清晰地浮现在脑海中。

巴西作家保罗·柯埃略在《少女布莱达灵修之旅》中写道：“对人生，有两种不同的态度——建造或者耕耘。建造者实现目标可能要花费多年，但终有一天会完工。那时他们会发现自己被困在亲手筑成的围墙里。在收获的同时，生活失去了意义。选择耕耘者则需要经受暴风雨的洗礼，应对季节的变换，几乎从不歇息，他们允许人生充满不考虑未来、不考虑收获的冒险。”

在保罗看来，建造者时刻关注着距离自己的目标还有多远，时刻考虑着结束的时候会不会有收获，而耕耘者则是尝试着耕耘，不问结果。

耕耘者的人生信条是：耕耘就是收获。

选择做建造者还是耕耘者，是人生的大问题。努力过却没改变人生的机会，于是我们开始抱怨生活，抱怨社会，抱怨节奏快，抱怨压力大。我们叹息着，犹豫着，为了生存，为了生活得更好，只得硬着头皮向前。然而，生活的轨迹不一定会因为我们的付出发生改变。

都说天道酬勤，一分耕耘就有一分收获，所以我们一点都不吝啬自己的勤劳。然而，当付出得不到回报时，我们便开始抱怨。

抱怨是一剂慢性毒药，不仅使我们的身体中毒，还让我们对人生的态度发生变化。在充满怨恨的空气中生活，我们的毅力会不断被消磨，就像一波“溃堤”的蚂蚁，激情与精力瞬间被生活的洪水摧毁。

有位叫斯尔曼的残疾人，很早便患了慢性肌肉萎缩症，单是行走就很困难，然而他依靠坚强的毅力和顽强的信念，创造了无数奇迹。年仅 9 岁的小斯尔曼就随科考队攀登上了世界第一高峰珠穆朗玛峰；21 岁时，他跟随朋友们一起登上了阿尔卑斯山；第二年，他又登上乞力马扎罗山。不到 30 岁的斯尔曼登上了闻名世界的所有著名高山，不得不说这是一个真正的奇迹。

然而，谁都没有想到的是，就在他即将过 29 岁生日时，他却自杀了。据说，在斯尔曼年幼的时候，他的父母在攀登珠穆朗玛峰时不幸跌下山，受重伤而亡。临终前，斯尔曼的父母希望斯尔曼能像他们一样征服所有的高峰。年幼的斯尔曼把父母的临终遗言作为人生的理想。在他实现这些目标时，便产生了无法抗拒的绝望感。

斯尔曼留下的遗言是："当我攀登了那些高山后，我感到世界上没有任何事情值得我去做了。"

我们可以猜想，假如斯尔曼不是把登山当作自己人生的最高理想，而是去享受登山的过程，他就不会在完成目标之后陷入深深的空虚。斯尔曼把人生的最高理想定为征服世界上的高峰，有的人可能会嘲笑他的目光短浅。然而，仔细想一下，很多人自己何尝不是像斯尔曼那样把人生的目标定为一个个点？读完小学，读中学；读完中学，读大学；读完大学，找到工作；有了工作，接着组成家庭……我们的人生像通关游戏，在某个过程中一旦没有达到目标，便会陷入深深的痛苦与绝望。

我们不妨停下来想一想，为什么不做一个简简单单的耕耘者呢？

不一定所有的春耕之后都有秋收，不一定所有的春华之后都有秋实。人生并非不断地奋斗收获，收获后再继续奋斗，我们应该学会享受这种顽强坚持中的每时每刻。太在乎成绩的人，往往会忽略对每一个波澜壮阔的感悟，也不会把多姿多彩印在脑中，所能记忆的只有最终的那份苦闷与艰难。

其实，在不断奋进的路上随时都会产生快乐，只不过我们一心盯着终点，没有留意罢了。所以，我们不应该将快乐简化为目标达成后的那一瞬间浮华。

我们执着于要做出成就，无可厚非，但人生的本质不应被误读。将身边的事看淡一些，生活的目的是追求快乐而非冷冰冰的成功。

欲望往往会干扰前行的脚步，疾行中的我们会因此而摇摆不前，犹如被套上枷锁，失去了自由，也失去了本真。我们之所以觉得活得很累，那是因为我们无意中把结果当成了一切，忽视了享受过程。

在这个浮躁的世界上，无数人奔走在追求成功与收获的漫漫长路上，他们茫茫不知所至，渐渐地迷失了原本的方向，忘记了人生本来的快乐。他们总是被痛苦所打击，于是尽力忍受着，时间一久便只能感受到痛苦而麻木一切。对结果的期望越高，实现起来就越难，一旦无法实现便开始焦躁，痛苦也就多了起来；痛苦太多，心力必然交瘁。当这种情况达到极限时，就必然会在愤懑和失落中沉沦下去。

人是大自然的一份子，需要像世间万物那样顺其自然，不仅要承受狂风暴雨，严寒酷暑，也要享受阳光雨露的滋润，享受生命中的点点滴滴。

生命的过程是回归自然的过程，不刻意，不妄为，不造作，一切随缘。不管前路有多少障碍，无论怎么样，都保持自然、随性的心态，尽力去做，至于结果则一切随缘。

※哈佛成功心理学※

看淡一切，收起伤痕，将其化作身旁的一缕香氛，你会发现，世界原来如此美妙。

第十七章

远离灰色情绪

快乐人生始于悦己

糟糕的情绪要远比身陷绝境更可怕，
不管是悲观、失望、伤心、害怕，
还是愤怒、郁闷、内伤，
请保持一个好情绪，
因为快乐始于悦己。

1. 今天，你焦虑了吗

在如今快节奏的现代生活中，社会交往日益增多，社会交往的成败往往直接影响着人们的升学就业、职位升降、事业发展、恋爱婚姻、名誉地位，因而使人承受着巨大的心理压力。由此产生焦虑情绪，造成心神不安，焦躁不安，严重影响人们的工作和生活。

心理学家认为，心理压力是人体对外界压力的自然反应，是身体健康状况已处在警戒线的信号，身体的生理反应已经用红灯来警告我们，更有甚者发展到焦虑、失眠……严重影响到自己的正常生活。

哈佛首位女校长德鲁·吉尔平·福斯特在 2008 届毕业典礼上的演讲中说："你焦虑，是因为你既想活得有意义，又想活得成功。"也就是说，焦虑的始作俑者就是人们的欲望。找到了症结，要克服焦虑就不难了。

焦虑是人生的毒药，是滋生无数罪孽和悲惨不幸的温床。在这个不确定的社会里，我们可能已经极度失望，挣扎着在痛苦中寻求一些幸福的希望，那么为何还要纵容焦虑来忧乱我们的心灵？告别焦虑，我们才能开创新生活。

刚过而立之年的美菱家庭幸福，事业比较顺利。可最近她竟然在公司开会的时候欲跳楼自杀，多亏同事及时阻拦才没有酿成悲剧。可是美菱的做法让家人和公司的同事都百思不得其解，在事情发生前，她既没有与别人闹矛盾，也没有遇到什么不顺心的事情。后来家属为美菱找到心理医生，希望找到美菱的真正的问题所在。

经过心理医生的一番开导和治疗，美菱的情况有所好转。原来美菱患有中度的抑郁症，然而家人和自己并没有发觉，据美菱自己说，自己已经将近半年没有好好睡过觉，晚上整晚整晚地失眠。由于精神状态不好，美菱总觉得全身乏力，生活、工作都无法正常进行，常常把事情搞得乱七八糟，整个人的情绪状态处于崩溃的边缘。睡不好觉，情绪就会差；情绪差，心情结郁，晚上更睡不着，循环往复，久而久之自己的身体越来越差，精神也越来越恍惚，可是从没有意识到自己是得了抑郁症。

美菱说，她之所以会有这样的心理状态，就是在半年前自己刚刚生完一个宝宝，那时候宝宝身体不好，总是生病，整晚整晚地折腾她没法好好睡觉，自己的婆婆又不在身边照顾，又没有做妈妈的经验，对待孩子的突发情况总是不知所措，整个人都处于精神紧绷的状态。当时，精神压力很大，再加上公司里正好赶上职位晋升，美菱又想参评，所以家庭和工作的双重压力让她变得神经敏感，焦虑不安，每天不是担心宝宝的问题，就是操心工作的问题，这样的状态持续的时间久了，即便宝宝的身体逐渐好转，美菱还是平复不了心情，睡不着觉。

心理医生说，美菱就是由于生活在精神压力和身体压力的环境中，无法得到很好的调节造成了长期失眠，这就是睡眠障碍症。睡眠障碍其实是很多心理和精神问题的表现症状。如果美菱及时就诊找出病因，可以避免病情恶化。

哈佛幸福课的讲师泰勒·本·沙哈尔认为，当人长期处于焦虑的状态下，可以说他的情感已经“破产”。当不同个体的负面情绪不断增长，当焦虑与压力等消极问题不断增多时，社会就会走向幸福的“大萧条”，人们的幸福感就会骤降。

比如一个人乘坐的汽车突然发生车祸，虽然自己没有受伤，感到侥幸、宽慰，但事后一想到这件事，心里就发抖，这就是人们常说的“后怕”，也就是焦虑。一个人面临会见重要人物、登台表演、等待可能来的空袭警报时都可能产生焦虑。

焦虑的具体表现还有：情绪极度紧张焦虑，从而导致出汗、心悸、呼吸急促等；情感上会感觉承受不住打击，生活态度过于沮丧，繁重的压力会使人感到精疲力竭。这些都会给我们未来的健康带来巨大的危机，会引起中枢神经功能紊乱、身体机能下降，从而引起早衰甚至心理疾病。

要改变这种状态，就要学会放松自己。当遇到情绪长时间地波动，长期处于焦虑的状态时，要意识到自己是不是最近压力太大了；当表现出长期失眠的症状时，要仔细剖析一下原因，而不是让自己更加着急，加深自己的悲观情绪。总之要及时意识到自己的精神状态所反映出来的压力问题，要时常给自己的心灵减减压。不善于调节自己的人，会长久走不出烦恼的怪圈，极容易遭受心理压力的摧残。总之，不要让焦虑成为我们的夺命锁，让亚健康远离自己，只有心情美，才能身体美。

※哈佛成功心理学※

关爱自己的心理健康，正视焦虑给自己带来的身体问题，主动去调节自己的心理状态，活出快乐的自己。

2. 浮躁也是一种“心理病”

这是一个浮躁的世界，一切变得那么急功近利，人们已经很少能沉下心来静静地读书和做事。人往往急于求成，好大喜功，幻想着“天上掉馅饼”。自己缺乏脚踏实地的精神，心里却一直想着侥幸获得成功……这种心理情绪就叫浮躁。心理学家认为，心浮气躁，是成功最大的敌人。它常常表现为：朝三暮四，浅尝辄止；自寻烦恼，喜怒无常；焦虑不安，患得患失；东一榔头西一棒槌；既要鱼也要熊掌；这山望着那山高；感觉自己就应该是天下第一，却又耐不住寂寞，稍不如意就轻易放弃，从来不肯为一件事倾尽全力等。因此，人一旦心浮气躁，自然烦恼日增，痛苦无穷。

随着社会节奏越来越快，工作也越来越细化，很多人日复一日重复着相同的工作，单调的工作让人们内心开始变得浮躁、无所适从。因此，在职场当中，我们经常会遇到这样的一群人，他们做什么都不顺心，满腹牢骚。他们对同事不满意，看老板不顺眼，对客户百般挑剔。从他们那里听不到建设性的意见，听到的只是不停的抱怨，他们抱怨公司办公环境差，抱怨工资低，抱怨身边的一切，浮躁的心让他们无法专心工作。

工作当中的单调、枯燥并不可怕，可怕的是内心的浮躁。内心浮躁的人不会明白自己为什么工作，也不会找到工作中的快乐，即便是给他再好的工作，他也没有成功的可能。成功很多时候靠的就是坚持，不管那些工作多么枯燥、乏味，只要勇于坚持下去，就有获得成功的可能。

李颖毕业于一家本科学校，在找工作的时候屡次碰壁，几经周折进入一家电器公司的售后服务部。她的工作很简单，就是每天接客户打来的咨询、投诉电话，然后将一天的工作汇报给经理。工作很单调，也很无聊，但是李颖很珍惜这份来之不易的工作。

上班的时候，李颖很少离开自己的两部电话机。对于客户的投诉，提出的问题，她都认真、耐心地进行解答，声音也尽量做到温柔，尽可能让客户满意自己的服务。售后服务部的其他同事对她的这股认真劲很不理解，在她们看来，接电话的工作根本没有前途，在这里混混日子还可以，要想有所成就难如登天。李颖并没有被这些老员工影响，在她们聊天、八卦的时候，李颖还是静静地守着自己的两部电话机，认真地完成自己的本职工作。

由于李颖工作时热心、耐心、细心，在解答问题时不厌其烦，客户对她的服务很满意。工作没多久，她就在客户那里有了不小的名气，公司的老总也开始注意到她。有一次，售后服务部的主管问李颖："很多人都觉得售后服务就是接接电话，没有技术含量，而且枯燥，没必要认真对待，你是怎么认为的？"李颖想了想说："售后服务的工作确实单调，但是在帮客户解决问题的时候，对我来说也是一个学习的过程，对公司、对产品我有了进一步了解的机会。所以，即便是单调的工作，我认为也应该认真做好，这样做不仅仅是为了公司，也是为了我自己。”

后来，公司内部进行调整，售后服务部被裁员四分之一，但李颖却被提拔为市场部的主管。李颖之所以被提拔，是因为面对枯燥的工作，她的内心没有浮躁，而是用耐心为自己打造了机会。其实任何一份工作都有枯燥的一面，如果你的注意力集中在无聊上面，你就不可能发现工作中的乐趣，当然也就不可能抓住成功的机会。

要摆脱浮躁的心态，就要明白工作当中没有小事，任何大事都是由小事组成，只有认真完成每一件小事，才能成就大事。看一看周围的人，有多少人将自己的梦想葬送在浮躁里！还有，工作当中并非没有机会，而是看你有没有为抓住机会做准备。如果没有沉稳的内心，即便把机会摆在眼前，你也无法抓住，好的机会只会青睐那些内心踏实的人。

不浮躁是一种必不可少的力量，只有不浮躁的人，才能沉得下心去做事，才能经得起岁月的洗礼。伴随着社会利益和结构的大调整，每个人都面临着一个在社会结构中重新定位的问题。如何才能避免心神不宁、焦躁不安的浮躁心态呢？

第一，我们必须在专注中不断充实自己的知识，提高自身素质，才能跟上信息化发展的步伐，扎扎实实走好每一步。

第二，谦虚做人，理智做事。社会在不断发展进步，我们的综合素质也要与时俱进。在工作和生活中不断去学习，不断去完善自己。保持清醒理智的头脑，时时严格要求自己，学会满足，学会踏实做事，学会不浮躁，用扎实的基础营造美好的未来。

第三，知己知彼，求真务实。务实是开拓的基础。没有务实精神，开拓只是花拳绣腿。遇事善于思考，考虑问题应从现实出发，看问题要站得高、看得远，切实做一个实在的人。克服浮躁，脚踏实地，有容乃大、戒骄戒躁、不紧不慢。

第四，重视自我的行为习惯，时时提醒自己从小事做起，耐住寂寞与平淡。笑迎挫折，永远以自信、乐观、积极进取的姿态对待挫折，循序渐进，日积月累。

第五，千里之行，始于足下。从实际出发，好好地沉淀自己，从现实中汲取有价值的营养，不浮躁，做事沉得下去，厚积薄发，就有希望到达终点。

※哈佛成功心理学※

不怕枯燥，不怕单调，认认真真把每一件小事做好，将那些简单的、重复的事情做好，才能抓住机会，被成功青睐。当自己不再浮躁，你就会发现生活和工作其实并不糟糕，周围有很多美好的事物，很多事情也会朝着好的方向发展。

3. 控制情绪才能改变生活

人是有感情的动物，因生活的酸甜苦辣而生出喜怒哀乐是人之常情。但是，不加节制地表达自己的喜怒哀乐，任由各种情绪为非作歹，就会给生活带来无尽的烦恼。生活中，我们每一个人都或多或少遇到过一些挫折，不良情绪总会趁机跳出作乱。自我否定后，我们能享受到一时的轻松和安逸，结果却让我们意志消沉，战胜自我的信心消失殆尽；抱怨声中，我们能得到片刻的安慰和解脱，结果却是因小失大，让我们在无形中忽略了主宰生活的职责。

所以，在逆境中，受不良情绪控制，做不良情绪的奴隶，我们将走向自暴自弃的深渊。要摆脱被动地位，就要求我们学会控制自己的情绪。当处于情绪的低谷时，多给自己一些积极的暗示，这样我们的自主性就会被启动，沿着它走下去就是一个崭新的天地。

爱情的甜蜜、事业的成功、家人的团聚都是带给我们快乐的事情。我们会欢欣鼓舞，会欢闹庆祝，会给生活一个大大的笑容。但是，物极必反、乐极生悲，如果我们不适时调整情绪的话，我们会因得意忘形而做些之后追悔莫及的事情，我们会因为幸福与成功太多、太大而不懂得珍惜，我们会因为太过张扬而成为众矢之的。

丽萨的脾气从小就不好。上学的时候，同学们之间没有什么利益关系，她的坏脾气也没有给她带来什么大的烦恼。但是，工作了之后，她的苦恼就接踵而至。

丽萨的工作非常好，在一家公司做会计，会计人员每天都要面对大量烦琐的数据，总会心烦意乱。丽萨第一次发脾气是在工作一个星期的时候，那天她负责的一组数据一直核对不正确，她简直要气炸了，电脑旁边的文竹都已经被她一根一根地拔掉了。这时候，上司开始来催要数据，看到丽萨还在核对就批评了她几句。丽萨从一开始上班就很讨厌这个飞扬跋扈的上司，这时又正在气头上，她不计后果地把文件摔在了桌子上，和上司大吵了起来。上司显然没有被人大吼大叫过，几分钟后，才回过神来。这件事之后，丽萨就被降职了。

顶撞上司的后果是被降职或者开除，而对同事朋友撒气的结果就是被孤立。最近，丽萨明显地发现同事们都在躲着她，原来的朋友聚会逛街也很少再叫上她，她非常苦恼。下班后，她没有事情做就回家看望妈妈。妈妈看到她回来非常高兴，做了许多她爱吃的菜，她却因为妈妈一句不经意的话，和妈妈大吵起来。吵完之后，她开始哭泣。妈妈知道她肯定是在外面遇到了什么不开心的事，就来安慰她："不高兴的事情总会过去的，开心点。"

丽萨把最近的困惑告诉了妈妈。妈妈笑着说："那都是你的脾气在作怪。"

丽萨说："可是情绪一上来，我就控制不住自己。"

妈妈说："人要做情绪的主人，不能成为情绪的奴隶。当你要生气的时候，你就掐自己一把，告诫自己如果这把火发出去，你受到的惩罚将比掐自己一把痛上千万倍。"

丽萨开始试着控制自己的情绪，慢慢地她发现原来人的情绪真的可以由自己掌控。

调整、控制情绪其实并没有我们想象的那么难。输入自我控制的意识是开始驾驭自己情绪的关键一步。经常提醒自己，自觉注意自己的言行，主动调整情绪，我们就能在潜移默化中拥有一个健康和成熟的情绪。另外，转移注意力的方法也非常实用。当我们受到不良情绪影响时，要试着把注意力转移到我们喜欢的事情上去，比如进行一次郊游、欣赏一场歌舞表演，这样就可以尽量避免不良情绪的强烈撞击，减少心理创伤，以便情绪的及时稳定。

所以，我们要加强理智对情绪的调控作用，时刻注意保持适度的冷静和清醒。在欢乐、顺心时，主动降温；遇苦闷或情绪转入低谷。如此这般，我们就能成为情绪的调节师，做生活的主人。

哈佛大学通过研究认为，愤怒，尤其是那些无谓愤怒情绪的产生，是一个人心理情绪失控的产物。一个善于控制自己感情的人会经常锻炼自己的情绪，那么怎样才能掌控自己的情绪呢?

(1) 状态不好的时候换个事来做

状态不好的时候，不要再勉强自己。给心灵放个假，到山水中放逐自己，借助自然界一草一木的灵性来驱散心中的不快，或者用感兴趣的事情抚慰疲倦的身心，涤尽工作上、情绪上、思想上的烦累。换个事情来做，它赐予你的将是一片灿烂和希望。

(2) 尽量推迟发怒的时间

想象自己的嘴上贴了一个“密封胶带”，反复告诉自己当心中有怒气的时候，千万别立刻发泄，否则就会“伤”了自己。当你准备发怒的时候，先想想后果会是什么。把发怒时间推迟 15 秒钟，下次推迟 30 秒钟再发火。不断延缓发怒时间，以致完全消灭怒气。其实，约束愤怒并不等于压迫愤怒，而是把愤怒引导为一种行为，用到增进自己的事业上来。

※哈佛成功心理学※

在哈佛大学，除了向学生教授各种专业知识之外，学校还十分注重培养学生有效控制和调节自己情绪的能力，各种心理方面的课程正是出于这样的目的而开设的。哈佛大学经常教育学子们，始终保持正常情绪、甚至绅士风度，对一个成功者来说是至关重要的。

4. 快乐人生从积极心理暗示开始

在哈佛大学有一段著名的语录："你改变不了环境，但你可以改变自己；你改变不了事实，但你可以改变态度；你改变不了过去，但你可以改变现在；你不能控制他人，但你可以掌握自己；你不能预知明天，但你可以把握今天；你不可以样样顺利，但你可以事事尽心；你不能延伸生命的长度，但你可以决定生命的宽度。"由此可见哈佛大学对积极进行自我改变的重视，也正是这样一种理念，才造就了众多的社会精英。

每个人都带着一个看不见的法宝。这个法宝有两种不同的力量，这两种力量都很神奇，它会让你鼓起信心和勇气，抓住机遇，采取行动，去获得财富、成就、健康和幸福；也会让你排斥和失去这些极为宝贵的东西而变得一无所有。这个法宝便是心理暗示。

一个人可以通过积极的心理暗示，自动地把成功的种子和创造性的思想灌输到潜意识的大片沃土中。相反，也可以通过灌输消极的种子或破坏性的思想，而使潜意识这块肥沃的土地满目疮痍。

曾看过这样一篇报道：有一个人被无意中关进了冷藏车。第二天早上，人们打开冷藏车，发现他已死在里面，身体呈现出冻死的各种状态，而实际上，因冷冻机有问题，这辆冷藏车并没有处于制冷状态，车中的温度同外面的温度差不多，根本就不可能冻死人。

当人处于一种陌生、危险的境地时，会根据以往形成的经验，捕捉环境中的蛛丝马迹，来迅速做出判断。这种捕捉的过程，也是受暗示的过程。例如，当面临困难的时候，人们会自我安慰："马上就过去了。"从而减少忍耐的痛苦；而当人们在追求成功时，会设想目标实现后的情景，这一情景对人也构成一种暗示，它为人们提供动力，提高抗挫能力，保持积极向上的精神状态。报道中的那个人被关进冷藏车之后，因为不知道冷冻机有问题，会不断地担心自己要被冻死，这种意识对他的身心发生了影响，最后他就真的被自己内心的恐惧冻死了。

对待周围事物的态度往往反映了自己的心智。相反，对周围人与事评价的改变同样会影响人们的心态。多去赞美周围的事物，把眼光集中于积极方面，就会不自觉地向自己传输积极的暗示；而如果把眼光局限于事情的阴暗面，则会受到消极的心理暗示。所以，适当调整对待周围人与事的态度，会大大影响自己的心理暗示。

任重是一家医院的医师，这天，医院里住进了一位年迈的老太太。傍晚时分，老太太找到值班的任重："医生，很抱歉这么晚来打扰你。我的安眠药吃完了，怎么也睡不着觉，不知道你能不能给我找一些？"

靠吃安眠药维持睡眠的人大多有一些心理或生理上的病变，任重本想拒绝对方，但他看到老太太十分疲惫的脸庞，又十分不忍心，这个时候，他突然灵机一动："医院里刚进了一批进口的特效安眠药，但我不知道放在什么地方了，您先回病房，一会儿我给您送过去。"

老太太走后，任重找出一粒维生素片，送到了老太太的房间，并告诉她："这就是那种进口的特效药，您吃了之后一定能睡个好觉。"

老太太接过药片，谢过任重后，高兴地服下了那粒"特效安眠药"。

第二天早晨，老太太兴奋地找到任重："昨晚的安眠药效果好极了，我吃完很快就睡着了，而且睡得很好，好久都没有这么舒服地睡觉了。"

任重用一粒维生素片就让老太太进入了梦乡，这也是心理暗示的作用，由于老太太对医生的信赖，因此丝毫没有怀疑"特效安眠药"的真实与否，在强烈的心理暗示的作用下，那粒维生素片竟然产生了同安眠药一样的效果。

积极的自我暗示，意味着自我激发，它是一种内在的火种，一种流动快捷的自我肯定；它可以使我们的心灵欢唱，建立自信，走向成功。自我暗示的方法很多，每个人遇到的压力不同，自我暗示的方法也不会相同。

你可以经常用一些诸如"我能行""我一定能渡过难关"之类的话语来激励自己，增加自信；你可以经常把自己推崇的伟人的事输入自己的大脑，用他们奋斗的精神来激励自己。

你可以保持强烈的欲望。若有很强的欲望，则会为了要实现的目标而付诸行动，纵使有障碍物，也绝不会改变最初目标。

设定预想的困难。事先把困难考虑到，当真的障碍物横亘面前时，便不会气馁、灰心，即使受到挫折，因为事先有心理准备，也不会轻易放弃。

决定终点线。量化目标，让自己经常品尝成功的喜悦，能有效地增强自信。

经常进行积极自我暗示的人，在每一个困难和问题面前看到的都是机会和希望；而经常进行消极自我暗示的人，在每一个希望和机会面前看到的都是问题和困难。只要你能时常给予自己积极的心理暗示，美好的人生就不难成就。

※哈佛成功心理学※

积极的心理暗示要经常进行，长期坚持，这样它才能自动进入潜意识，影响意识。只有潜意识改变了，才会成为习惯。当积极的心理暗示成为习惯时，你就会发现，生活中并没有那么多让自己烦闷发愁的事情。同时，我们的生活也会变得充满精彩和活力。

5. 情绪糟糕时，请不要做任何决定

当你有情绪的时候，不妨停下来冷静一下再做决定。当你冲动、愤怒、烦躁的时候，会对你的决策结果造成负面影响。人在情绪糟糕的时候，意志最为薄弱，在这个时候无论我们做出什么样的决定，事后一定会追悔莫及。但是覆水难收，一旦事情完成就再难挽回。当你生气的时候，你所说的每一句话都像是一把利剑，直指人心，对人造成无穷的伤害。

语言的力量是无穷无尽的，它既可以像一盏指路明灯，也可以像一把杀人于无形的利剑。为了不让我们的身边人受到伤害，为了不让我们一时冲动做出无法挽回的决定，在你情绪糟糕的时候，千万不要做出任何决定。

为什么人与人之间会有情绪的抵触与对抗呢？因为每个人都想证明自己是对的，一件事情把它界定为对或错的时候，就会出现各种问题。当你认为这件事情是正确的时候，事实上却是错误的，但你不愿承认错误，因此就会与人产生各种矛盾和冲突。糟糕的情绪影响了我们对事物的判断，当你有情绪的时候，请放下错误的观念，让自己冷静下来。在这个关键的时候，请不要做出任何冲动的举动，也不要做出任何决定，因为一切都是莽撞的结果，事后你一定会追悔莫及。

二战结束后，就在美国人民沉浸在胜利的喜悦中时，住在俄亥俄州的劳拉却迎来了人生中最黑暗的一天，军队发了一封电报给她，告知她的侄子不幸在战争中牺牲。一直以来，侄子都是劳拉生活中的希望和快乐的源泉，两个人相依为伴过了二十多年的美好时光，但从此以后，劳拉只能一个人独自生活了。

悲痛欲绝的劳拉觉得人生已经没有了希望，在痛苦之中，劳拉决定放弃现在的工作，离开这里，去一个没有人烟的地方度过后半生，把自己藏在眼泪和悔恨之中。就在劳拉整理东西准备去跟公司辞职的时候，她忽然发现了一封早年侄子写给自己的慰问信。信上写道："亲爱的劳拉阿姨，我永远不会忘记你曾经教会我的道理：不论生活在哪里，不论我们分别得有多远，我都会永远记得笑对人生，像一个坚强的男子汉，面对生活，面对所有的不幸和苦难。"

劳拉拿着这封信，一遍一遍地读着，她似乎觉得侄子此时就在身边，正在对自己说："为什么你不按照你教给我的办法去做呢？撑下去，别冲动地辞职。我知道你现在很痛苦，但当你清醒的时候，你会发现此时做出的决定是多么的幼稚。"劳拉泣不成声，她开始失声痛哭起来，哭过之后，劳拉决定打消辞职的念头，她不能活在痛苦的回忆中，为了自己的侄子，为了自己，都应该坚强积极地生活下去。

有了这个念头，劳拉开始更用心地工作，她开始写信给前方的士兵，给那些同样失去亲人的家庭寄去思念和关爱。从此，劳拉的生活充满了快乐，正如她对自己说的那样："永远不要让糟糕的心情冲昏头脑，不要在冲动的时候做决定。"

心理学家曾经调查过无数的案例，很多罪犯在行凶的时候都是被糟糕的情绪冲昏了头脑，当愤怒战胜了理智，以至于他们丧失了最基本的判断与核实的步骤。其实这是所有人的通病，别人的一个眼神、一句言语、一个动作都能让自己的内心激起波澜。当你心情烦闷的时候，理智也降到了最低点，而此时你做出的任何决定都会让你后悔莫及。

※哈佛成功心理学※

很多人都是因为一时的冲动而毁了一生，当你烦闷的时候，请听一首歌，或是看看电视，更好的办法是让自己放松，好好休息一下，总之这个时候请不要做出任何决定，特别是一些重要的决定。人是感性动物，内心有丰富的情感，这虽然是好事，但很多人却无法控制心中的情感，常常被其所累。有负面情绪并不可怕，这也是生活中的一部分，在平日里，请让自己过得愉快一些，增加积极的情绪，避免烦闷情绪的束缚。

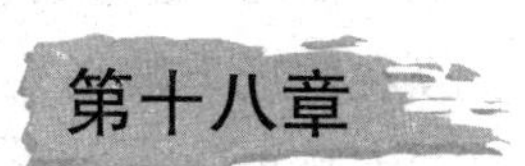

第十八章

保持积极心态

心态好，病就少

科学研究证明，
人的心态与身心健康有着十分密切的关系，
如果想有一个好身体，
那么从现在起，
请保持一个好的心理状态。

1. 抱怨背后的“心理”机制

在现实生活当中，每个人都会面对诸多不顺：或遭遇恋人的背叛，或在职场上被小人打压，或时运不济无人赏识，或穷困潦倒不知道明天在哪里……有些人遇到困难时，乐观地去尝试改变现状；而有些人则往往用“抱怨”来发泄自己对这个世界的不满。

从心理学角度而言，喜欢抱怨的人，内心通常也比较阴暗，他们一味在自己营造的“悲剧”中扮演“苦主”的角色，却从未反省过自身，从不会意识到造成眼前“悲剧”的人就是自己。抱怨解决不了任何问题，与其把时间花费在怨天尤人上，还不如凭借自己的力量去尝试改变现状。

其实，抱怨往往来自错误的心理暗示，也就是消极的心理暗示。总是抱怨的人看待问题很消极，认为生活与自己的理想有很大差距，抱怨情绪便由此产生。哈佛的一份研究报告指出：一个人之所以会抱怨，是因为对所处的状态不满。事实上，这是一种逃避责任或者软弱无能的表现。

四十五岁的老宋是一名基层公务员，尽管已经工作了二十年有余，但老宋的职位却依然是一名普普通通的科员。

在这二十多年间，老宋见证了周围很多人的人生轨迹：十几年前的同事老 D 在 1997 年辞职下海，干起了房地产行业，如今早已经成为身家几千万的房地产公司老板；老同学 S 走的是教学科研道路，经过二十多年的不断积累，已经成为某大学的副校长，有地位、有身份，非常受人尊敬，而且收入也相当不菲；住在对门的邻居，男主人和老宋年纪相当，从一个小诊所的医生成为当地最大医院的骨科主干医师……唯有老宋二十多年如一日，职位没有任何变化，收入也是捉襟见肘。

面对如此巨大的差距，老宋每天都是愁眉苦脸地抱怨，“兢兢业业干了二十多年，就算没功劳也有苦劳吧，结果到头来只能拿这点钱，还不够人家老D一顿饭钱呢！”尤其是碰到上级检查，不能按时下班，连节假日也要连续加班时，老宋的抱怨就更停不下来了，“这些领导们真是太过分了，有事没事就搞这检查、那检查，生怕基层公务员过得太舒服……”

每次聚会活动后，老宋的情绪都会严重失衡，看着老D上百万的车开着，而自己连打车钱都要计较，明明当初在同一个科室上班，当时两个人的职位和收入也是半斤八两，可如今却是一个天上一个地下。

老宋时常表达对自身现状的不满，但却从未做出过改变，他只顾一味发泄自己的负面情绪，却对老D创业时的艰辛、压力、风险等避而不谈。浑身负能量的人到哪里都很难招人喜欢，没有哪个领导会赏识一个不停抱怨的下属，或许老宋之所以没能在仕途上更进一步，正是因为他的消极“抱怨”。

倾诉我们所遭遇的不幸，是减轻心理压力、舒缓消极情绪的一个好办法，但凡事过犹不及，无止无休地倾诉和抱怨只会让你成为另一个“祥林嫂”。如果不想在“抱怨”中丢失自我，那么就必须要停止抱怨，具体来说我们应该怎样做呢？

（1）多从自身找原因

不要把自己的不幸归因于客观因素，如果你对自身的境况不满，那么不妨从自身找找原因，想想看：是不是自己不够努力，是不是自己当初决策时太过于优柔寡断……这样的归因方式能够很好地帮助我们远离抱怨。

（2）不要惑于情绪，而是应当赶快行动起来

消极的情绪会吞噬掉我们的自信、精力和宝贵的时间，所以还是赶快行动起来吧，与其抱怨自己薪水低，不如赶快行动去学习、去提

高自己的工作技能和职场竞争力。

※哈佛成功心理学※

人的一生，难免会经历迂回曲折、坎坷不平，这就是现实。从今天起，做一个不抱怨的人，即便是遭遇心酸、泪水、委屈甚至痛苦，都不要轻易抱怨，积极乐观地尝试改变现状才是最明智的选择。

2. 绝望心态比身处绝境更可怕

世界上不存在绝境，所谓的绝境都是悲观之人的自我开脱。所以，当你感觉压力太大、无力攀爬，当你认为前行无望、成功渺茫时，请保持乐观的心态吧！乐观如清泉，滋润着干涸的心田；乐观如清风，拂去灵魂的尘埃；乐观是一个指南针，让你向着成功的方向阔步前进；乐观是一剂良药，可以医治苦难的伤痛。

乐观是一种积极的心态。无论在什么情况下，乐观之人都能保持良好的心态，总是相信狂风暴雨不是天气的主题，风和日丽终会到来。它要求人们用积极主动的心态去寻觅、追求，它希望人们有勇气尝试新鲜事物，它使人们懂得天下所有的事情并非只有一个答案。

其实，绝望心态比身处绝境更可怕。乐观之人是随缘自适、超脱旷达、宠辱不惊、宽容大度之人，在任何灾难与不幸面前，都能保持着一种坦然面对生活的态度和超越世俗功利的豁达心境。圣人说："上善若水，水善利万物而不争，处众人之所恶，故几于道。"乐观之人正如茫茫大海，包容一切江河湖海，滋润所有草木虫鱼。

卡耐尔是一位农场主。他的农场里养了成千上万只鸡，有些是肉鸡，有些是蛋鸡。他靠着养鸡的收入成了远近闻名的富人。有一年春天，在流行病肆虐的季节，他农场里的鸡染上了病，很快开始出现死亡现象。

当人们听说卡耐尔的农场出现传染病时，都不愿意再来买他的鸡蛋和鸡肉了。几万只鸡每天的饲料都需要很多钱，而鸡蛋存放的时间久了就会坏掉，卡耐尔蒙受了巨大的损失。更糟糕的是，传染病得不到控制，鸡的死亡数量一天天地增加。一个月后，农场所有的鸡都得了病，半数的病鸡已经死亡。眼看农场就要面临灭顶之灾，饲料厂不再提供赊欠，并开始催要欠款；银行开始催收贷款；没有人再上门买鸡蛋或者鸡肉。卡耐尔多年的积蓄大部分都用在了为鸡治病上，只有一小部分可以用来还欠款和贷款，饲料厂和银行给出的条件是在规定的时间内不能还清债务，他们将起诉卡耐尔农场。

此时的卡耐尔几乎已经被逼到了绝境，家里人非常担心他会做出什么傻事。但是，卡耐尔并没有失去信心，他依旧在寻找出路。他知道病鸡根本不会把病毒传染给人类，关键是怎样才能让消费者相信。

有一天，他到市区联系业务，看到动物防疫站的工作人员，突然想到了一个绝妙的主意。他请来了媒体，请来了防疫站的工作人员，希望能够拍一条广告。防疫站的工作人员对病鸡进行化验，确定了病毒在高温条件下就可以死亡，卡耐尔和家人对几只病鸡进行了加热处理，对着镜头吃起了鸡肉。这条广告播出之后，马上就有鸡肉加工厂的人上门求购肉鸡。卡耐尔以低廉的价格处理了病鸡，减少了农场的损失。

乐观主义者说："人活着，就有希望；有了希望，就能获得幸福。"悲观主义者说："人活着，就有问题，就要受苦；有了问题，就有可能陷入不幸。"倘若人生是一只在大海中航行的轮船，乐观的人乘风破浪、逆水行舟，即使在浪尖上也不忘微笑；悲观的人战战兢兢、唯唯诺诺，一点风浪就胆战心惊。生活是云卷云舒、花开花落，还是花落香消、无力留春，取决于我们对待生活的态度。

生活就是这样，你以笑容对它，它还你阳光一片；你对它哭泣，它将阴雨连连。悲观者钻进自己做的苦难之屋中不愿出来，人生将悲叹连连；乐观者在最绝望的时候也能展露笑颜，人生将欢乐不断。

※哈佛成功心理学※

上帝给予每个人的一切都是恩赐。你品尝到的是甘甜还是苦涩，在于你的视角、你的心态。既然悲观的心态只能带来痛苦和烦恼，那么为什么不试着让自己乐观一些呢?

3. 心大了，自然心态就好了

胸怀坦荡的人是无暇顾及身边的是是非非的，志向远大的人是不屑于思索鸡鸣狗盗之事的。只有那些心胸狭窄的人才会相互猜忌，挑拨离间，搞得周围的气氛很紧张。心胸坦荡的人的生活是明亮的，而心胸狭窄的人，猜疑、患得患失等是一大弱点，他们只能生活在阴暗之中。

心宽是福，它是一种良好心态，是一种崇高境界，也是一种人生智慧，否则看不开就是苦。一颗大大的心才托得住这个充满忧患的世界！不必去忘我，只需要一颗宽大的心，爱自己亦爱别人，便有无穷欢乐。心境宽了，就能善待宁静，就能大度处事，就不会与他人较劲，就能延年益寿，享受一生的平安与富足。

世间的事物，对就是对，错就是错，没有必要非得钻牛角尖，自寻烦恼。把心放宽一点，如果一个人什么事都疑神疑鬼，就会出现人们所说的“疑心生暗鬼”。一个人一旦掉进猜疑的陷阱，本来没有的事也会弄出风波来，事事捕风捉影，做什么事情之前都要反复考虑，做完之后又放心不下，特注重个人得失。这样不仅影响个人的身心健康，而且还会损害正常的人际关系，甚至导致悲剧的发生。

阿特是一个典型的悲观主义者，不管遇到什么事情总是会不由自主地往坏处想，过度地思虑让他显得很“老成”，明明是二十多岁的青年，浑身却散发着垂垂老者的“沧桑感”，每每想到未来有无数的困难，阿特就会生出“人活着好艰难”“为什么要这么辛苦地活着”等厌世思想，甚至有好几次都产生了非常强烈的自杀冲动。

这已经不仅仅是坏情绪的问题了，阿特意识到如果放任这种情绪演变成一种习惯，那么自己很有可能会真的自杀，于是他开始频繁去佛堂，找佛教大师开解自己。

“一念一菩提，一花一世界，你的内心怎么想，你的世界就是什么样。不论穷富，不分贵贱，不论尊卑，每个人都会有嗔、有痴、有怒，关键看你的心里怎么想。心窄，路自然也不会宽；心宽了，再大的烦心事也不过是过眼烟云，过眼即忘……”

大师的开解让阿特如饮醍醐，在意的越多，自然就会烦恼越多，如果心放宽点，还有什么可计较的呢？自此以后，阿特每天醒来都会对着镜子笑一笑，当情绪特别消极时，就会放下手头的事情，听一听欢乐的音乐，或出去运动跑一圈，或静下心来抄一抄佛经，整个人的情绪也平和了很多，即便遇到非常难以解决的大事，也不会像以前那般愁眉苦脸，日日寡欢了。

干什么都没意思，什么都提不起兴趣；看谁都不顺眼，没有理由地想发火；每次和恋人吵架都会去疯狂购物，买回一堆又贵又没用的东西……如果你时常会有这样的表现，那么就要特别注意了，这说明你的坏情绪已经堆积到了危险的边缘，要想甩开坏情绪，需要从现在开始，立即调整心态，学会放宽心。

生活中往往有这样一些人，对方方面面都考虑得尽量周到，如有不妥，就很担心把事情办砸，并担心别人对自己的看法。我们大可不必这样，在处理各种事情时，我们只要把心放宽些，心境就平和了，那些心中布满的疑虑、惴惴不安自然就会消失。其实，生活难免不如意，郁闷时要学会自我调节，何不学会多忘事呢？尝试着多角度看问题如何？这样生活就会轻松与愉快。

心大了，自然心态就好了。当我们认为自己的梦想遥不可及时，不妨把心态放宽些。梦想再远不代表不能到达，不要想我们面对的一切有多么困难，要清楚，只有我们的心放宽，不再惧怕、不再妥协，我们的潜力才能发挥到最大。

※哈佛成功心理学※

物随心转，境由心造，心宽了，天地就宽了，须知，心可容天地啊！对生活看不开就是苦。人生应该少一点顾虑，多一点希望；少一句牢骚，多一点勇气；少一点憎恶，多一分热爱。当我们开始猜疑某个人时，最好先对其为人、经历以及与自己多年共事交往的表现进行综合评估，如此，才能将一些不必要的猜疑消灭于萌芽状态。虽然改变不了过去，但是你总可以改变自己的心情，让自己好过点。

4. 宁静淡定的人更长寿

人世间有种种的诱惑，所以我们会有许多的欲望。一个人要以清醒的心智和沉稳的步履走过岁月，他必然要保持淡泊、宁静的心胸。否则，他的生活将充斥着无聊和烦恼。安于淡泊的生活，并能以淡泊的态度对待生活中的奢华和诱惑，让自己的灵魂得以安宁的人，于自己是流水一样的轻松，于别人是高山一样的宁静。

淡泊，是以一颗纯美的灵魂对待生活与人生，坚守一份内心的纯净、一份对世事的清醒。淡泊犹如美好的天籁，使人在嗓杂的尘世得到安宁和洗礼。淡泊是一种志向，是一种人生态度，追求淡泊的人，生活的道路上永远开满鲜花，芳香四溢。

歌德说："生活本身就是一条河。它需要激流，但更多的时候，它是平静向前的。"拥有淡泊之心，才能拨云见日，体会到生活的真正内涵，才能不会再被生活逼迫，不会再因人事而精疲力竭。否则，只能在生活的边缘徘徊，只能是舍本逐末。追求名利的人，生活的道路上会布满陷阱，只能在生命终结的一刻才能体会到稍纵即逝的一丝快乐。

经常出入图书馆的同学总能看到这样一个女孩，她穿着普通大学女生都喜欢的衣服，留着普通的发型，每天在图书馆静静地看书学习。不认识她的人总感觉她举手投足之间有一种与别人不一样的气质，而了解她的人都知道，她是一个很了不起的女孩。

她叫凯瑟琳，父亲是州长，母亲是一家内衣公司的董事长。而她自己从小就非常优秀，所得的荣誉和奖杯堆满了橱柜。大学两年，她的各项成绩都遥遥领先。一年级时，她曾代表学校参加了优秀大学生比赛，最终获得了冠军，受到了总统的接见。她的照片被挂在学校网站的首页，被贴在学校的橱窗内。她的事迹被同学们争相传颂，她的名字成了在学校提及率最高的名字。但是，很少有人在公共场合见到她本人，她总是安静地过着自己的生活。

一次，学校的论坛邀请凯瑟琳为同学们做一场报告。凯瑟琳本不愿意参加，后来被工作人员的诚意打动，第一次在校园的公共场合出现。同学们对这个神话般的人物非常好奇，纷纷提问。当被问到“为什么这么低调时”，凯瑟琳说了这样的一段话：

“我的表现并不是低调，我只是喜欢安安静静地生活而已。那些萦绕在我头上的荣誉其实都是过眼云烟，我从来不觉得它们有多重要。相反，我认为，内心的宁静才是最宝贵的。如果我总是炫耀这些荣誉，大家肯定会讨厌我，我也得不到任何快乐。现在，我每天都有时间悠闲地在图书馆看书，不用去应付各种采访报道，不用被父母带着去参加各种上流社会的聚会，这样的生活不是很幸福吗?”

是的，现代社会的竞争和压力使人心浮躁不安，原本安谧的生活因为淡泊之心的破坏而荡然无存。人们一旦心浮气躁，必然急功近利，盲目狂热，不愿意踏踏实实地追求成功，其结果只能是庸庸碌碌，一事无成，而饱受了损伤的心灵，总是先从学会淡泊地生活开始的。

※哈佛成功心理学※

内心保持宁静淡泊，会使我们的生活更加充实丰富，会让人性回到本真的纯洁自由状态。淡泊犹如天上的白云、地上的泉水，它是一种气质、一种修养、一种成熟而坚强的人生理念。每个人的一生都难免会被烦恼忧愁打扰，如果你能淡然处之，始终让心湖一片宁静，你便会觉得原来一切都是那么的美好，原来生活从来没有亏待过你。

5. 哈佛人恪守的健康心理学

现实生活中，我们不能改变的东西有很多很多，但我们可以转变自己的心境，多往好的一面想，心情也就自然放松许多。

好心情需要我们费一些功夫去经营，那么我们如何才能有一个健康的心理？也许哈佛人恪守的健康心理学会让你恍然大悟。

⑴ 克服恐惧，积极地生活

哈佛学者马尔登说：“人们的不安和多变的心理，是现代生活多发的现象。”他认为，恐惧是人生命情感中难解的症结之一。恐惧由心生，心可生自可灭。不要把困难想象化、夸大化，调动起自身的正能量，把心态摆正，用科学的知识和清醒的头脑去审视它，分析它，客观公正地对待它，不让“恐惧”有机可乘，这样才能提高我们的生活质量。总之，以积极乐观的心态面对生活，让焦虑和恐惧都消失在阳光下吧！

⑵ 培养对生活的热情

我们总是说，生活是美好的，就看你以什么心态去面对它。一样的蓝天白云，一样的雨打风吹，谁能永远保持一颗积极的心态，谁就能笑到最后。那些中途走神或者知难而退的人，是无法领略终点的美好风光的。都说空虚是一种负面情绪，在你笑着面对生活的种种的时候，它可是对你无从下手的哦！

⑶ 有舍才有得，得失心不要太重

得失心重的人，其实是受自己的欲望支配。因为对名利有根深蒂固的欲望，所以不管在任何时候，只要有利可图，都会诱发他们的利欲心，从而误导他们做出不正确的决定。欲望固然可以有，但是欲望就像一粒种子，只要你允许它生长，它就可以拥有冲天的力量。欲望之树一旦发展壮大，你就很难管理它了。所以，要适时修剪自己的欲望，做一个淡泊名利的人，这样才不会因为过重的得失心而害了自己。

⑷ 宽恕别人，就是解救自己

人与人之间，难免会有磨擦，发生些不愉快是在所难免的。可是，如果我们一味归咎于人，对人加以责难，最后也只能以两败俱伤的局面收场。这是何其不值啊，因为建立一种友好关系比破坏它要难千万倍。所以，得饶人处且饶人，宽恕别人，就是解救自己。

⑸ 让情绪去旅行

事实上，我们的不良情绪是因为“死钻牛角尖”造成的。如果我们能适时地把视线转移到别的地方去，就会发现原来天空是如此的开阔，生活中充满了乐趣。这种通过一定的方法和措施转移人的情绪，以解脱不良情绪刺激的方法在心理学上就被称为“移情法”。

※哈佛成功心理学※

生活就像是一面镜子，你对他笑，他便对你笑；你对他哭，他便也对着你哭。所以说，与其愁眉苦脸地生活倒不如爽朗乐观地活着。生活，过的就是一种心情。

第十九章

情感需要经营

有“爱”才会有“幸福”

爱情、亲情、友情，

不管哪种情感都需要仔细经营，

只要用“心”去爱，去呵护，

自然可以尽享情感带给我们的美好与温暖。

1. 情商也是一种情感能力

情商，是指一种发掘情感潜能，运用情感能力影响各个层面和人生未来的品质。情商的内涵十分丰富，概括起来其实就是两种能力：一种是对内与自己打交道的能力，另一种是对外与别人打交道的能力。与自己打交道要做到自我觉察，自我管理；与别人打交道要做到洞察人性，影响他人。可见，人性洞察力是与别人打交道的前提，是建立良好的人际互动关系的基础，是情商修炼的基本功之一。

1995 年 10 月，哈佛大学心理学教授、美国《纽约时报》专栏作家丹尼尔·戈尔曼出版了《情绪智商》一书，把情绪智商这一研究新成果在书中做了介绍，该书迅速成为风靡全球的世界级畅销书，在全球各地刮起了一阵阵“情商”热潮，至此，“情商”这一概念真正流行起来了。

情感与人的需要之间存在着密切的关系，当人的需要得到满足时，他就会产生满意、愉快、兴奋等积极的情感；而当人的需要不能得到满足时，他则会产生失意、忧伤、恐惧等消极情感。可以说，情商也是一种情感能力，每个人都有自己的需要、态度和观念等，情感就是指人在这些因素的支配下，对事物的切身体验和反应。在人类的进化历程中，内在的情感一次又一次反复出现，直至被烙印在神经系统里，成为先天性的、自主性的情绪反应倾向，这再次证实了情感的存在价值。

比如，情商也是维持恋爱甜蜜、婚姻幸福、家庭和谐的最重要的因素之一，再一次证明情商是一种情感能力。哈佛人认为，一个拥有高情商的人，会用理解、宽容、体谅等去化解与家庭成员之间的矛盾和冲突，用关怀、爱心、体贴等拉近、融合与家庭成员之间的关系，无论什么时候都能用智慧驾御着婚姻这条船，平静且和谐地驶向幸福的彼岸。

在美国，有一位男子邀请了几位朋友到家中来做客，当时，这位男子不停地抽着烟，因为面子的问题，朋友也不好说什么。当然，她的妻子也不能因为抽烟这种小事，和他吵起来，而她却走到窗户边上，轻轻地打开了窗户，可以说没有一丝的言语。

当时，有一位朋友就悄悄地问他的妻子说：“你怎么不阻止他抽烟呢？抽烟对身体是有害的啊！”妻子笑了一笑，说道：“对他来说，抽烟是极为快乐的，如果他能活到100岁，我宁愿他只活到80岁，而不愿意他不快乐地多活20年。”

后来，这话就被那位男人知道了，他便毫不犹豫地戒掉了烟。周围的朋友问他为何这么快就戒掉了烟，他说道：“我有这么好的老婆，我为什么要选择少活20年呢！”

其实，这对夫妻无疑是幸福的，因为夫妻两人都有较高的情商，妻子和丈夫在遇到问题时，彼此间都能够容忍、理解和关爱，这正是“高情商”的体现。人们都喜欢脸上永远洋溢着灿烂笑容的人，看着明媚的笑脸，我们的心情也会春暖花开。但是，月有阴晴圆缺，人的心情也分喜怒哀乐，当一个心情不好的人在你身边抱怨，或者对你横眉冷对时，你该怎么办呢？是消极应对，让不良情绪毁掉你一整天的好心情，还是积极应对，抵制不良情绪的影响？当然，我们会选择后者，增强自身免疫力，不受情绪流感的传染。

情商所反映的是一个人把握与处理情感问题的能力，是人们认识社会、适应社会的能力。有一首歌的名字叫“跟着感觉走”，很多时候，人们的情感总是不由自主地走在了理智的前面。“情商之父”丹尼尔·戈尔曼认为，情商是真正的人类智能评判的标准，它主宰人生的80%，而智商最多只能决定人生的20%。所以，情商才是真正地与个人的未来和幸福紧密相关的最重要的因素。

总之，情商主要反映一个人感受、理解、运用、表达、控制和调节自己情绪的能力，以及处理自己与他人之间情感关系的能力。一个容易受别人情绪影响的人，就像狂风中墙头上的衰草，始终找不到真实的自我；一个活在别人价值观中的人，就像断了线的风筝，始终找不到真正的归宿。学会控制自己的心情，增强对他人不良情绪的免疫力，走在适合自己的人生路上，不管这条路是荆棘密布，还是一马平川，我们都能因为找到真实的自我而获得幸福快乐。

※哈佛成功心理学※

心是我们每一个人最公正的审判官，静静地听听你自己的心声，有些事也许骗得了别人，却永远也骗不了我们自己的良心。提升情商已经成为当下人的一门必修课，哈佛人认为，提升情商，等于提升生命质量，它是一种比智商更具有价值、能使人更具有魅力的精神上的力量，它能使人获得快乐，生活幸福，家庭和谐，人缘良好，事业有成。

2. “爱”不等于“占有”

每个人都向往自由，身处婚姻的人也不例外。男人都希望抛开繁忙的工作，可以有时间发展自己的兴趣爱好，女人也想有许多独自相处的时间。所以，即便你们一起生活，对另一半有很多依赖，也要理解对方这种愿望，并懂得给予对方一定的自由空间。

对女性朋友来说，这一点显得尤其重要。爱对方，既要牢牢抓住不放手，也要给他自由。别以女性的标准来要求男性，正如亨利·詹姆斯所说：“与人相处要学习的第一课，就是别干涉他人寻找快乐的特殊方式，如果这些方式并没有对我们产生强烈妨碍的话。”

狄斯累利的婚姻是非常商业化的，他自己也承认这一点：“我从来没有想过要为爱情而结婚。”而现实也恰恰如此，他娶了一位非常有钱的寡妇——玛丽·安妮，对方比他大 15 岁，已经年过半百，头上有了一丝白发，并且还缺乏聪慧的头脑。谈话的时候，她总是错误百出，显示出其在文学和历史知识方面的贫乏。

狄斯累利结婚不是因为爱情，玛丽·安妮对此也很清楚，可是她并没有将这件事说出来，也没有拒绝狄斯累利。当然，她还是提出了一个要求：在结婚之前，让狄斯累利等待一年，这样她可以观察对方的人品。一年之后，她果然嫁给了狄斯累利。虽然在生活方面并不优秀，但是在处理婚姻关系、对待男人这件事上，玛丽·安妮却是一个天才。

比如，当狄斯累利在外面工作一天，精疲力尽地回到家后，妻子从来不会追着问他工作上的问题，而是会讲一些家常话让狄斯累利放松。晚上，狄斯累利从众议院匆匆忙忙赶回家，会把今天发生的新闻告诉玛丽·安妮。虽然她对有些事情不太明白，可是从来都不感到厌烦，而是静静地、专注地听狄斯累利讲完。渐渐地，狄斯累利开始依赖这个家，依赖这个善解人意的妻子。可以说，狄斯累利找到了一个身心都能放松的港湾，并喜欢和年长的妻子共处的日子，这甚至成为了他一辈子最快乐的时光。

在生活中，玛丽·安妮尽量尊重狄斯累利，给他最大的自由和支持。虽然他们不是因为爱情而结婚，但是玛丽却成为了他的亲信，他的顾问，他的女神。狄斯累利经常说，玛丽是我这辈子最重要的人，玛丽也会和朋友们说：“我的生活成了永不谢幕的喜剧。”他们之间有时会开一个小玩笑，狄斯累利说：“你知道的，我只是为了金钱才和你结婚的。”这时，玛丽则会笑着回道：“确实不错。但如果你再从头开始的话，你就会因为爱情和我结婚，是不是?”狄斯累利微笑着承认了。

因为玛丽·安妮的体贴，原本并没有爱情的婚姻变得如此美好，这让我们明白：如果你想让家庭生活幸福快乐，就要懂得给对方提供自由空间，这份体贴只会拉近彼此的距离，而不会让你们形同路人。我见过许多婚姻中发生矛盾的例子，他们只想把对方紧紧地抓在自己手中，唯恐这段婚姻不保；结果，一方抓得越紧，另一方就越想逃离，最后事与愿违。

其实，漫长的婚姻生活确实考验人的耐性，所以在甜蜜的夫妻生活之外，妻子必须给丈夫一点自由空间，让他投入自己喜欢的事情，别去打扰。这一张一弛的艺术，恰恰是夫妻相处之道的精髓。当然，也不能一味地纵容丈夫将大部分精力放到某种爱好上。心理学家提醒女人：当男人将自己的大部分时间都放到爱好上，而忽视本职工作时，你就应该注意了，他正在利用爱好来逃避工作，想必他在工作中一定遇到了什么困难，所以才提不起兴趣。如果这种事情发生了，那么你一定要帮助他找到问题所在，帮助他恢复对工作的热情。

须知，爱好的真正价值是帮助人改变繁忙的生活节奏，放松紧张的心情。比如，某个周末，如果你的丈夫要出去打篮球，或者和一群男人玩纸牌，那么请你不要阻止他，并且还要尽心促成这些事情。如此一来，你就成了最聪明的女人，而男人也会感谢你的好意，并以愉快、平静、轻松的心情回到你的身旁。有了这份智慧，你们的婚姻能不幸福吗？相信，一个快乐幸福的男人，一定会比一个怕太太、受骚扰与遇挫折的男人工作得更好，而且更有希望获得成功。

※哈佛成功心理学※

哈佛大学的一个研究结论就是：我们都渴望爱与被爱，很多时候我们并不缺爱，真正缺少的是爱与被爱的能力。真正的爱是无条件的，这背后就是接纳、体谅、尊重、欣赏、信任，而不是占有、虚荣、依赖。

3. 美好情感是怎样建立起来的

爱情就像维持人体活动所需的粮食，情感世界里只有依靠它才能幸福、快乐。对女人来说，如果没有了爱，那么心灵也就像花儿一样枯萎了。心理学家G.W.奥尔波特说：“一个普通人所能说的最正确的话，就是他从来不会觉得，他的爱或是别人给他的爱已经使他满足了。”

当我们经常闻一种熟悉的味道，时间久了，就会感觉不到它的味道，味蕾只会对陌生的味道产生反应。经常按摩的人知道中医按摩不能经常去做，因为人体的穴位在手指的按压过程中会渐渐麻木，需要越来越重的指压才能有感觉，才会产生和之前同样的效果，甚至，最后穴位可能会失去原本的弹性。其实任何事物，时间久了都会由一开始的新鲜感，变得熟悉，甚至最后会变得麻木。爱情也是这样，当两个人熟悉之后，了解对方就像了解自己一样，任何人都会失去当初那种深厚的兴趣。

其实不然，任何事物都会是这样一个由陌生到熟悉的过程，在这样一个更新换代的年代，任何事物的更新速度都在加速变化。但是爱情这种东西，不像手机、电脑一样说更新就可更新的。想要使爱情保持活力，这就需要我们经常对爱情进行创新，给对方注入新鲜感，这样才能使爱情的小船安全航行。

如何对爱进行创新呢？从无数人恋爱与婚姻的经历，可以总结出以下几点。

首先，永远不要放弃学习。不要以为学习是学生的事情，在爱情当中学习根本不值一提。女人的魅力从何而来呢？最重要的就是要多学习、多读书。学习与思考是自有人类以来最重要的沟通方式。人与人之间，表面看起来是语言的沟通，其实是思想的沟通，在爱情中也是一样的。在学习中，可以体验不同的生活，可以提升双方的品位，可以解放思想，开阔眼界，提升自信心。而且看书可以让你度过闲暇的时光，也可以给对方更多的独处空间，减少对对方的束缚。学习是永无止境的，多学习，有进步，会让对方对你保持警惕，产生追赶的欲望，从而促进双方共同进步。好的爱情伴侣，不仅仅是用来互相陪伴的，也是用来互相促进的。你能给对方带来多少，对方对你的需要就有多大。

其次，要时刻修炼内在。俄国大文豪果戈里说过：“魅力等于内在美和外在美的总和。”因此，提升自己的内质，是产生魅力的必经之路，也是我们能够一直吸引爱人目光的法宝。内质是与外貌无关的，而与一个人的内涵、学识、阅历等相关。所以爱情当中的双方都要不断地修炼自己的内质，拓宽知识面，让对方觉得你深不可测，回味无穷，这样才会长久地吸引对方注意。

再次，双方都要保持独立。独立是一种品格，是一种保持个性的美德。如果你过分依赖对方，对方怎么会对你不厌倦呢？所以保持独立是吸引对方的好方法，独立代表了自信、自强、勇敢、乐观和努力。

要做到独立，首先是精神上的独立，精神独立是一个人对自己的肯定，是一个人自信的外在表现。自信的人才会得到对方的尊重。再就是感情的独立。感情独立就是指在爱情当中要让自己感受快乐，而不是对方快乐我才快乐，对方伤心我也就难过。只有感情独立，才会活出自己的人生，而不会无谓地把自己的感情建立在对方之上，也给对方减轻了压力。最后就是经济独立。真正的独立，是经济的独立。只有双方经济独立，才会男女双方平等，才会有各自的追求，这样也可以得到成功的满足感。总之，把自己的生活过得丰富多彩，婚姻才会维持得长久一些。

最重要的一点创新就是要保持野心。美国的心理学家研究认为，“野心”是人们行动的初始助推力，人们通过培养“野心”，可以增加力量攫取更多的资源。有野心的人，可以做成一番非凡的事业，可以提升自己的魅力，可以提升自己的能力，可以让对方更加敬佩你，这样，对方才会对你保持新鲜感，而不会在烦琐的事务当中抹杀了对爱情的体会。

※哈佛成功心理学※

对爱情进行创新，是因人而异的。但是宗旨是不会变的，爱情是需要新鲜感的，要想保持新鲜感，只能对自己进行改变，提升自己的能力、素养等各个方面。你在提升自己的同时，对方会感觉到你的变化，会对你的变化保持足够的新鲜感，爱情才不会在你们中间消失。

4. 感恩是通往爱的桥梁

感恩是什么？感恩不应该是一种道德要求，不应该是一种素质修养。感恩之心应该是人的本性流露，不需要学习，不需要领悟，是一种由内散发的本能。当你把感恩看成像吃饭睡觉一样的习惯时，你才能真正感受到人生的精彩和完满。

拥有一份爱和关心是理所当然的，无论在一起过了多久，为了那份更长久的爱和关心，我们都应该对爱你的人或你爱的人说声“谢谢”。拥有一颗感恩的心，那是人生一等功夫。谢谢另一半，才能拥有爱和关心的动力。

有的人说感情里容不得一粒沙子，其实爱一个人也需要一定的技巧。最首要的是宽容大度。这表现的是一个人的修养，在夫妻生活中更要明白事理、宽以待人，居家过日子往往会遇到许多不顺心的事，需要我们怀着一颗感恩宽容的心去对待。更何况金无足赤，人无完人，对待自己的爱人不要求全责备。生活中的矛盾很难弄清楚谁是谁非，对待不中听的话或者看不惯的事情就要装傻，这也是爱的一种表现技巧。

有一对中年夫妇，丈夫在一次偶然的机会中发现妻子眼角的“鱼尾纹”增多了。丈夫在枕边爱抚着妻子，十分内疚地对妻子说：“我对你的关心太少了。你为家庭和孩子操劳过度，谢谢你，我对不起你。从今往后我要做三件事，洗衣服我包干，菜篮子我包干，孩子的事情我来管。让你过一个比较舒适的生活。”面对“多情”的丈夫，妻子留下了幸福的眼泪。

漫漫人生，望也望不到边，这期间你会遇到多少人，经历多少事，都是难以计量的。但是，一个人生活得快乐与否，不在于他人生道路是否一帆风顺，不在于他是否拥有出众的容颜，也不在于他是否拥有令人艳羡的财富，而在于是否拥有一种健康的精神状态，是否拥有一颗懂得感恩的心。

感恩是通往爱的桥梁。在这个世界上，为了爱，我们才存在，有爱慰藉的人，无惧于任何事物、任何人。俄国作家车尔尼雪夫斯基说过：“爱一个人意味着什么呢？这意味着为他的幸福而高兴，为使他能够更幸福而去做需要做的一切，并从这当中得到快乐。”

不过，很多人都把“感恩”二字理解成感谢恩人的意思。其实，

“感恩”不一定需要受到多么大的恩惠才应该产生。“感恩”是一种生活态度，一种善于发现美并欣赏美的情怀。感恩是一种敬重，不需要惊天动地，只需要一句问候，一个微笑。就像居里夫人，她虽曾两次获得诺贝尔奖，但她偶然遇见自己的小学老师时，依然会送上一束鲜花表达她的感激之情。感恩之心不是天生就有的，它是培养出来的，许多人从未真正感觉到它。只有当你拥有了感恩的心，才会更加重视亲情，珍惜友情，珍视爱情。才会感谢生命给予你的每一种能力，感谢生活赐予你的每一种体验。甚至感激你的敌人，感恩他们激发了你的潜能，使你摆脱了平庸。

在家里，我们享受着来自父母、兄弟姐妹、妻子（丈夫）的爱，被爱温暖地包围着。在许多时候，却对此少有察觉。对爱说一声“谢谢”，给至亲的人一点回报、一些回应、一丝温暖，因为家是我们大家的。

父子兄弟间相爱，是出于天性，而不讲究利害，才有了家庭的温暖；夫妇结合，是出于情爱，而不以经济为条件，才有了相爱的本意。在家庭里，“爱”创造了一切，让我们理解了人生的全部意义。对爱说一声“谢谢”，体会到的是幸福的滋味。

※哈佛成功心理学※

人的一生要走很远的路，每段路上会遇到不同的人；但是，陪伴我们走完一生的人，是另一半。放下矜持，给人生留一段美丽的风景，对你的另一半郑重地说一声“谢谢”，把幸福留住，把遗憾驱散。

第二十章

给心灵减减压

你的灵魂可以更“轻”一点

社会发展越来越快，
生活节奏越来越快，
人们的心理压力也与日俱增，
其实你不必如此沉重，
给心灵减减压，
让你的心灵更“轻”一点。

1. 提高抗压能力，别让坏脾气伤人又伤己

当今社会，随着工作生活节奏的加快，人们承受的压力也越来越大，人的情绪常会处于一种持续紧张状态，如果这种紧张适度，则有利于健康和进取；而如果过分紧张、忧虑，心理抗压能力不强，再加上长期心理上的疲劳，心理疲倦被压抑在内心深处，久而久之，人便会变得低沉、烦躁不安了。这种烦躁不安的情绪会像传染病一样迅速蔓延，伤人伤己。

避开压力并不能使你出类拔萃。你见过温室里的花草吗？那些花草在温室里茂盛鲜艳，可是一旦走出温室，它们就会因适应不了外界环境而迅速枯萎。花草受到过度的保护后会丧失抗压能力，没有了保护，它们的生命力就会下降，直至死亡。

哈佛大学心理学硕士泰勒·本·沙哈尔说，那些成功孩子身上所具备的特质之一就是适应力。人的适应力有强有弱，但毋庸置疑的是，一个有着较强适应力的人，更容易与命运和平共处，很少不满和抱怨。

你喜欢运动吗？据一项研究证明，运动上的一切进步都来自于压力的刺激。每一位运动选手都不能惧怕、逃避压力，相反还要借助压力，达成梦寐以求的突破与自我超越。著名的压力心理学家塞勒一针见血地指出："没有压力，就等于死亡！"

你现在是否已婚？婚姻生活中夫妻俩都会面临来自对方的压力，当难以抵抗这种压力时，他们就可能爆发，变成了"火药桶"，导致感情破裂。这时，只有不断提高自己的抗压能力，增强内心的能量，多

低头，多退让，才能缓和夫妻矛盾。否则，还是伤人伤己。

所以，若想成为出类拔萃的人，我们一定要有足够强的抗压能力。因此，你必须努力扩展自己的载压量，就像为了预防出现交际危机，提前做好各种沟通计划一样，为了面对生活和工作中可能出现的挑战，你也应该准备不同的压力应对方案，而且还要把它变成像吃饭睡觉一样轻车熟路。

有一位经验丰富的老船长，一天，他的货轮卸货后在浩瀚的大海上返航，突然，海面上刮起了可怕的风暴。年轻的水手们惊慌失措，不知该如何是好，老船长则非常冷静，他命令水手们立刻打开货舱，往里面灌水。

“往船舱里灌水会使船下沉，这不是自寻死路吗?”水手们纷纷表示不理解。但看到老船长坚毅的神情，他们还是照做了。

随着货舱里的水位越升越高，船也一寸一寸地往下沉，但依旧猛烈的狂风巨浪对船的威胁却在一点一点地减少，最后竟然平稳了。

看到水手们还是疑惑不解，老船长说：“百万吨的巨轮很少能被风浪打翻，被打翻的都是一些根基轻的小船。船在负重的时候，是最安全的；空船时，则是最危险的。”

空空的货船本没有多少压力，当它遇到风暴时，只有增加它的抗压性，它才能安稳渡过。货船如此，人更如此。

在某山区的著名旅游景点，有一段被当地人称为“鬼谷”的路段，路窄坡陡，两边是万丈深渊，从它上面走过去比那些玻璃栈道还要有挑战性。每当来到这里，导游们总是要让游客们挑点或者扛点什么东西。

“这么危险的地方，不拿东西已经两腿打颤了，再负重前行，岂不是更危险吗?”很多游客都深表不解。

导游小姐笑着解释道：“这里以前发生过好几起事故，都是游客们在毫无压力的情况下失足掉下去的。可是当地人每天都从这条路上挑着东西来来往往，却从没有人出过事。意识到危险了，再负重前行，反而会更安全。”

遇到压力，逃避不是办法，应从自身出发，提高抗压能力，淡定地渡过，而不是遇到压力就狂发脾气，对同事、对朋友、对亲人，到头来，众叛亲离，他人痛苦，你也亦然。

提高抗压能力的方法很多，适合你的才是最好的。

第一，要保证睡眠充足。充足的睡眠不但可以解除疲劳，使人产生活力，还可提高免疫力，增强机体抗病能力。缺乏睡眠，精神会疲惫不堪，哪还有精力去与压力对抗？所以，睡眠充足，是提高抗压能力的首要条件。

第二，了解压力的根源。你到底面临着什么样的压力？是工作，是家庭生活，还是人际关系？如果认识不到问题的根源所在，就不可能彻底解决问题。因此，要尝试自我了解压力的根源，必要时可以咨询专业的心理医生。

第三，培养乐观人格。调整完善自己的人格和性格，控制自己的波动情绪，以积极的心态迎接压力的到来，如对待晋升加薪应有得之不喜、失之不忧的态度，通过这些以提高自己的抗压能力。

第四，认清自己所面对的问题，寻找适当渠道的支持，也是提高抗压能力的方法。尽量寻找自己可依赖的人，如朋友、亲人，或是心理咨询、社区机构等，倾吐心声是疏解情绪压力很重要的方法之一。

第五，幽默可以化解烦恼，释放情绪，并使人不断体验愉悦心情。幽默不仅可以提高一个人的压弹能力，还可以提高一个人的创新思维。幽默是一种易于让人接受的批评方式，它可以用于解嘲，避免难堪局面。

如果你感到生活和工作压力过大，还可以有意识地多吃些橙子和多喝些橙汁，据医学专家分析，当一个人承受强大的心理压力时，身体会消耗相当于平时 8 倍的维生素 C，维生素 C 不足，会使脑神经机能降低，一些负面情绪便会随之出现，而橙子正是富含维生素 C 的食物。

当你实在无法消化压力时，最好的方式当然还是放下。禅说：“一念放下，万般自在。”放下才能得到解脱。只有该放下时就放下，你才能够腾出手来，抓住真正属于你的快乐和幸福。

※哈佛成功心理学※

生活中，我们应有意识地培养自己多方面的兴趣，如爬山、打球、看电影、下棋、游泳等。兴趣多样，一方面能及时地调试放松自己，另一方面可有效地转移注意力，使个人的精力由工作中及时地转移到其他事物上，有利于缓解压力。

2. 放慢身心，享受快乐“慢生活”

在这个快节奏的世界里，你是否常因工作、生活疲于奔命，忙忙碌碌，感到很疲惫？每天早上，我们被闹钟叫醒，然后匆忙上路，到了公司又匆忙地周旋于大大小小的会议和项目之间，下班后还要匆忙地回家做饭、照顾孩子或是与朋友聚会，直到夜深。不知不觉间，我们已经没有了自己的时间，忙碌成了生活的主旋律。

要知道这不仅会损害你的身体，还会影响你的工作效率、生活质量等各个方面。为了缓解身心的疲惫，为了使工作、生活更好地进行，有必要偶尔放慢自己的脚步。也许你会问，在竞争如此激烈的年代，哪儿有资本慢下来啊？

其实不然，“慢生活”并非让你放弃自我、无所事事，而是在生活和工作之间寻找一个美丽的平衡点。不要以为废寝忘食就预示着成功，就表明你不可挑剔的敬业精神。很多人把每一分钟都用在工作上，其实那真的得不偿失。

程志新热爱广告事业，他大学刚毕业就投身于一家著名的广告公司工作，从最初的创意助理一直做到了部门经理。

他每天早八点准时出门，拎着笔记本到公司上班，一上午和同事讨论广告方案，下午给客户打电话约时间，讨论整理出来的想法。一个方案常常要改上七八次才可能让客户满意。慢慢地，他发现，自己曾经热爱的工作现在却变成每天高强度、高压力的脑力劳动，把他当初的激情一点点地“压扁”了。

他说："那个时候，我把每个策划案的最后期限都用红笔在日历上勾画出来，每天只要一看到那个红圈，头就疼得厉害。到了晚上，甚至连中午吃了什么饭都想不起来。"

他的生活好像只有两个部分，一个是工作，一个是睡觉。就算是睡觉，他也仍然做着与工作有关的梦。在最忙的日子里，程志新甚至断绝了与所有朋友的联系，一心扑在工作上，甚至每次大学同学的聚会也因为忙于工作而不能参加。后来，再也没有朋友联系他了。

直到有一天，程志新下班回家，偶然看见了楼下的一个广告牌，这才幡然醒悟。

"当时我心里很难过，因为那个广告牌是我全权负责的，虽然已经挂了好几个月，可我每天都忙于上班，从来都没有认真地看一眼。"程志新回忆道。

那一幕让他想起了自己刚刚入行时，最大的快乐莫过于站在自己设计的广告牌下，细细体会那种成就感。当天晚上，他趴在床上开始仔细地重新审视自己的生活状态。经过一夜的思考，他决定把自己的生活节奏放慢些。

从放慢脚步的那天开始，程志新每天都会到楼下看看自己做的那个广告，细细品味自己的工作成果。后来，他试着每天回家都把手机关掉，在家里也不去看公司的邮件，而且还主动和已经很久没有联系的朋友们打电话聊聊天，享受"慢生活"带来的久违的快乐。

程志新刚开始这样做的时候，很担心慢下来会使工作业绩下降等之类的问题出现。但是，后来他发现，如果不主动放慢节奏，自己的生活节奏会越来越快，那样会失去更多的东西。

许多人只懂得埋头苦干，使得自己疲惫不堪，却没有时间去思考一下自己所做的事情究竟是什么，到底会产生怎样的结果，有没有更好的方法。生活从来不因为谁的忙碌而改变，但这个人却会因为忙碌而逐渐迷失自我。

为什么不学会忙里偷点闲？暂时放下工作，把塞满文件、数据和问题的头脑彻底清空，到安静的地方散散步或者听听音乐，看看喜欢的书籍。这种休息往往可以把你从旧框框中解脱出来，激发你的创造力，激发你的灵感和创意。

放慢身心，享受快乐“慢生活”。你会发现身边有那么多美好的人生风景，它需要一双善于发现风景的眼睛才能观察到。人生注重的不是结果而是过程，结果在未来，我们无从预料，可是过程就在现在，享受与否，都在于你自己。

※哈佛成功心理学※

平庸的人只知道“埋头拉车”，而成功的人却能“偷”出时间，发展自己的爱好、思考未来或者总结经验。与其说，放慢身心，享受的是“慢生活”带来的快乐，不如说是为了使自己更好地前行。

3. 从今天起，做心灵放松 SPA

这个世界上原本没有任何可以让你痛苦的人或事，没有人可以夺走你的轻松、自由和快乐，因为没有任何一个人可以缚得住你。能缚住你的只有你自己，是自己的成见、傲慢、狭隘、嫉妒、执着。这些念头像一根根的绳子把你牢牢地与烦恼绑在了一起。能给自己松绑的人，也只有你自己。

每个人的心灵都是一座花园，如果任凭杂草丛生就不可能开出美丽的花朵。所以，我们要及时地整理心灵的荒芜，让心灵重获宁静。一个人要想获得真正的轻松，首先来说就是保持一颗轻松的心灵，让这颗心灵不受外部世界的干扰，让它始终保持平静的状态。世上没有绝对幸福的人，只有不快乐的心。心灵的遥控器在我们自己的手里，如果我们按下快乐的按键，外界的一切烦恼和忧愁就会被屏蔽。

从今天起，我们不妨做一次心灵放松 SPA。负担太重时，不妨让自己休息一下，轻松一下，养精蓄锐，然后蓄势待发。苦恼的人最终会明白：自己的苦恼不过是来自于没必要的“坚守”。一个被捆绑的身体，将失去行动的自由；一颗被捆绑的心灵，将无法与他人进行必要的交流，生活也将因此变得灰暗。所以，我们应学会给自己松绑，让灵魂喘口气。

人生就是一场航行，既会遇到惊涛骇浪，也会碰到细流微澜，既有两岸青山高峻伟岸，也有低谷草木离离萋萋。所以，幸福就在身边，快乐无处不在。如果我们的心灵总是被厚厚的尘埃覆盖，被繁杂的琐事侵占，汩汩的心泉就难免会干涸，炯炯的目光就难免会黯淡，鲜活的生命就难免会失去生机、丧失斗志。最终，我们的心灵将被生活消磨得越来越粗糙，失去了感知的能力，打开快乐心窗的钥匙就会在不知不觉中被别人夺走，我们成了可怜的无法自主的木偶，喜怒只能任别人摆布。所以，我们要经常擦拭自己的心灵，才能不让它滋生尘埃，才能永远洁净透明。

珍妮和珊妮是一对双胞胎姐妹，今年她们已经六十岁了。见到她们的人都不相信她们是双胞胎，因为珍妮看起来明显比珊妮要年老五岁左右。在她们极力解释两人是双胞胎之后，有人说，珍妮的生活肯定比珊妮要不幸。但是，认识他们的人却不同意这种说法。

珍妮和珊妮在适婚年龄分别嫁给了州政府公务员和郊区的农场主。珍妮在市区生活，珊妮在农村生活；珍妮有一双聪明伶俐的儿女，珊妮同样有一双儿女，儿子却天生聋哑；珍妮的丈夫身体非常健康，退休后闲居在家，珊妮的丈夫却在她四十岁时就已经因为癌症去世了；珍妮的儿女都有着很好的工作，珊妮的儿女仍旧留在农场工作。这样看来，珍妮的生活要比珊妮幸福得多，那么为什么珍妮看起来比珊妮年老呢?

了解他们的人给出了这样的说法：珍妮的心中装着太多的事情，而珊妮就活得非常潇洒。

珍妮说："我总是担心老伴的风湿，每天都要记着时间催他吃药；儿子已经结婚了，半年也不回来看我一次，我很担心他生活得好不好；女儿今年已经二十岁了，小姑娘非常单纯，会不会有心怀不轨的男人欺骗她呢？每天想到这些事情，我都感觉苦恼，他们都不能让我放心。"

珊妮说："孩子们都有自己的生活，不用我担心。奶牛和羊羔什么时候生产，生多少幼崽，都是缘分，强求不得。上帝把一切事情都已经安排好了，我只要安静地享受生活就可以了。”

珍妮总是担忧太多的事情，身心得不到一丝安宁，所以衰老得比较快；而珊妮是一个豁达的人，她从来不强求什么，保持着心灵的一片宁静，衰老反而没有趁虚而入的机会。

心静是一种态度，是经历暴风雨后的安适；心静是一道风景，是清凉月夜中深沉的高山、徐徐的清风。相信自己，没有人能够缚得住你，没有烦恼能缚得住你。若心如潭水，好言冷语都不会在潭水上留下痕迹，得与失、成与败都不会在潭水上激起涟漪，那还有什么烦恼能缚得住你？还有什么样的伤害能痛到你？

心静是专注后的小憩，是智慧的门窗，是烦躁的滤器，是灵感的土壤。静写在脸上，心灵更深邃；静留在心上，面容更柔美。“不要被他人的论断束缚了自己前进的步伐。追随你的热情，追随你的心灵，它们将带你到你想要去的地方。”如果，你被缚住了，要牢记，能为你松绑的只有你自己。

※哈佛成功心理学※

生命的本身是宁静的，只有内心不为外物所惑，不为环境所扰，才能做到“心远地自偏”。心静是福，真正生活在喧嚣都市中的人们，更懂得心静的弥足珍贵。茫茫尘世中，已经很少有人愿意独享寂寞，固守心灵的一方清静。当你脚步匆匆，奔向人声鼎沸的地方时，超然物外的一颗宁静的心灵已发出了胜利的微笑。就是在这个时候，你已注定了要失败，而心静者已奠定了他的成功。

4. 身心俱疲时放下工作独自远行

社会中的绝大多数人，都在为了自己的“欲望”拼命，为了住上更豪华的房子，为了开上更名贵的好车，为了购买各种各样的奢侈品，他们整日为了“赚更多钱”而奔波。尤其是在当今这个“竞争”激烈的时代，要想取得好业绩，要想保住自己的饭碗和工作，似乎都必须拼命工作，“工作奴隶”的形象在职场当中随处可见。

殊不知，人体不是机器，长时间的高压工作会引发一系列身心健康问题。人生就像一条橡皮筋，如果只是一味地不停拉紧，不懂得放松，那么迟早都会扯断并弹伤自己的手。俗话说“身体是革命的本钱”，所以聪明人在繁忙的工作中都懂得要适时放松。

张锋就职于某公司融资部门，为了拉到资金，平时在工作中少不了应酬喝酒，张锋 30 岁时可是酒场上的一把“好手”，不管是什么样的客户，只要到了酒桌上，张锋基本都能顺利拿到客户的投资，由于酒量“深不见底”且非常善于言辞，张锋在业内还赢得了一个“酒桌狐狸”的美誉。

在朋友们眼中，张锋是一个典型的“工作狂人”，晚上十点别人都准备入睡了，他在饭局上喝酒应酬；周末别人在聚会休闲时，他在出差拜访资金雄厚的投资商；别人在陪家人购物、旅游时，他正在出差的路上写工作报告……付出就有收获，张锋的辛苦付出也确实取得了丰厚的回报，仅仅工作三年，收入水平就达到了年薪三十万，绝对是同龄人中的佼佼者。

不过最近张锋却尝到了长期繁忙工作的苦头，为了避免影响工作，张锋即便是在身体不舒服的情况下也很少请假，即便是感冒发烧也照样去陪投资商喝酒应酬。长时间饮酒以及不规律的生活作息，再加上一直忙碌很少休息，张锋的心脏出现了异常，只要情绪一激动就会心跳异常加速，出现心悸、气短等症状。

直到自己的身体发出“预警”，张锋才突然意识到为了“工作”自己都失去了什么。因为工作，放弃了与家人团聚的机遇，丢掉了与孩子互动的美好亲子时光，忘了陪伴自己的爱人与父母，还牺牲了自己的身体健康。

工作只是我们人生的一部分，除此之外，还有太多的美好等待着我们去体会、去采摘，如果你觉得身心疲惫，那么不妨放下手中的所有工作，独自一人去远行吧！每个人都有通过劳动和工作实现自我价值的需要，但在面对工作时，一定要做到“张弛有道”，切不可长时间透支精力与体力。

独自远行是一种非常好的放松方式，具体来说，主要有以下两点好处：

(1) 可以远离人群

我们每天都要与各种各样的人打交道，时间一长就会不由自主地变得“麻木”，机械地与人交流，面无表情地与人对话，如果你在日常交流中常常是这样的状态，那么这表明你的“心”已经累了。这时候独自去远行，可以远离熙熙攘攘的人群，让我们重新回归自己的心灵，获得灵魂上的短暂休憩。

(2) 可以转换环境

在同一个环境中呆得太久，就会丧失对生活和工作的热情，而热情欠缺正是造成我们工作倦怠的一个重要原因，所以抽时间离开自己熟悉的环境，去陌生的地方远行吧！如此一来，我们对生活的热爱，对陌生事物的好奇心，对未来的期待以及对事业的积极进取心都会一一重新归来。

※哈佛成功心理学※

一张一弛才能在保证身体、生理、心理、精神健康的同时，让事业得到更好的发展。一个人，只有神经完全放松的时候，才能把自己的能力发挥出来，才可以快快乐乐地、高效率地工作。所以疲惫的时候千万不要硬撑，而是应当赶紧抽时间独自一人去远行。

第二十一章

活在当下

不因过去而悔，不因未来而惧

人总是纠结于过去的“不甘心”与未来的“不可控”，
殊不知唯有当下才最值得我们珍惜，
活在当下才是最简单快乐的人生。

1. 不为打翻的牛奶哭泣

每当一件事情发生，我们总是或悲或喜，当忧伤发生时，我们会怨恨，会后悔；当快乐来临时，我们想保存，想复制，想重现。其实在我们面对世间种种的好与坏的时候，不妨存一份坦然，这样我们的生活就会进入一种新的境界。不必刻意追求着落点，学会坦然面对生活，保持心灵的纯净。

“不要为打翻的牛奶哭泣。”这也是哈佛教授常常告诫自己的学生的一句话。在整个人生中，你有太多的事情要去做。不管你的能力有多强，智商有多高，你都不可能保证自己不犯错误。当我们吸取错误带给我们的教训时，我们应该学会忘记一些东西，卸载那些痛苦的、尴尬的、懊悔的记忆，为阳光的记忆腾出空间。这样才能让自己轻装上阵，迎接明天美好的生活。

也许我们出身贫寒，也许我们容貌平平，也许我们没有家财万贯，对于这些无法改变的事情，我们要做的就是怀着平常心去接受，去包容。富贵贫贱美丑并不能成为衡量一个人是否幸福的标准。现在的穷并不代表没有以后的达，对于一些拿物质来划分等级的人，我们无须多说些什么，也大可不必抱以嗤之以鼻的态度，正所谓“任凭风吹雨打，我自岿然不动”。我们不需要因为自身无法左右的事情而惩罚自己，那样我们只会感到深深的悲哀。

格林夫妇带着两个儿子在意大利旅游，不幸遭劫匪袭击。如一场无法醒过来的噩梦，七岁的长子尼古拉死于劫匪的枪下，就在医生证实尼古拉的大脑确实已经死亡的十个小时内，孩子的父亲格林立即做出了决定，同意将儿子的器官捐出。四个小时后，尼古拉的心脏移植给了一个患先天性心肌畸形的十四岁孩子；一对肾分别使两个患先天性肾功能不全的孩子有了活下去的希望；一个十九岁的濒危少女，获得了尼古拉的肝；尼古拉的眼角膜使两个意大利人重见光明。就连尼古拉的胰腺，也被提取出来，用于治疗糖尿病……尼古拉的脏器分别移植给了亟须救治的六个意大利人。

“我不恨这个国家，不恨意大利人。我只是希望凶手知道他们做了些什么。”格林，这位来自美洲大陆的旅游者说，嘴角的一丝微笑掩不住内心的悲痛，而他的妻子玛格丽特庄重、坚定、安详的面容，和他们四岁幼子脸上小大人般的表情，尤令意大利人灵魂震撼！他们失去了自己的亲人，但事件发生后他们所表现出来的自尊与慷慨大度，令全体意大利人深感羞愧。而他们面对遭遇的那份坦然，也足以让全世界人深思和汗颜。

对于这些痛苦，他们没有选择过分哀伤，而是立刻接受了这个事实，随即想办法把这种灾难用另一种方式回馈给了这个世界。这种态度告诉我们如果已接受最坏的，就再不会有什么损失。格林夫妇通过从容找到了改变痛苦的方法。

坦然是一种修养，以坦然之心去包容以前痛苦的遭遇，即便不能使不幸远离我们，那也会成为一首优美动听的歌，它给坦然的发出者也带来新的收获。坦然面对是一种勇气，也是一种担当。能做到坦然的人，生活不会亏待他。

“不要为打翻的牛奶哭泣”，说明了，过去的已经过去了，再悲伤、再遗憾也已经成为历史，你可以改变以前所发生事情所产生的后果，但是却不可能改变之前发生的事情。人生在世，有得必有失，做最坏的打算，尽最大的努力，我们不必太在乎结果，只求付出之后内心的那份坦然，命运或许剥夺了你的权利，但却并没有剥夺你努力的资格。我们要做的就是得而淡然，失而坦然。

坦然，是一种境界，生活在这个繁华喧嚣的社会中，坦然变得越发珍贵，我们越来越膨胀，越来越扭曲，也越来越不幸福。我们不妨试试坦然这种态度，让自己的人生豁达一点，不要去纠结已经发生的事情。如果你为了错过太阳而哭泣，那么恐怕你也会错过月亮。所以，我们唯一能做的就是，好好把握当下的时光，先平静地分析自己所犯的错误，然后再从错误的事情中吸取教训，最终把这种错误忘掉。过去不能够回到当下，为过去哀伤，为过去遗憾，除了劳费我们的心神，分散我们的精力，并不能给我们带来一点好处。

※哈佛成功心理学※

不要为失去的东西而惋惜或后悔，甚至埋怨生活。要知道，真正重要的东西还握在你的手中，你依然拥有现在和未来。即便是埋怨，一切也不会改变，失去了的东西永远也不可能会再回来。

2. 面对未来，惧怕还是期待

生活中，也许每一个人都体验过恐惧的感觉，曾担惊受怕过，曾忐忑不安过，曾绝望无助过。对于恐惧，我们不想面对却又不得不面对，似乎无法逃离。哈佛大学的著名校友、世界首富比尔·盖茨曾经说过："生活是不公平的，但生活又是强大的，当我们无法掌控时，就必须要学着改变。"

虽然说"人无远虑，必有近忧"，但是总是为将来莫须有的事情自寻烦恼无疑是非常痛苦的。谁也不知道明天会是什么样子，即使明天有烦恼，你今天也是无法解决的，每一天都有每一天的人生功课要交，还没有发生的事情，最好不要让它影响到你今天的情绪。

如果总是为没有发生的事情而担忧，尤其是一些遥不可及的事情，那么，这些担忧无异于杞人忧天。想得太多太远，特别是想一些还没有发生的难过的事，人的情绪就会变得消沉、焦虑，就会失去原本属于我们的快乐。

恐惧能摧残一个人的意志和生命，它能影响人的胃，伤害人的修养，减少人的生理与精神的活力，进而破坏人的身体健康。它能打破人的希望、消退人的志气，而使人的心力衰弱至不能创造或从事任何事业。

当人们的心中充满恐惧的时候，就会变得不自信、盲从，看不清前面的路，也就失去了自我的评判标准。“不要烦恼明天的事，因为你还有今天的事要烦恼。”《圣经》中的这句话隐含着大智慧，然而很多人都难以做到。人们总是为一些未发生的子虚乌有的事闷闷不乐、郁郁寡欢，自己跟自己过不去，摧残自己的身体，整日生活在忧郁里，没有心思工作，没有心思安心生活，甚至悲观厌世。天下本无事，庸人自扰之。这一切原本不是什么烦恼，而是自己自寻的烦恼。

克服恐惧看起来非常困难，改变却在一念之间。其实，生活中有很多恐惧和担心完全是由你内心里想象出来的，想要驱除它必须在潜意识里彻底根除它。我们不应当为了并不一定来临的灾难性后果而忧虑，没有发生，只能证明只有一半的机会会发生，即使真的发生，我们也无法改变那些即将来临的现实。所以，最现实也最切合实际的便是要活在当下，摆脱消极和悲哀的负面情绪。

一座寺庙里有个小和尚，他负责每天早上清扫寺庙院子里的落叶。

在秋风瑟瑟的季节里，清晨起床扫落叶实在是一件苦差事，每天早上，小和尚都需要花上很长时间才能清扫完落叶，这让小和尚头痛不已。他一直希望找个好办法让自己轻松些。

后来，有人对他说：“明天打扫之前你先用力摇摇树，把落叶摇下来，一次性扫干净，后天就可以不用辛苦扫落叶了。”

小和尚觉得这真是个好办法。第二天，他早早就起床了，来到树下，使劲地摇树，不一会儿，树下就布满了落叶，他高兴地打扫起来，他想着明天就不用打扫落叶了，一整天都非常开心。

第二天一起床，小和尚兴高采烈地来到院子里，他满以为院子里会没有落叶，干干净净的，谁知道，院子里如往日一样落叶满地。小和尚愣在原地，想不通为什么会这样。

老和尚走了过来，意味深长地对小和尚说：“无论你今天怎么用力摇，明天的落叶还是会落下来啊！”

世上有很多东西是无法提前预知的，所以，今天认真地过，才是最真实的人生态度。千万不要让没有发生的事情影响到你的情绪。否则，只会涂增烦恼。

“公司要裁员了，会不会裁我？”“钱在贬值，我是不是该从银行取出来？”“假如房价崩溃了，我该怎么办？”“同事出了车祸，我会不会也撞车呢？”这些人总是想一些没有发生的“最坏的事情”，然后幻想它们会发生在自己身上，随着联想的深入，它们生根发芽，在内心茁壮成长，直到变得根深蒂固。

据分析，凡是有忧郁症的人，大多是为已经过去的事情或者还没有发生的事情而担忧，没有一个人是为了今天正在发生的事情而忧虑的。其实，正确的做法是，对昨天已经过去的事不后悔，对明天没有发生的事不担忧，关键是抓住今天。

没有发生的事情，交给明天去解决吧。想得太多，会失去很多今天的快乐。做好今天的功课，就是应对明天烦恼的最好法宝。倘若心灵一片光明灿烂，那烦恼与苦痛便会远遁他乡。让我们远离杞人忧天的心态，集中精力做好今天的自己吧。

※哈佛成功心理学※

忧虑未来就是对今天精力的浪费，精神的压力，神经的疲累，追随着为未来而忧虑者的步伐跌入深渊。把前面的和后面的大舱门都关得紧紧的，准备培养生活在“一个独立的今天”中的习惯。

3. 不苛求不强求，一切随缘

不可求不强求，一切随缘，这是我们恬淡生活的态度！哈佛大学教授保罗·普林斯顿曾经说过：“我们不是上帝，因此没有资格获得所有人的喜欢。我们也不是超人，能够将那些缺点一一改观。正因为我们都是凡人，所以只能选择自己喜欢的道路走下去，让自己过得美好，也许这便是对所有人最好的回应。”

缘来了，缘散了，留下一些美好也留下一些遗憾，在记忆的天空里像一朵淡淡的云，在时光的河流里抹一丝若有若无的痕迹。我们每一个人都要做一个相信缘分的人，缘来时坦然地接受，缘去时也不强留，于是我们便在这份顺其自然的心境里寻到了一份难得的淡然和恬静。因为我们清楚地知道万事皆随缘而来，又因缘而去，正所谓不要苛求和挽留。人生在世，万事随缘；缘来，不狂喜；缘去，不悲泣。

其实，生命中有很多无法解释的东西，因为无法解释，也就充满了无限玄机，给人以无限的遐思。世间的事仿佛早已安排好了一样，你在生命的驿站遇见哪些人，碰见哪些事，像命运早已设计好了的情节似的，仿佛冥冥中早已有定数。

伊在五十多年前生于清水镇，出生不久便承嗣给叔父，后随父母移居到丰原。伊是一个聪明安静的孩子，从小喜欢一个人静静地沉思：人从哪里来？死了又将到何处去？在这生死之间的茫茫几十载，人又是为了什么而活着？

在伊十六岁时，他的妈妈罹患心脏病，病情十分严重，需要手术。然而，在医学尚不发达的当时，动手术是非常危险的。伊从小就十分孝顺，小小年纪便每天向观世音菩萨祷告，祈祷菩萨可以帮助自己的母亲顺利渡过难关，战胜病魔。也许是他太过虔诚，菩萨被感动，伊的母亲术后恢复正常，病奇迹般地好了起来。伊对菩萨心存感激，便开始更加虔诚地信奉，开始戒荤吃素。年龄尚小的他，对于佛法并没有深悟，只是出于一片纯洁的孝心。

不幸的是，十年后的一天，伊的父亲突患脑出血撒手人寰，如晴天霹雳一般，这令当时年轻的伊难以接受和理解，他一度难过不能自已。这时他渐渐地发现，人的生死真的不是个人能把握和确定的，生命脆弱，缘很无常啊！

此时的他已经对于佛法有了深一层的领悟，他也想皈依佛门，去寻找生命的答案，去探看一切无常的谜底！三十岁那年，春夏之交，伊经过寺庙旁的稻田，便加入了大家的劳作中，与大家畅谈人生和理想。看到稻子在风中自由摇曳，禅师们讲着因缘的故事给他听，此时他觉得世界就在自己的心里，一切天机了然于胸间。天色已晚，到分别的时候，一位上了年纪的禅师问道："伊，要不要随我们一起走？"伊对禅师的问题毫不惊讶，淡然地答道："好，现在就走！"另一位禅师又问道："没有什么可担忧的了吗？""没有了担忧，一切已看淡。"伊看了看远方，从容地答道。

出发到了车站，禅师问道："往哪里走？向北还是向南？""哪里的车先来就往哪里走，一切随缘吧！"伊安详地说，"车的方向便决定了自己以后的路，一路的追寻自会有个美好的答案。"伊好比一株蒲公英，随风散落于大地，留下了自己的身影。

伊在生命中选择了佛门，选择了一切随缘，他随缘的选择也会让他的人生充满着意想不到的缘。缘就是这么奇妙，该来时不请自来，等到缘尽时便也会自己消失，不苛求不强求，随缘才是好选择。

现实生活中，如若你做到不苛求不强求，一切随缘，那么，你会收获别样的美好！世间的一切情缘在聚散中谱写几多悲欢几多愁，离离合合本是生命中按捺不住的跳动的音符，又何必泪湿衣襟。在分别的时候，又何必苦苦强求？正如生命中的每一个故事，是你的就是你的，不是你的终归不属于你的。

※哈佛成功心理学※

缘是一种很难说得清楚的东西，是怎样的缘分指引我们走过岁月的千山万水，在生命的际遇里相识相知？人的一生该有多少意想不到的邂逅和机缘啊！万事随缘，错过的就让它错过，该来的还要冷静地面对，珍惜你现在所拥有的。最好顺其自然，如果它微笑着翩翩而至，来到你的身边，它会永远属于你；如果它无意降临，你又何必死抓住不放？那么就请潇洒地松手。过多的在意和企盼充其量只是一种无望的负担。

4. 悦纳生活中的不公平

上帝究竟是不是公平的？有些人穷其一生都在探究这个问题，他们埋怨着生活对自己的不公，慨叹着自己生不逢时，慨叹着生活的不公正，这一生就在怨天尤人中蹉跎而过。其实，不管生活对你是不是公正的，你都别无选择地要面对它，不管生活给你的是什么，你都不能控制生活，但是你能够和它斗争。

哈佛大学心理学教授泰勒·本·沙哈尔，被誉为哈佛大学“最受欢迎的导师”。他在《幸福的方法》一书中提到：“一个人要想在任何时候都感受到幸福，首先就需要接受不公平。这并不是屈服，因为我们还有努力的机会，如果你懂得把握，那么人生就不会被不幸所笼罩。我们依然能够在不公平光顾的情况下，追逐到幸福。”

海水涨落，甚至是地震、海啸，尤其是生老病死。生活从来不会像我们所想象的那样完美，但无论我们愿意接受还是不愿意接受，我们都无法改变，而且很多生活的真相都是“木已成舟”地存在着。在荷兰的阿姆斯特丹，有一座15世纪的教堂遗址，上面有一句题词让去过的人过目不忘：“事必如此，别无选择。”既然别无选择，我们便唯有接受了。

面对不可改变的事实，诗人惠特曼比我们每一个人都做得好：“让我们学着像树木一样顺其自然，面对黑夜、风暴、饥饿、意外与挫折。”不能改变时学会接受，这并不是逆来顺受，不思进取，而是一种积极的人生态度。

大学毕业后，李晶应聘到一家人人羡慕的跨国公司工作，这份工作也是李晶梦寐以求的。在这家公司她是搞技术的，工作轻闲又有可观的收入，入职之初，她给自己订立了一个很宏伟的奋斗目标，希望有朝一日能在这个公司有大展拳脚的机会。

很快，李晶感觉到这个单位里的人际关系并不像自己想象的那么简单。和她一起入职的一位同事，技术层面上远不及她，但却很快升了职，据说他的父亲是当地某局的正局长；同一办公室里的一位长相颇美的女同事，工资比李晶低得多，却能整天开着宝马上下班，而且人家一个手包的价格就能花掉她半年的工资，据小道消息称，这位女同事与公司的某一高管关系密切……总之，很多的事情是李晶这个刚毕业的纯真年轻人无法理解也无法接受的。

李晶开始怨天尤人，为什么自己的父亲不是高官呢？为什么自己没有漂亮的脸蛋儿呢？为什么身边这么多不公平的事？为什么世界如此黑暗？她很想去改变这个事实，但她知道，她不但改变不了任何事情，也许还会因此而失去这份工作。自己没有强大的后台，没有漂亮的脸蛋儿，唯一能改变的只有自己的心态。

“我是搞技术研究的，这是我的工作，之外的任何事情与我又有什么关系呢？只要我把自己的事情做好，无愧于心，别人改不改变都与我无关。”这样想，心便不再受周围事的困扰，便能专心投入到工作中去。一年后，终因工作突出，李晶被公司选拔到国外的总公司工作。

任何事情都没有改变，改变的只是李晶的心态。有一些事情当我们无法解决和处理时，不妨学会坦然接受，不要反抗那些不可更改的事实，用节省下来的时间去做一些有意义的事情是我们最好的选择。改变你的心态也就改变了你看世界的角度，而当你改变了看问题的角度时，即使遇到世界上最倒霉、最不幸的事，你也不会成为世界上最倒霉、最不幸的人。

人生总是变幻莫测，如果它带给我们欢乐，我们会欣然接受，但很多时候，它却带给我们可怕的痛苦，如果我们选择不接受，痛苦便会主宰我们的心灵，我们的生活便会失去灿烂的阳光。正如比尔·盖茨所说：“许多残酷的事实，我们是无法逃避和无法选择的，抗拒不但可能毁了自己的生活，而且也许会使自己精神受到严重的打击。因此，人在无法改变不公和不幸的厄运时，要学会接受它，适应它。”

我们往往会认为是痛苦的事情引发了自己痛苦的情绪，其实，是我们内心的观念和心态决定了我们的情绪。导致我们负面情绪的罪魁祸首是自己内心对事情的想法和态度，而这完全可以用积极的心态去改变。与其怨天尤人，不如接受现实，而人生，总是在接受现实后，才会有新的起点，才会重新开始。

※哈佛成功心理学※

既然我们自身太过渺小，没有能力改变现实，又何必自寻烦恼呢？不如接纳这一现实，换一种角度，换一种心情来加以欣赏，你会发现，世界原本是最公平的。

5. 活在当下，越简单就会越快乐

一位哲人曾经这样说：“只要你无限地珍惜此刻和今天，还会有什么事情值得你去担忧的呢？每天只要活到休息的时间就完全够了，不知抗拒烦恼的人总是会英年早逝。”现实生活中，也的确如此。如果我们每天都活在忧虑之中，身体早晚会被过去与未来的事情所垮掉。

哈佛大学心理学家吉伯特和柯林沃斯通过研究得出一个结论：一个人只有活在当下时最快乐。他们的研究报告中这样写道：“人们在日常生活中将近一半的时间都处于与当下生活无关的胡思乱想之中，在这种状态下，人们很难在其中获得快乐。无论是过去的美好回忆，还是未来的美好畅想，都比不上当下生活来得快乐。因为过去的美好只能回忆，未来的美好则很虚幻。而当我们正在经历美好的当下生活时，我们就会有一种人生很完美的想法。所以说，当人们用快乐的心态去专注于当下的生活时，他就能得到最满足、最愉悦的心理体验。”

人生短暂，瞬间即过，在物质世界中，时间具有一维性，人类不能掌握时间，不能掌握空间，因而人类不能回到过去也不能预知未来，人类能够掌握的只有当下，现在的这一秒钟才是实实在在地掌握在手中的，而上一秒发生的事，已经是回忆了，成为存留在大脑中的记忆碎片。时间是无情的，它不会停下来等待你的步伐，只有感受每一分、每一秒的自己，不用忏悔过去也不必担心未来。活在当下，塑造自己的心态，改变对事物的固有看法，即使是最困难的时候也不要放弃，挺过去就是美好明天。

卢卡斯是一所名牌大学毕业的高材生。毕业之后，他一直在一家金融软件公司工作。在大学期间，卢卡斯就知道自己未来需要什么，所以为这个目标一直努力学习。由于对自己的工作非常熟悉，表现很好，多次受到上级的表扬，对他也信任有加。

有一次，上级把一项非常重要而且非常巨大的项目派给他去做，并明确告诉他，如果这次表现好的话，公司会考虑给他加薪并且还会升职。卢卡斯觉得这次机会非常难得，这是上级对他的考验，也是他自己对自己的考验。

面对如此的诱惑，卢卡斯开始了疯狂地工作。不但加班工作，晚上睡觉也无法安心入睡；对家人也不管不顾，一心放在工作上；甚至为了提前完成任务而废寝忘食，茶饭不思。就这样过了几个星期，他的项目终于接近尾声，成绩也非常突出，但是就在这个时候，卢卡斯的身体发出了警告，他病倒了。主要的原因就是压力太大，在他收获成功的同时，却失去了健康。

像卢卡斯这样身强体壮的年轻人，面对巨大的压力时，身体也会垮掉，更何况普通人了。

“天下本无事，庸人自扰之。”事情本来没有多复杂，有的人总会发挥想象把事情复杂化。不要预支明天的烦恼，要学会调整自己的心态。明天的工作明天解决，这样想，就可以保持乐观积极的心态，化压力为动力。

在我们处理事情的时候，应该先让自己冷静一下，适应一下将要面临的状况，调整好心态，做好手中的每一件事情，将来的烦恼，就让它出现以后再来解决。当然，这不是要我们当一天和尚撞一天钟，得过且过，而是让我们扎实地做好当下的每一件事情，把握今天，把握现在，为未来的成功创造条件。

我们都听过杞人忧天的故事，是说有个杞国人整天胡思乱想。有一天，他问别人，如果天坍塌下来，地陷落下去该怎么办？于是，他便整日担心受怕，寝食难安，逢人便问。这时候，来了个热心人，告诉他天和地是不会坍塌和陷落的，世界是非常安全的，这个人的心情才好了起来。

哈里伯顿说："怀着忧愁上床，就是背负着包袱睡觉。"车到山前必有路，过好今天的生活，明天的烦恼明天去解决。

※哈佛成功心理学※

活在当下，越简单就会越快乐。生命只有一次，时间是我们最大的财富，而我们拥有的时间只有当下，拥有了现在，我们也就拥有了过去和未来。过好每一天，珍惜现在拥有的一切，活出自我，活得精彩。